Irene Weinberger

Ratten

Haupt
NATUR

Irene Weinberger

Ratten

Clevere Wildtiere in unserer Nähe

Haupt Verlag

Inhaltsverzeichnis

What do we know about rats?
Very little.
Captain W.G. Liston, 1905

We probably know more about
polar bear ecology than of city rats.
Chelsea Himsworth, 2016

Vorwort

Kaum ein anderes Tier provoziert so starke Emotionen wie die Ratte, und kaum ein anderes Wildtier ist so unglaublich eng mit der Geschichte und dem Leben des Menschen verwoben. Sie ist eine Randgestalt in der Dämmerung, ein Schatten in der Kanalisation, ein Trippeln auf dem Speicher. Gleichzeitig bewegt sich die Ratte sprachlich mitten in unserer Gesellschaft. Wir reden von Rattenlöchern, wenn eine Unterkunft unseren Ansprüchen nicht genügt, und von Rattenschwanz, wenn eine Aufgabe die nächste nach sich zieht. Ratzfatz soll heute alles gehen, rattenscharf war früher mal – und sowieso verlassen alle Ratten das sinkende Schiff. In der westlichen Welt hat die Ratte nicht den besten Ruf. Man verbindet sie mit Tod, Verwesung und Verderben und unterstellt ihr gelegentlich, absichtlich boshaft dem Menschen gegenüber zu handeln. Diese Einstellung wird mitgeprägt von Religion und Kultur, wo die Ratte als Symbol des Bösen auftaucht oder für den drohenden Untergang steht. Das reale Tier hat man allerdings etwas aus den Augen verloren. Wobei in der Mehrzahl gesprochen werden sollte, denn es gibt viele Rattenarten. In Europa kommen zwei Arten vor: die Hausratte und die Wanderratte. Beide Arten begleiten den Menschen seit Landwirtschaft betrieben wird, sie folgen den Handelsstraßen und gehören heute zu den Säugetieren mit der weltweit größten Verbreitung. Man trifft die beiden Rattenarten in Städten, in Wäldern, auf Feldfluren und auf nahen und fernen Inseln an. In Mitteleuropa jedoch ist die Hausratte inzwischen so selten geworden, dass sie auf nationalen Roten Listen steht. Viel häufiger und zahlreicher hierzulande ist die Wanderratte. Sie erreicht in urbanen Gebieten je nach Schätzung eine Bestandsgröße von bis zu einem Viertel der menschlichen Bevölkerung. Dennoch begegnen sich die menschlichen und tierischen Einwohner in unseren Städten eher selten. Es sind zwei Parallelwelten, die in der Stadt nebeneinander resp. untereinander existieren. Die Wanderratte lebt nämlich unter unseren Füßen im Untergrund. Sie hat sich fast wortwörtlich unter unseren Tisch gesetzt, wo sie sich hauptsächlich von unseren Essensresten ernährt. Ähnlich agiert die Hausratte, wenngleich sie sich eher über unseren Köpfen durch die Welt hangelt. Als Meister der Verschwendung und der Gedankenlosigkeit beeinflussen wir daher die Dimensionen der Rattenwelt, und das weltweit. Dabei werden Ratten selten als Individuum betrachtet, sondern als eine große, gleich agierende Masse. Als Schädlinge vernichten die Ratten unsere Nahrung, sie sind gefürchtete Krankheitsüberträgerinnen und aktive Partizipantinnen der Biodiversitätskrise. Doch ohne uns wären die beiden Rattenarten nicht da, wo sie heute sind. Und auch wir wären ohne Ratten nicht da, wo wir jetzt sind. Allein die Errungenschaften in der Medizin, die uns die Studien an Laborratten gebracht haben, sind in ihrem Ausmaß fast nicht zu fassen. Weitaus weniger Interesse haben wir bis heute der wild lebenden Hausratte und der Wanderratte entgegengebracht, und die meisten Studien über wilde Ratten konzentrieren sich auf deren Bekämpfung. Es ist erstaunlich, wie wenig wir über diese Tiere wissen, die sich in unserer unmittelbaren Nähe aufhalten. Dieses Buch ist eine Einladung, sich mit «unseren» wilden Ratten vertraut zu machen und das häufig ausschließlich negativ konnotierte Bild von ihnen zu überdenken.

1 Evolution und Systematik

Die Verwandtschaft von Ratten ist zahlreich und vielfältig. Da kann man schon mal den Überblick verlieren. So macht die Familie der Langschwanzmäuse, zu denen die Ratten gehören, gut ein Fünftel aller bekannten Säugetierarten aus. Doch auch die Gattung *Rattus* birgt ihre Herausforderungen.

Unsere einheimischen Rattenarten, die Hausratte *(Rattus rattus)* und die Wanderratte *(Rattus norvegicus)*, gehören zu den Nagetieren. Sie sind in guter Gesellschaft: Etwa 40 Prozent aller Säugetiere sind Nagetiere. Man geht derzeit von etwa 2600 Nagetierarten aus, und es werden wohl noch mehr. In den letzten paar Jahrzehnten kamen über 240 neue Arten dazu. Einerseits wurden neue Arten in der Wildnis entdeckt, andererseits wurden bereits bekannte Arten in zwei oder mehrere Arten aufgespalten[1]. So groß die Artenvielfalt der Nagetiere ist, so viele Vorlieben für Lebensräume und Nahrung gibt es. Kein Wunder, findet man Nagetiere fast überall auf der Erde, wo sie eine Vielzahl an ökologischen Nischen besetzen. Die Erscheinungsform von Nagetieren ist dementsprechend vielfältig. Die Grabenden unter ihnen weisen einen walzenförmigen Körper, einen kurzen Schwanz, kurze Extremitäten, kleine Augen und teilweise stark vergrößerte Grabhände auf. Andere Nagetiere hüpfen auf stark verlängerten Hinterbeinen durch aride Zonen, haben sich mit wasserabweisendem Fell und Ruderschwanz an eine mehrheitlich aquatische Lebensweise angepasst oder klettern hervorragend in der Vegetation herum. Nur den Luftraum haben sich die Nagetiere nur halbwegs erobert: Gleithörnchen und Dornschwanzhörnchen haben eine Flughaut entwickelt, die es ihnen erlaubt, von einem Baum zum anderen fliegend zu gleiten. Aktiv fliegen wie Vögel oder Fledermäuse können sie nicht.

Nagetiere sind überwiegend kleine Tiere. Die meisten Arten wiegen zwischen 5 Gramm wie *Josephoartigasia monesi* und einem Kilogramm. Das schwerste heute lebende Nagetier ist das in Südamerika vorkommende Capybara *(Hydrochoerus hydrochaeris)* mit einem Gewicht von bis zu 70 Kilogramm. Der Europäische Biber *(Castor fiber)* ist

Josephoartigasia monesi ist mit 1000 Kilogramm Gewicht das größte Nagetier, das je gelebt hat. Im Vergleich dazu der Mensch und das Pakarana. Letzteres ist der einzige heute lebende Vertreter aus derselben Familie wie *J. monesi* und wirkt mit seinen 10 Kilogramm fast winzig.

hierzulande mit bis zu 30 Kilogramm der größte Nager und damit immerhin schwerer als ein Reh *(Capreolus capreolus)*. Die heutigen Nagetiere jedoch sind Zwerge im Vergleich zu den Tieren aus vergangenen Zeiten: Im Jahr 2008 wurden die Fossilien der längst ausgestorbenen Art *J. monesi* entdeckt, die der Familie der «Schrecklichen Mäuse» (Dinomyidae) zugeordnet wurde. Schätzungen ergaben, dass diese Art gut und gern 1000 Kilogramm schwer werden konnte[2]. Auch ein weit entfernter Vorfahre unseres Bibers war nicht gerade klein: *Castoroides ohioensis* erreichte eine Länge von 2 Metern, ein Gewicht von 125 Kilogramm und war mit 15 Zentimeter langen Nagezähnen der Schrecken aller Bäume[3].

— Ein Blick zurück

Nagetiere sind eine Ordnung des Stammes der Säugetiere. Die ersten Anzeichen der Entstehung von Säugetieren gab es bereits im Karbon, vor 300 Millionen Jahren. Der Startpunkt, der die Säugetiere von den Reptilien zu trennen begann, war eine kleine genetische Veränderung. Schnell ging es nicht voran. Erst in der Trias, also unvorstellbare 100 Millionen Jahre später, tauchten die ersten wirklichen Säugetiere auf, mitten hinein in die vielfältige Welt der Dinosaurier. Während die Dinosaurier auf Größe setzten, blieben die Säugetiere vorwiegend klein. Das war wohl ihr Glück: Den Einschlag des Asteroiden vor 65 Millionen Jahren überlebten nur kleine Tierarten, darunter auch Säugetiere. Diese fingen an, die nun frei gewordenen Lebensräume und ökologischen Nischen zu besiedeln. Die Herrschaft der Säugetiere begann. Bereits viel früher, vielleicht gar vor knapp 80 Millionen Jahren, hatten sich die evolutionären Wege von Mensch und Ratte getrennt. Aus einem gemeinsamen Vorfahren der Euarchontoglires entstanden die Euarchonta und die Glires. Zu den Euarchonta gehören die heutigen Ordnungen der Primaten, der Spitzhörnchen und der Riesengleiter, zu den Glires die Ordnungen der Nagetiere und der Hasenartigen[4].

Die Entstehung der Nagetiere ist schwierig zu datieren, da Analysen von Fossilien und genetische Untersuchungen zu verschiedenen Antworten kommen. Als gesichert jedoch gilt, dass die Abspaltung der Hasenartigen von den Nagetieren lange her ist und spätestens vor etwa 65 Millionen Jahre in Ostasien erfolgte. Doch es sollte

Zweifelsohne ein Nagetier. Dieses Tier der Gattung *Paramys* lebte vor etwa 55 Millionen Jahren.

noch einige Zeit dauern, bis unsere Ratten auf der Weltbühne erschienen. Zuerst mussten sich die «richtigen», also die modernen Nagetiere entwickeln. Die derzeit ältesten Nagetierfossilien stammen aus dem späten Paläozän oder dem frühen Eozän und wurden in Europa und Nordamerika gefunden. Die Fossilien der Gattung *Acritoparamys* werden auf 57 Millionen Jahre geschätzt, jene der Gattung *Paramys* auf etwa 55 Millionen Jahre[5]. Obschon es lange her ist, würden auch wir *Paramys* ohne Probleme als Nagetier identifizieren. Die Tiere dieser Gattung sahen aus wie eine Mischung aus Eichhörnchen und Ziesel. Sie besaßen bereits die Charakteristika der heutigen, modernen Nagetiere: stets nachwachsende Schneidezähne und die Fähigkeit, Nahrung mit vor- und rückwärts gerichteten Kieferbewegungen zu zerkleinern. Die Nagetiere nutzten die Chance, die sich ihnen mit dem Verschwinden der Dinosaurier bot. Sie diversifizierten sich rasch und legten früh den Grundstein für die große Artenvielfalt von heute. Bereits vor 45 Millionen Jahren entstanden vier der fünf heute existierenden Unterordnungen: Hystricomorpha (Stachelschweinverwandte), Sciuromorpha (Hörnchenverwandte), Casterimorpha (Biberverwandte) und Myomorpha (Mäuseverwandte).

Die Ratte betritt die Weltbühne

Ratten gehören zu der Unterordnung Myomorpha, auch Myodonta genannt. Die ältesten bekannten Fossilien sind über 43 Millionen Jahre alt. Die Myomorpha werden in zwei Überfamilien aufgeteilt: Dipodoidea (Springmäuse) und Muroidea (Mäuseartige). Die ersten Angehörigen der Mäuseartigen tauchten vor gut 20 Millionen Jahren in Südasien auf. Sie streckten ihre Schnurrhaare in den Wind, trippelten weit umher und erreichten alsbald Südostasien, Australien, Neuguinea, die Philippinen und Afrika. Überall fanden sie freie ökologische Nischen oder sie machten sich welche. Die Artenzahl explodierte, und es entstanden die sechs heute noch existieren-

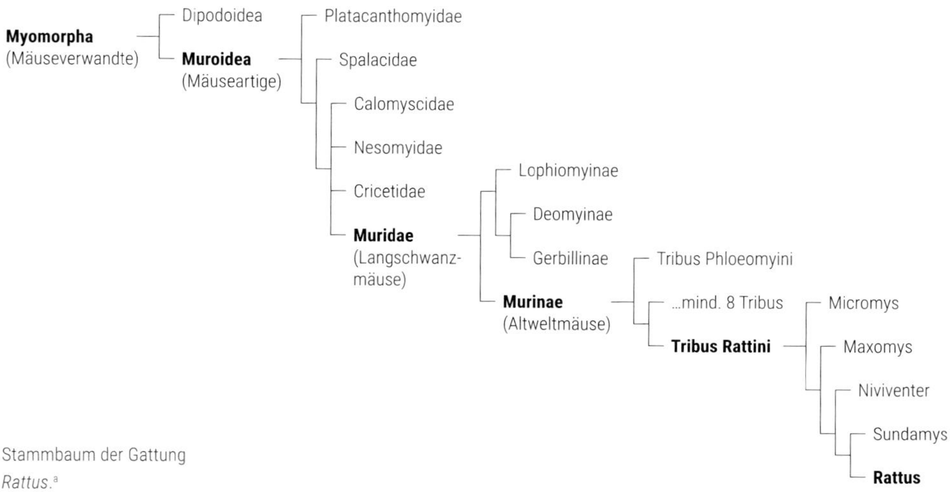

Stammbaum der Gattung *Rattus*.[a]

den Familien. Namentlich sind das die Familien Spalacidae, Nesomyidae, Platacanthomyidae (Stachelbilche), Calomyscidae (Maushamster), Cricetidae (Wühler) und Muridae (Langschwanzmäuse). Es sind überaus experimentierfreudige Familien in Bezug auf die Artenvielfalt, aber die Familie der Langschwanzmäuse überragt sie alle mit über 281 Gattungen. Weit mehr noch: Mit mindestens 1326 Arten reklamiert sie gut 20 Prozent aller bekannten Säugetierarten für sich. Aus Gründen der besseren Überschaubarkeit hat man die Familie weiter unterteilt, aktuell zählt man 17 Unterfamilien. Unsere Ratten gehören zur Unterfamilie Murinae, auch Altweltmäuse genannt. Mit gut 120 Gattungen und 550 Arten ist auch diese Unterfamilie nicht gerade klein. Die ältesten Fossilien von Altweltmäusen werden auf 14 bis 18 Millionen Jahre datiert. Vor etwa 11 Millionen Jahren spaltete sich eine Gruppe von Gattungen – zusammengefasst unter der Tribus Rattini – von den anderen Gattungen der Murinae ab[6]. Es dauerte jedoch noch eine Weile, bis die Gattung *Rattus* erschien. Man schätzt, dass sie sich vor etwa 3,5 Millionen Jahren auf den Sundainseln von den anderen Gattungen abspaltete[7–9].

Noch immer lässt sich das Entstehungsgebiet der Gattung *Rattus* aus dem gehäuften Artvorkommen ableiten, denn die Reiselust der neuen Arten hatte deutlich abgenommen. Viele blieben ungefähr dort, wo sie entstanden waren. Nur einige Tiere der Gattung *Rattus* sahen das anders, insbesondere die Wanderratte, die Hausratte und die Pazifische Ratte *(Rattus exulans)*. Von den heute lebenden Mitgliedern der Gattung *Rattus* gehört die Wanderratte zu den Ältesten. Je nach Studie wird ihr Alter zwischen 1,8 bis 2,7 Millionen Jahre angegeben[7]. Die Hausratte betrat die Weltbühne hingegen erst viel später, vor gut 0,5 Millionen Jahren. Dafür aber richtig.

— Nicht jede Ratte ist eine Ratte

Es ist kompliziert. Ratten gibt es zuhauf und fast in allen Familien der Langschwanzmäuse. Zu der Familie der Spalacidae gehören die Wurzelratten und die Afrikanischen Maulwurfsratten. Bei den Wühlern finden sich unter anderem Vesperratten, Kletterratten, Buschratten, Bisamratten, Wasserratten, Fischratten, Baumwollratten, Hamsterratten und Madagaskar-Ratten. Bei den Langschwanzmäusen gibt es Mähnenratten, Sandratten, Rennratten, Borkenratten, Spitzmausratten, Stachelratten, Bergratten, Nasenratten, Schwimmratten, Riesenratten, Greifschwanzratten, Bachratten, Sumpfratten, Lamellenzahnratten und viele mehr. Es sind Unterfamilien, eigene Gattungen und Arten innerhalb der Ordnung der Nagetiere, die mehr oder weniger eng mit der Gattung *Rattus* – also den «echten Ratten» – verwandt sind. Der einzige gemeinsame Nenner ist die Körpergröße: Arten mit dem Zusatz «Ratte» sind meist Tiere mit einer Kopf-Rumpf-Länge von mehr als 14 Zentimeter, die kleineren Arten werden zu Mäusen.

— Die wahren Ratten der Gattung *Rattus*

Bereits auf Gattungsebene stechen unsere beiden Rattenarten heraus. Die Gattung *Rattus* ist die artenreichste im ganzen Säugetierreich. Das ist überaus erstaunlich, denn sie gilt als sehr jung und modern im erdgeschichtlichen Kontext. Sie umfasst rund 66 Arten – im Moment. Genau kann man das nicht sagen, denn je nach Studie und Sichtweise variiert die Anzahl der Arten. Das kann extreme Werte annehmen: Um das Jahr 1949 wurden beispielsweise über 560 Arten der Gattung *Rattus* zugeordnet. Allerdings waren selbst die Systematiker nicht glücklich mit dieser

Zahl und begannen schon bald, die Arten neu zu sortieren und einzuteilen. Es kam einer Herkulesaufgabe gleich. Große Veränderungen gab es vor allem durch die Arbeiten von Guy Musser und Kollegen in den 1980er- und 1990er-Jahren. Sorgfältig und mit hartnäckiger Liebe zum Detail wurden Schädel, Zähne und andere Körperteile der vermeintlichen Arten miteinander verglichen. Unter Einbezug von ökologischen und biochemischen Daten wurde Ordnung in die Gattung gebracht[10]. Manche Arten wurden anderen Gattungen zugeteilt, andere wiederum verschmolzen zu einer einzigen Art. Und das nicht zu knapp: Allein die Hausratte kennt mehr als 150 Synonyme, also ehemalige eigenständige Artnamen. Die Hausratte, so könnte man sagen, war auch schon mal mehr. Die wissenschaftlichen Diskussionen zu dieser Art sind bei Weitem noch nicht abgeschlossen. Man spricht daher heute vom Hausratten-Komplex. Mit dem Wort «Komplex» werden in der Systematik alle möglichen Arten und Unterarten zusammengefasst, die schwierig zu unterscheiden sind. So oder so: Wenngleich die Verwandtschaft der Ratten innerhalb der Gattung *Rattus* intensiv untersucht und neu organisiert worden ist, bleiben die Ratten eine Herausforderung. Aktuellere genetische Studien versuchen, zusätzliches Licht in die Systematik zu bringen. Allerdings sind Datengrundlagen vieler Studien nicht umfassend genug, es fehlen genetische Proben von raren oder selten gefangenen Arten[10].

Die Riesenborkenratte *(Phleomys pallidus)* aus der Tribus Ploeomyini trägt zwar die Ratte im Namen, ist aber keine Echte Ratte.

Derzeit geht man von sechs möglichen monophyletischen Artengruppen aus. Für diese Gruppen erfand man keine eigenen Namen, sondern umschreibt sie mit der Art, die darin dominiert oder am besten bekannt ist. Die Artengruppe der Wanderratte ist an der Artenzahl gemessen ziemlich mager: Lediglich die Wanderratte und ihre nächste Verwandte, die Himalajaratte *(Rattus nitidus)*, zählen dazu[8,10]. Einzig von der Artengruppe der Pazifischen Ratte wird die Wanderrattengruppe zahlenmäßig unterboten. Korrekterweise kann man nicht mehr von Gruppe sprechen, da die Pazifische Ratte *(Rattus exulans)* sich darin alleine vergnügt. Die vielfältigste Gruppe ist die Hausrattengruppe. Neben der Hausratte werden mehr als 30 weitere Arten dieser Gruppe zugeordnet. Die meisten kommen in Asien und auf den Sundainseln vor. Die Australische Buschratte *(Rattus fuscipes)* steht einer weiteren Gruppe vor, die aus sieben Arten besteht. Sie alle leben in Australien, wo sie sich vor über einer Million Jahren etabliert haben. Dort lebt auch die Gruppe, die nach der Kap-York-Ratte *(Rattus leucopus)* benannt wurde. Hierzulande unbekannt, zählt diese artenstarke Gruppe immerhin 20 Mitglieder. Die Nordöstliche Gelbschwanzratte *(Rattus xanthurus)* führt die letzte Gruppe an. Alle fünf Arten wuseln auf Sulawesi herum. Deren Zugehörigkeit zur Gattung *Rattus* wird allerdings derzeit infrage gestellt. Diese Sorgen der Menschheit sind der Gelbschwanzratte jedoch herzlich egal.

In Europa ist die Zwergmaus *(Micromys minutus)* aus der Gattung *Micromys* die nächste Verwandte von Wander- und Hausratte.

Wird derzeit noch zu der Gattung *Rattus* gezählt: die Nordöstliche Gelbschwanzratte *(Rattus xanthurus)* auf Sulawesi.

2 Nagezahn

Der Blick ins Maul eines Tieres ist überaus aufschlussreich, denn Gebiss ist nicht gleich Gebiss. Die unterschiedlichen Zahnarten, deren Zusammensetzung sowie die verschiedenen Zahnoberflächen sind wesentliche Teile der Taxonomie. Die systematische Gliederung der Nagetiere fußt gar vor allem auf der Kiefermuskulatur und den damit zusammenhängenden Schädelmerkmalen. Und ganz nebenbei gibt das Gebiss Auskunft über die Ökologie des Trägers.

Mit wenigen Ausnahmen haben alle Säugetiere ein Gebiss, das aus unterschiedlich gestalteten Zähnen besteht. Im Fachjargon nennt man ein solches Gebiss «heterodont». Bei Säugetieren gliedern sich die Zähne im Gebiss in maximal 3 Schneidezähne (Incisivi), einen Eckzahn (Caninus) und die Backenzähne. Letztere teilt man in maximal 4 Vorbackenzähne (Prämolares) und 3 Mahlzähne (Molares) auf. Gezählt wird jeweils von vorn nach hinten, startend in der Mitte des Gebisses. Die Lage und die Form der Zähne sind funktionsbedingt. Mit den Vorderzähnen – also den Schneide- und Eckzähnen – wird die Nahrung gepackt und in mundgerechte Portionen zerteilt. Die Backenzähne zerkleinern diese Portionen anschließend schluckgerecht. Dementsprechend weisen Backenzähne meist breite, quetschende oder mahlende Flächen auf, während Vorderzähne spitzig oder schneidend sind. Bei Arten, die andere Tiere erbeuten, ist häufig einer der Vorderzähne vergrößert. Je nach systematischer Ordnung ist das ein anderer Zahn. Raubtiere (Carnivora) nutzen ihre Eckzähne, um Beute festzuhalten, bei Insektenfressern (Eulipotyphla), wie es Spitzmäuse und Igel sind, übernimmt der erste Schneidezahn diese Funktion. Wer einem Wiederkäufer ins Maul schaut, wird hingegen nichts dergleichen entdecken. Man packt das Grünzeug je nachdem gern mit Zunge oder Lippen. Und wie ist das mit den Nagern? Zumindest alle Wühlmäuse und mit einer Ausnahme auch alle Langschwanzmäuse weisen folgende Zahnformel mit einem Schneidezahn und drei Molaren, aber ohne Eckzahn und Prämolaren auf: $\frac{1003}{1003}$.

Da die zwei Kieferseiten symmetrisch sind, beschreibt die Zahnformel jeweils nur eine Seite des Gebisses. Die Zahl über dem Strich repräsentiert die Zahnanordnung einer Oberkieferseite, die unter dem Strich jene des Unterkiefers. Durch die Verdoppelung aller Zahlen kommt man auf die Gesamtzahl der Zähne im Gebiss, in diesem Fall also 16 Zähne. Die Zahnformel mit einem einzelnen Schneidezahn resp. das Paar Schneidezähne im Ober- und Unterkiefer ist charakteristisch für Nagetiere. Ebenso charakteristisch sind die Nuller: Den meisten Nagern fehlen der Eckzahn und fast immer auch die Prämolaren. Dafür klafft zwischen dem Schneidezahn und den Mahlzähnen eine große Lücke, das sogenannte Diastema[1].

— Ein Zahn ist nicht einfach ein Zahn

Nagetiere sind eine große und vielfältige Ordnung. Es verwundert daher kaum, dass sich die Arten unzählige Lebensräume und Nahrung erschlossen haben. Es gibt Vegetarier, Insektenfresser, Fleischfresser und Allesfresser. Einige sind strikter in ihrer Nahrungswahl, andere weniger. Das zeigt sich in der Schädelform sowie in der Anordnung, der Form und der Stellung der Zähne. Hochspezialisierte vegetarische Nagetiere haben einen eher breiten Schädel, und ihre Schneidezähne sind meist breit und lang. Die Stellung der oberen Schneidezähne variiert von proodont (nach vorne stehend) bis opisthodont (nach hinten stehend). Wühlende Nagetiere wie die Schermaus *(Arcivola terrestris)*, die die Erde mit ihren Schneidezähnen lockert, haben eine proodonte Zahnstellung. Die Schneidezähne des Eichhörnchens *(Sciurus vulgaris)* hingegen, das mit seinen Zähne Nüsse knackt, sind leicht opisthodont. Die Kaufläche der Backenzähne ist bei pflanzenfressenden Nagetieren zudem breiter als bei Arten mit anderer Ernährungsweise. Bei vielen pflanzenfressenden Nagetieren sind die Backenzähne hochkronig. Obendrein sind diese Zähne wurzellos, sodass sie fortlaufend wachsen können[2]. Insektenfressende Nagetiere hingegen haben eine lange Schnauze mit kurzen, dünnen Schneidezähnen. Bei ihnen sind die Backenzähne nur noch rudimentär vorhanden. Die erbeuteten Insekten müssen kaum ausgiebig zerkaut werden, sondern lassen sich normalerweise kurz zerquetscht gut herunterschlingen. Die Schneidezähne sind meist proodont, was das Ergreifen der sich bewegenden Beute erleichtert. Der Großteil der Nagetiere hat sich jedoch nicht auf eine klare Nahrungsrichtung spezialisiert, die meisten – auch die Ratten – sind Allesfresser, und ihre craniodentalen Merkmale sind Mischformen der strikten Ernährungsspezialisten[3]. Ihre Backenzähne sind meist brachyodont, also niederkronige Zähne mit Zahnwurzeln, die sich früh in der Entwicklung ausbilden. Diese Backenzahnwurzeln resp. die Anordnung der Löcher im Unterkiefer sind in der Familie der Langschwanzmäuse oft arttypisch. Daher werden diese gerne als Bestimmungsmerkmal beigezogen.

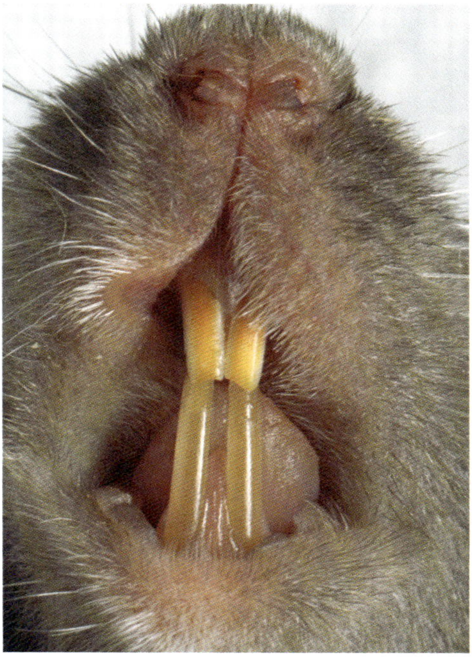

Ein einziger Blick auf die Zähne einer Ratte genügt, um sie als Nagetier zu erkennen.

— Rattenscharf

Nomen est omen. Nagetiere nagen für ihr Leben gern. Damit sie das ihr Leben lang machen können, wachsen ihre Schneidezähne zeitlebens. Möglich gemacht wird das durch die wurzellosen Schneidezähne. Diese Zähne sind wie der sprichwörtliche Eisberg. Bei Ratten ist der sichtbare Teil

Insektenfresser – Wasserspitzmaus *(Neomys fodiens)*

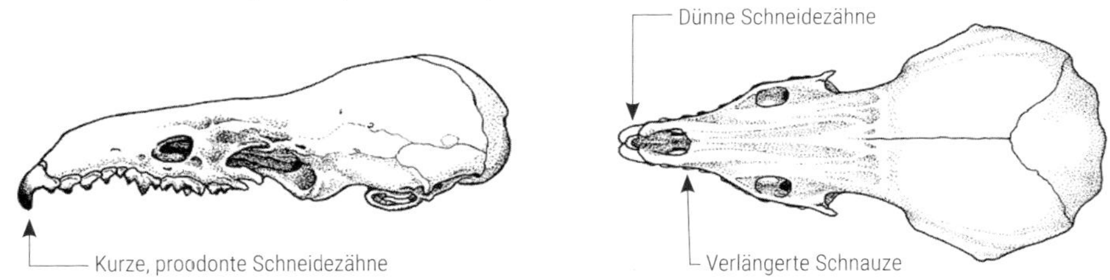

Nagetier (wühlend) – Schermaus *(Arvicola terrestris)*

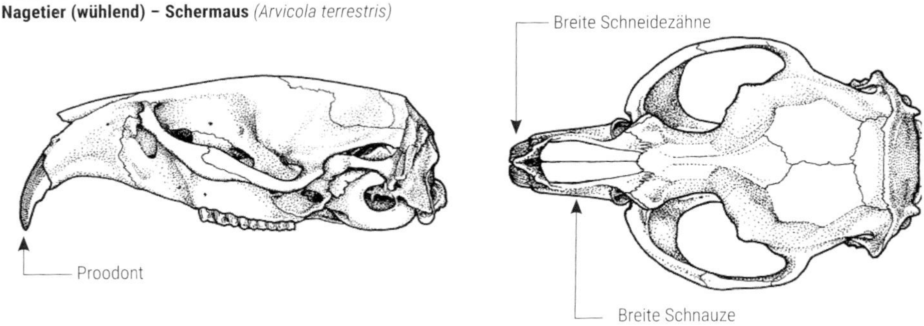

Nagetier (Nüsse knackend) – Eichhörnchen *(Sciurus vulgaris)*

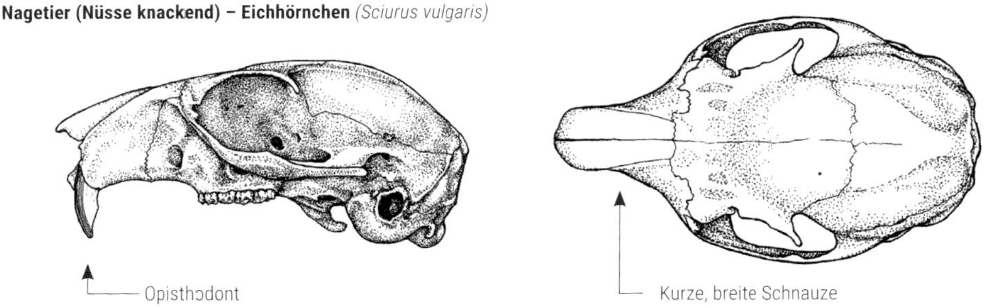

der oberen Schneicezähne etwa 5 Millimeter, der der unteren Schneidezähne etwa doppelt so lang. Der größte Teil dieser Zähne ist jedoch unsichtbar im Kieferknochen eingelagert. Dort nehmen sie sehr viel Platz ein, sind fest verankert und wachsen stetig.

Das Zahnwachstum ist beeindruckend. Bei Ratten wachsen Schneidezähne durchschnittlich einen Zentimeter pro Monat. Gleichzeitig werden die Schneidezähne durch die Nagetätigkeit fortwährend geschärft. Zwei Zahnsubstanzen sind für das erfolgreiche Nagen verantwortlich: Dentin und Zahnschmelz. Dentin wird auch Zahnbein genannt und ist eine knochenartige Substanz. Es ist weicher als Zahnschmelz, was nicht weiter überrascht, denn Zahnschmelz gilt als die härteste Substanz, die Wirbeltiere überhaupt produzieren können. Beim Menschen sind alle Zähne mit Zahnschmelz überzogen. Nicht so bei den Nagern. Deren Zähne weisen nur an der

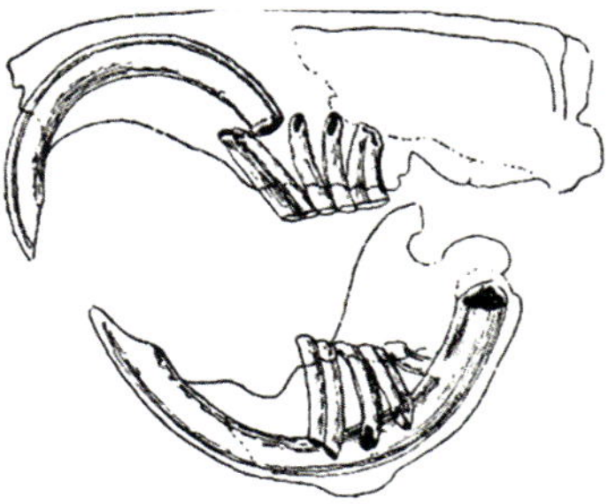

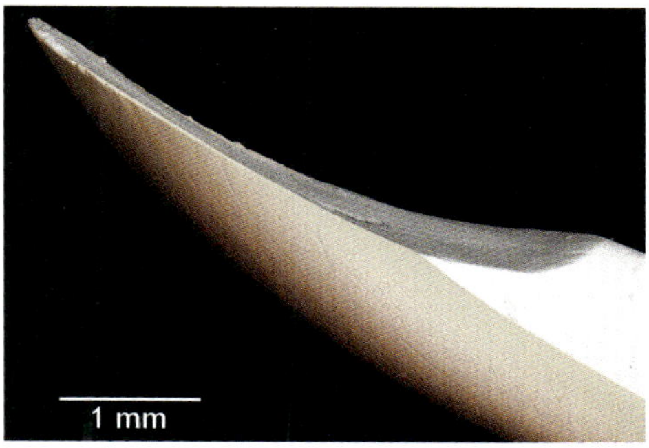

Vorderseite eine sehr dünne, hufeisenförmige Lamelle mit Zahnschmelz auf, während sich auf der Rückseite das weichere Dentin befindet. Treffen die Schneidezähne aufeinander, wird das weichere Dentin auf der Rückseite der Zähne abgerieben. Der harte Zahnschmelz auf der Vorderseite hingegen hält länger, und es bildet sich dadurch eine scharfe Kante. Gerade diese Kombination von harter und weicher Substanz ist es, die zur selbstschärfenden Eigenschaft der Nagetierzähne führt. Tatsächlich halten Nagetiere ihre Zähne selbst scharf und nicht, wie oft fälschlicherweise vermutet, durch das Benagen harter Gegenstände. Die Schneidezähne von Nagetieren sind beeindruckend scharf und die der Ratten sind beileibe keine Ausnahme. Wie hart ihre Zähne sind, kann eine Härteskala veranschaulichen. Diese beruht darauf, dass ein weicheres Material mit einem härteren Material «angeritzt» werden kann, umgekehrt aber nicht. Auf einer Härteskala kann man somit die «Härte-Hierarchie» von Materialien ablesen. Nagezähne von Ratten liegen auf einer solchen Skala zwischen 3,5 und 5,5, wobei junge Ratten die weichsten Zähne haben. Im Vergleich dazu haben Nussschalen auf dieser Härteskala eine Härte um 2,5, Eisen beginnt ab 4. Mit solch harten Zähnen ausgestattet, können sich Ratten ohne Probleme durch Metall und Beton nagen, ohne dass ihre Zähne stumpf werden oder anderweitig Schaden nehmen. Aufgrund der hohen Bedeutung der Zähne erstaunt es daher wohl kaum, dass Ratten keinen Zahnwechsel durchmachen.

— Ein hochspezialisierter Kauapparat

Nagetiere nagen nicht nur mit dem Ziel, etwas zu verspeisen. Mit ihren Schneidezähnen knabbern sie an allerhand unverdaulichem Material herum, das jedoch weder geschluckt noch in den Mundraum gelangen sollte. Daher haben Nagetiere den wohl kompliziertesten Kauapparat aller Säugetiere entwickelt. Bei ihnen wird das Nagen komplett von der Nahrungsaufnahme getrennt.

Seiten- und Oberansicht von Schädeln einheimischer Kleinsäuger mit Nahrungsspezialisierung.

Die Bedeutung des Nagens zeigt sich im Raum, den die stetig wachsenden Schneidezähne im Schädel einnehmen.

Nahaufnahme eines Nagezahns einer Wühlmaus.

Gleichzeitig Schneidezähne und Backenzähne zusammenbeißen, das geht bei ihnen nicht. Die nagetierische Grundstellung ist ein Überbiss, bei dem die oberen Schneidezähne vorstehen und sich die oberen und unteren Backenzähne ineinander verzahnen. Diese Stellung ermöglicht das Kauen, aber nicht das Nagen. Erfolgreich genagt wird erst durch das Vorschieben des Unterkiefers. Nagetiere müssen sich deshalb jeweils entscheiden, was sie machen wollen: nagen oder kauen. Dabei spielt eine Lücke eine tragende Rolle. Es ist die Lücke zwischen Schneidezahn und Backenzähnen – das Diastema –, die das Nagen und Kauen bei Nagetieren räumlich trennt und die Backenzähne vor unnötiger Abnützung schützt. So führt das Vorschieben des Unterkiefers beim Nagen dazu, dass die unteren Backenzähne auf der Höhe des oberen Diastemas liegen. Das Diastema selbst wird beim Nagen mit den Oberlippen verschlossen. Die rechte und die linke Oberlippe weisen Falten auf, die sich hinter den Schneidezähnen in die Mundhöhle stülpen und sich dort berühren. Als Nagetier kann man also nach Herzenslust an allerlei Interessantem nagen, indes durch diese Lippen verhindert wird, dass das benagte Material in die Mundhöhle gelangt und dort Verletzungen verursacht. Und nicht zuletzt hat auch der Unterkiefer Spannendes zu bieten: Im Gegensatz zum Menschen sind die beiden Unterkieferknochen bei Nagetieren nicht zusammengewachsen, sondern werden durch straffes Bindegewebe zusammengehalten. Die Stellung der unteren Schneidezähne ist dadurch flexibel. So kann die Ratte die Stellung dieser Zähne bewusst beeinflussen und diese wie eine Schere auseinanderspreizen. Wenn das nicht großartig ist!

Besuch der Wanderratte beim bissstärkeren Eichhörnchen.

3 Die Sinne der Ratten

Jede Art nimmt die Welt auf ihre eigene Weise wahr. Das trifft auch auf die Ratten zu. Mit ihren hochentwickelten Sinnen ist ihre Welt wahrscheinlich viel voller und vielfältiger als unsere. Von der Nahrungssuche bis zum sozialen Umgang verlassen sie sich stark auf den Geruch und den Geschmack.

Lange dachte man, dass Ratten einfältige Geschöpfe sind. Bei Intelligenztests lagen Ratten weit hinter Affen und Tauben. Sie schnitten sogar bei den einfachsten visuellen oder auditiven Aufgaben notorisch katastrophal ab. Das änderte sich jedoch, als man zusätzlich zu den visuellen Tests auch olfaktorische Versuche machte. Nun war die Stunde der Ratten gekommen! Wie die meisten Nagetiere erfahren Ratten die Welt hauptsächlich durch die Nase. Bereits ein kurzes Schnüffeln von weniger als 200 Millisekunden reicht ihnen, um einen Geruch korrekt zu identifizieren. Das ist rasant. Der Mensch benötigt dafür 1 bis 2 Sekunden[1]. Der Geruchssinn von Ratten ist nicht nur schnell, er ist auch ausgeprägt. Ratten nutzen ihren Geruchssinn für die Nahrungssuche, die räumliche Orientierung und die Feinderkennung. Er spielt zudem im sozialen Rattenleben eine nicht zu unterschätzende Rolle. Der Geruch einer Ratte gibt Auskunft zu deren Alter, Geschlecht, sozialem Status, Fortpflanzungsstatus, Gesundheitszustand, Verwandtschaft und Gruppenzugehörigkeit. Außerdem erkennen Ratten den Gefühlszustand von Artgenossen und reagieren auf den Geruch von gestressten, verletzten oder hungrigen Tieren. Ihr Erinnerungsvermögen ist dabei erstaunlich: In Laborversuchen konnten sich Ratten sogar nach 30 Tagen präzise an 8 verschiedene Gerüche erinnern. Den Laborratten ist daher wohl erst dann, als ihre Reaktionen und Fähigkeiten mittels Gerüchen getestet wurden, ein Licht aufgegangen[2]. Seither werden ihnen viele Experimente trivial vorkommen.

— Hochkomplexes Riechsystem

Der Geruchssinn ist für die Ratten von höchster Bedeutung. Das zeigt sich auch in der Anzahl ihrer Riechorgane. Während wir Menschen uns einzig auf unser Riechepithel verlassen, arbeiten in Ratten vier Organe beim Riechen mit. Mal sind diese Organe in ihrer Riechfunktion gegen die anderen klar abgegrenzt, mal überschneiden sie sich. Bei den vier Riechorgangen handelt es sich um das Grüneberg-Ganglion, das Riechepithel, das Septalorgan von Masera und das vomeronasale Organ[3]. Das Grüneberg-Ganglion kommt nur bei Nagetieren vor und befindet sich direkt hinter den vorderen Nasenlöchern. Es erfasst Temperatur und CO_2-Konzentration. So können beispielsweise die zunächst noch blinden Jungtiere die Entfernung zur Mutter an der Abkühlung der eingeatmeten Luft erkennen. Als erste Geruchsstation nimmt das Grüneberg-Ganglion auch Alarmstoffe wahr. Dazu zählen Substanzen in Raubtierausscheidungen, die Nagetiere zur Flucht veranlassen oder in Angststarre versetzen können. Als Nächstes trifft die Luft auf das Riechepithel in der Nase, wo sich die Riechzellen mit ihren Geruchsrezeptoren befinden. Diese Rezeptoren sind sehr spezifisch und können meist nur einen einzigen Duftstoff wahrnehmen. Der Geruch ergibt sich schlussendlich aus der Zusammensetzung der einzelnen verschiedenen Duftstoffe resp. der Aktivierung der unterschiedlichen Geruchsrezeptoren. Wie ungleich reicher die Ratte die Welt im Vergleich zu uns wahrnimmt, zeigt die Anzahl an Geruchsrezeptoren: Beim Menschen sind derzeit 396 unterschiedliche Geruchsrezeptoren bekannt, bei der Wanderratte sind es satte 1207. Im Riechepithel werden Nahrungspräferenzen und Gefahren wie Brandgeruch erkannt, aber auch soziales Verhalten gesteuert. Das dritte Riechorgan befindet sich bei Nagetieren bei den Verbindungsgängen zwischen Nasenhöhle und Mundhöhle – das Septalorgan von Masera. Dessen Funktion ist noch nicht genau verstanden. Möglicherweise hilft dieses Organ bei der Analyse des Urins, der ein wichtiges Medium der innerartlichen Kommunikation und des Sozialverhaltens ist. Schließlich gibt es noch das vomeronasale Organ, auch Jacobson-Organ genannt. Dieses Organ detektiert Pheromone. Das sind Stoffe, die angeborene soziale oder reproduktive Verhalten bei Artgenossen beeinflussen oder auslösen. Pheromone sind wasserlöslich und werden in Körperflüssigkeiten oder als Aerosole über die Luft transportiert. Bei Ratten liegt die Öffnung des vomeronasalen Organs in der Nasenhöhle. Die Pheromone werden daher durch die Nase erschnuppert oder geraten mit der Flüssigkeit in die Nasenhöhle. Anders ist das bei größeren Säugetieren wie Raubtieren oder Huftieren. Bei ihnen öffnet sich das vomeronasale Organ in den Mundraum hin. Daher nehmen diese Tiere die Pheromone durch Lecken oder durch das sogenannte Flehmen auf, bei dem die Luft durch den Mund bei hochgeschobener Lippe eingesaugt und mit Bewegung der Zunge im Rachenraum verteilt wird. Im vomeronasalen Organ gibt es 2 Rezeptorentypen. Man hat sie unprätentiös V1R und V2R benannt. V1R-Rezeptoren werden mit Signalstoffen im Urin assoziiert, V2R mit Proteinen des Immunsystems. Man vermutet, dass eine Ratte über V2R-Rezeptoren Informationen zur immunologischen Individualität des Gegenübers resp. aus dessen Urin erhält und dadurch ableiten kann, wie eng sie mit dem Artgenossen verwandt ist. Wanderratten sind gut mit diesen Rezeptoren ausgestattet. Sie besitzen 106 V1R und 59 V2R. Und der Mensch? Er besitzt gerade mal 4 V1R, doch das nützt ihm herzlich wenig. Bei Menschenaffen, wie wir es sind, ist das vomeronasale Organ bis zur Unbrauchbarkeit verkümmert[3,4].

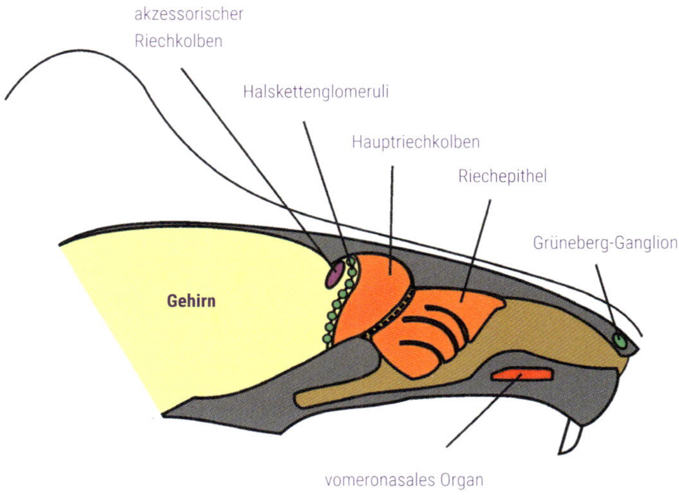

Die Lage der Riechorgane von Nagetieren ohne Septalorgan von Masera. In den Halskettenglomeruli werden die Gerüche gebündelt und an den Riechkolben weitergeleitet. Der Riechkolben (unterteilt in Hauptriechkolben und akzessorischer Riechkolben) überträgt die Geruchsinformationen von der Nase zum Gehirn.

Verschwommen sehen

Die Augen von Ratten sitzen auf den Seiten des Kopfes. Das gesamte Sichtfeld ist groß und umfasst einen Winkel von 300 Grad. Der gemeinsame Sehbereich beider Augen, welcher wichtig für das räumliche Sehen ist, überlappt jedoch nur schlappe 35 Grad. Man vermutet, dass Ratten deshalb oft mit dem Kopf wippen, um durch diese Bewegung die Distanz zu einem Objekt besser abschätzen zu können. Das Objekt selbst sehen Ratten nur verschwommen. Wanderratten haben 1/65 der Sehschärfe von Menschen – notabene das Säugetier mit der besten Sehleistung[3]. Schlimm ist das für die Ratten nicht. Aufgrund dämmerungs- bis nachtaktiver Lebensweise ist der visuelle Sinn den anderen Sinnen untergeordnet. Trotzdem sind Ratten sehr lichtempfindlich. Der Grund liegt bei den Fotorezeptoren auf der Retina, den Zapfen und den Stäbchen. Die Zapfen sind verantwortlich für das Farbsehen, die Stäbchen für die Lichtsensibilität. Gut 99 Prozent der Fotorezeptoren der Wanderratte sind Stäbchen. Das befähigt sie, Unterschiede von 0,1 Lux in dunkler Umgebung zu erkennen. Irrelevant ist jedoch dieses eine Prozent Zapfen mitnichten. Lange dachte man, dass Ratten farbenblind sind. Wahrscheinlich aber sehen die Tiere von ultraviolett (UV, 400 nm) bis etwa rot-orange (635 nm)[5,6].

Mensch

Katze

Ratte

Fliege

Sechs Geschmacksrichtungen

Süß, salzig, sauer, bitter und umami – und obendrein noch Geschmacksrezeptoren für Stärke. Ratten scheinen sechs Geschmacksrichtungen wahrnehmen zu können. Bittere Stoffe vermeiden sie großzügig. Doch alles ist relativ, denn Ratten reagieren kaum auf Denatonium, die bitterste Substanz überhaupt[7]. Saures wie auch Salziges bevorzugen Ratten in kleinen Dosen. So trinken Ratten lieber schwach salziges Wasser als ungesalzenes Wasser. Erstaunlich ist das nicht: Natriumchlorid ist der wichtigste Mineralstoff für Tiere. Es reguliert das osmotische Gleichgewicht in den Zellen und ist die Grundlage aller bioelektrischen Prozesse. Ratten sind zudem wahre Schleckmäuler, wenn es sich um natürlichen Zucker handelt. Künstliche Süßstoffe wie beispielsweise Aspartam nehmen sie hingegen nicht wahr[8]. Aber am liebsten, so scheint es, mögen sie die Kombination von Stärke mit Zucker[9]. Gegen Verlockungen von Fast Food sind Ratten daher nicht gefeit, und das üppige Angebot von fett- und zuckerreicher Nahrung kann auch bei ihnen zu Fettleibigkeit führen[10]. Etwas mehr Abstand hingegen nehmen sie von Capsaicin. Das ist eine Substanz, die in Chilis vorkommt. Bei Säugetieren aktiviert Capsaicin die hitzeempfindlichen Fasern im Maul und löst das Empfinden von brennender Hitze aus. Dies übrigens ganz im Gegensatz zu Vögeln, da bei ihnen der Hitzerezeptor etwas anders aufgebaut ist und Capsaicin nicht binden kann. Doch zurück zu den Ratten: Ihre Abneigung gegen Capsaicin ist nicht konsequent; einmal gewöhnt, knabbern auch Ratten fröhlich an scharfem Futter[11].

Hören

Ein akurates Hörvermögen ist für die innerartliche Kommunikation und für die Feindvermeidung relevant. Ratten nehmen Töne über die breite Frequenz von 0,25 kHz bis 80 kHz wahr. Die beste Hörfrequenz liegt zwischen 18 und 70 kHz. Das ist die Bandbreite, auf denen sie selbst kommunizieren. Leise Töne hören Ratten

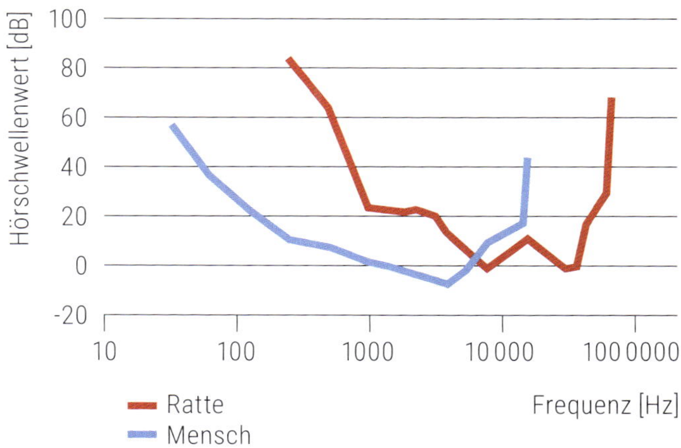

Wie Mensch, Katze, Ratte und Fliege die Welt sehen.

Leise Töne sind nicht ihre Stärke: Das Hörvermögen der Wanderratte im Vergleich zum Menschen.[a]

allerdings nicht. Erst ab einer Lautstärke von etwa 10 Dezibel reagieren sie auf ein Geräusch. Sie hören damit weniger gut als Menschen[12]. Auch bei der räumlichen Einordnung von Geräuschen schneiden Ratten schlechter ab als andere Tiere. Während Elefant, Seehund und Katze die Richtung eines Geräusches auf weniger als 5 Grad lokalisieren können, ist der Winkel bei Wanderratten mit 10 bis 12 Grad mehr als doppelt so hoch[13]. Wahrscheinlich ist für die Ratten nicht die genaue Lokalisierung eines Geräuschs wichtig, sondern nur die ungefähre Richtung.

Wie viele andere Tierarten haben Ratten bewegliche Ohrmuscheln. Durch die unabhängige Bewegung beider Ohren können Ratten ihre Umgebung in jeweils zwei Richtungen erhorchen. Wird ein verdächtiges Geräusch mit einem Ohr entdeckt, dreht sich das Tier in diese Richtung und richtet die Ohren nach vorn. Dadurch sind Hör-, Seh- und Riechsinn auf diese Geräuschquelle konzentriert. Nicht geklärt ist, ob und wie sich Ratten mithilfe von Ultraschalltönen orientieren können. Derzeit geht man davon aus, dass sich die eine oder andere blinde Ratte stärker auf das Gehör verlässt und mit Klicklauten ihre räumliche Wahrnehmung ergänzen kann[14]. Ein detailliertes Bild der Umgebung, so wie es Fledermäuse und Wale mittels Echoortung machen können, kriegt jedoch keine Ratte hin.

Diese drei jungen Wanderratten machen es vor: Die Ohrmuscheln von Ratten sind überaus beweglich.

Tastsinn

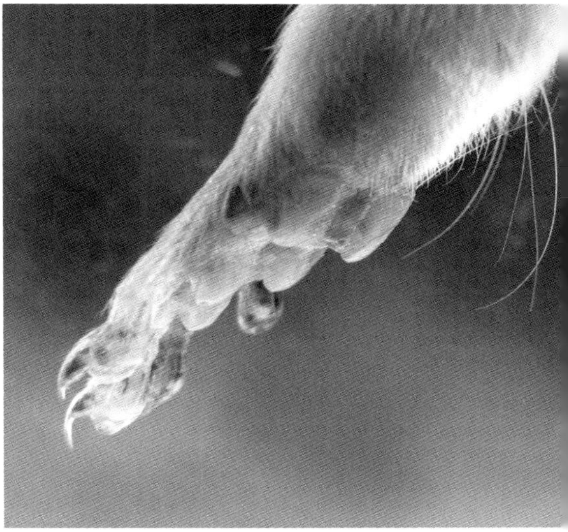

Ratten verlassen sich bei der räumlichen Erkundung stark auf ihre Tasthaare, auch Vibrissen oder Sinushaare genannt. Tasthaare sind Haare mit einem speziellen Aufbau. Die Follikel, aus denen die Tasthaare sprießen, sind im Gegensatz zu anderen Haartypen extrem groß und von Blutkammern umgeben, die eine große Anzahl mechanosensitiver Neuronen aufweisen. Dadurch können Ratten ihre Tasthaare aktiv bewegen, und zwar jedes Haar unabhängig von den anderen. Vibrissen sind somit unserem Tastsinn in den Fingerspitzen gleichwertig, wenn nicht gar überlegen[15].

Bei den Tasthaaren unterscheidet man zwischen Makro- und Mikrovibrissen. Makrovibrissen sind lange, auffällige Tasthaare, zum Beispiel die Schnurrhaare um die Schnauze. Diese werden gut und gerne 4 Zentimeter lang[16]. Mikrovibrissen hingegen sind kurze Tasthaare, wie sie an der oberen und unteren Lippe im Rattengesicht vorkommen. Man unterscheidet die Vibrissen am Kopf von den restlichen Vibrissen am Körper. Denn ja: Auch an den Vorderpfoten und auf den Pfotenrücken von Ratten befinden sich Tasthaare. Mit den Makrovibrissen im Gesicht erkunden Ratten ihre Umgebung aktiv. Entlang einer Wand in totaler Dunkelheit laufen? Kein Problem für eine Ratte mit ihren Schnurrhaaren. Im Gegenteil: Ratten bevorzugen es, über ihre Makrovibrissen jeweils in Kontakt mit einer vertikalen Struktur zu sein. Auch die Entscheidung, über einen etwa 5 Zentimeter breiten Graben zu springen, wird mithilfe der Makrovibrissen gefällt. Dabei bewegen die Tiere ihre Tasthaare aktiv vor und zurück. Berührt keines der Tasthaare die andere Seite, wird nicht gesprungen[17]. Die langen Schnurrhaare dienen Ratten nicht nur für die Abschätzung von Distanzen, sondern auch für die Lokalisierung von Objekten und die Schätzung von Größe und Form eines Objekts. Die viel kleineren und bis zu 100-mal zahlreicheren Makrovibrissen werden für die nahe Erkundung wie Oberflächenstruktur und Materialeigenschaften eingesetzt. Dabei macht die Vibrisse ihrem Namen alle Ehre. Der Begriff «Vibrisse» stammt vom lateinischen Wort «Vibrio», was «vibrieren» bedeutet. Ratten lassen ihre Vibrissen in der Tat überaus häufig und regelmäßig vibrieren. Durch diese Bewegungen kann eine Ratte gar mit einer einzigen Makrovibrisse feststellen, ob eine Oberfläche rau oder glatt ist[18].

Wie wichtig diese Vibrissen im Gesicht sind, zeigen Untersuchungen über die Entwicklung von Laborratten, der domestizierten Form der

Die carpalen Vibrissen an den Pfoten verhelfen der Ratte zu der traumwandlerischen Sicherheit auf dünnen Ästen.

Wanderratte. Jungtiere werden blind und nackt geboren, aber mit Schnurrhaaren. Schon im Mutterleib wachsen diese Makrovibrissen heran. Bei der Geburt sind sie bereits 1 bis 2 Millimeter lang[16] und erleichtern möglicherweise die erfolgreiche Suche nach der mütterlichen Zitze. Die restlichen Vibrissen im Gesicht neugeborener Ratten erscheinen erst im Alter von 7 bis 8 Tagen. Dafür wachsen diese viel schneller. Nach zwei Wochen haben einige dieser Vibrissen bereits ihre maximale Länge erreicht, die Schnurrhaare hingegen erst die Hälfte[16].

Andere Tasthaare sind die sogenannten carpalen Vibrissen. Sie befinden sich unter anderem an den Vorderpfoten der Ratten. Die carpalen Vibrissen sind nicht beweglich wie die Vibrissen der Schnauzenregion, dafür relevant für die sichere Fortbewegung. Über diese Tasthaare erfassen Ratten sowohl die Distanz der Pfote zum Substrat wie auch die Breite des Substrats. Für die kletternde Ratte ist es gut zu wissen, wie weit der Ast von der Pfote weg und wie breit der Ast ist. Wie wesentlich die carpalen Vibrissen für die Stabilität der Kletterbewegungen der Ratte sind, wird klar, wenn eines dieser Haare abgeschnitten wird: Die Stabilität ihrer Kletterbewegungen nimmt ab[19].

Blind und nackt – aber die Schnurrhaare sind bei neugeborenen Ratten schon da.

4 Rättische Kommunikation

Ratten kommunizieren viel und gern. Logisch – wer in Gruppen lebt, muss sich auf die eine oder andere Weise austauschen. Ratten nutzen dazu hauptsächlich das Gehör und den Geruch, setzen jedoch auch auf Berührung und das Sehen.

In der Kommunikation ist jedes Mittel recht. Hauptsächlich wird über chemische Stoffe, Geräusche, Berührungen sowie sichtbare Zeichen kommuniziert. Mindestens zwei Individuen gehören zu einem Gespräch, egal wie kurz und knapp es ist. Ein Individuum sendet eine Information, das andere erhält sie. Wer in Gruppen lebt, muss gut, klar und häufig kommunizieren können, denn ein erfolgreiches Zusammenleben ist davon abhängig. Ratten wirken auf uns nicht überaus gesprächig. Doch das ist ein Irrtum. Wie viele andere Nagetierarten kommunizieren Ratten vor allem im für uns unhörbaren Ultraschallbereich. Diese Kommunikation in hoher Frequenz ist unter anderem eine Strategie der Feindvermeidung. Wenn der Feind nichts hört, dann bemerkt er auch nichts. Zumindest beim Menschen ist ihnen das gelungen, obwohl die Rufe von Ratten eine Lautstärke von 40 bis 85 Dezibel erreichen können. Erst in den letzten 50 Jahren hat sich die Forschung der Kommunikation von Nagetieren im Ultraschallbereich verstärkt zugewandt[1]. Die meisten Studien über die akustische Kommunikation von Ratten werden mit der Wanderratte durchgeführt. Dies nicht nur, weil sie als Laborratte einfacher zu studieren ist, sie ist auch die häufigere wild lebende Art in Nordamerika und Europa, wo das Interesse an der Kommunikation von Ratten höher ist. Wohl lässt sich vieles auf die Hausratte übertragen, denn es wird vermutet, dass ihr ein ähnliches Repertoire wie der Wanderratte zur Verfügung steht[2].

— Vielfältiges Vokabular

Ratten pfeifen, rufen, zirpen und quietschen, und manchmal klappern sie gar mit den Zähnen. Was wollen sie damit sagen? Bei der Wanderratte hat man näher hingehört. Die Rufe der erwachsenen Tiere lassen sich vornehmlich in zwei Ruftypen gruppieren, die sich hinsichtlich der Frequenz und der Ruflänge unterscheiden: Zum ersten Ruftyp gehören die Rufe mit einer Frequenz zwischen 18 und 32 kHz und einer Länge von bis zu 3 Sekunden, der andere Ruftyp erinnert mit kurzen und hohen Rufen zwischen 35 und 70 kHz an ein Zirpen oder Zwitschern. Rufe der tiefen Frequenz werden meist in Situationen emittiert, die Angst, Stress und Schmerz auslösen, hervorgerufen zum Beispiel durch ein lautes Geräusch, physische Schmerzen oder einen Beutegreifer. Die Reaktion der Artgenossen ist unmittelbar: Sie erstarren, bewegen sich vorsichtiger, flitzen in Deckung oder kommen später aus ihrem Bau heraus[3]. Wie gezielt Ratten einen Alarmruf im sozialen Kontext einsetzen, zeigte sich an einem Experiment, bei dem man Ratten mit einer lebenden Katze konfrontierte. Befanden sich die Tiere in einer Gruppe, wurde bei Anwesenheit der Katze laut, viel und noch lange nach dem Verschwinden des Beutegreifers gerufen. Waren die Ratten derselben Gruppe jedoch alleine unterwegs, machten sie beim Anblick der Katze kaum einen Pieps[4]. Auch in kämpferischen Auseinandersetzungen hört man den tiefen Ruftyp, meist vom unterlegenen Tier. Nicht immer aber ist der tiefe Ruftyp negativ konnotiert. Beim Vorspiel zur Paarung kommunizieren Männchen in tiefer Tonlage, wohl um das Weibchen zu besänftigen. Bei der Paarung selbst singen die Männchen aus voller Brust. Sie schmettern ihr Liebeslied, das aus 1 bis 3 Sekunden langen Rufen in der Höhe von 22 bis 23 kHz besteht, mit einer Lautstärke von bis zu 80 Dezibel in die Welt hinaus[5]

Dem tiefen Ruftyp steht das kurze hohe Zirpen gegenüber. Es wird mehrheitlich mit erfreulichen sozialen Tätigkeiten assoziiert. Aneinander interessierte Männchen und Weibchen zirpen sich zu, man zirpt bei der Paarung und ausgiebig bei Spiel und Spaß[6]. Die wohl schönste Rattenstudie aller Zeiten haben Jaak Panksepp and Jeffrey Burgdorf Ende der 1990er-Jahre durchgeführt: Wie alle Tiere spielen auch junge Ratten gern, und das Spiel wird durch mehr oder minder heftige Berührungen am Rücken und Vorderkörper initiiert und von häufigem Zirpen begleitet. Lachten die denn etwa?! Lachen gilt als robuster Hinweis auf sozial vergnügliche Begegnungen, wobei die Fähigkeit zum Lachen bis vor Kurzem nur Menschen und Menschenaffen zugestanden wurde. Die Idee von lachenden Ratten schien daher so abwegig wie faszinierend. Die beiden Forscher begannen, systematisch junge Ratten zu kitzeln. Nach über tausend Kitzeleinheiten kamen sie zum Schluss, dass Ratten tatsächlich lachen. Kitzelte man die Tiere, begannen sie zu zirpen. Je nach Körperstelle mehr oder weniger, und nach etwa 15 Minuten war Schluss. Wie Menschen waren auch die Ratten vom intensiven Zirpen ermattet. Wie sehr die Tiere es genießen, gekitzelt zu werden, zeigte sich auch daran, dass sie begannen, die Hände der Forscher im Rattenstil zum Spiel aufzufordern. Da es dabei ziemlich ruppig zugehen kann, wurden Jaak Panksepp und Jeffrey Burgdorf bei einigen in die Monate gekommenen Ratten auf eine harte Probe gestellt[7]. Gezirpt wird jedoch nicht nur in angenehmen Situationen. Man zirpt auch in Kämpfen und dann, wenn man einen Käfiggenossen vermisst. Zirpen, so die Vermutung, wird wahrscheinlich häufig für die Bindung und für den Erhalt von sozialen Bindungen eingesetzt[8]. Das Vokabular von Ratten hört aber bei diesen zwei Ruftypen nicht auf: So wird Unwillen ebenfalls mit Zähneklappern angezeigt. Wie viele Nagetiere drohen auch beide Rattenarten ihrem Gegenüber damit. Die Hausratte klappert mit ihren Zähnen zudem dann, wenn sie erschreckt wird. Grund dafür kann schon ein Laubblatt sein, das neben einem fressenden Tier zu Boden fällt. Die Reaktion von diesem Zähneklappern auf die gesamte Gruppe ist beeindruckend: Alle fliehen unmittelbar[9]. Irgendwo zwischen all dem steht noch das Quietschen, das Ratten beim Kampf und Spiel emittieren. Man

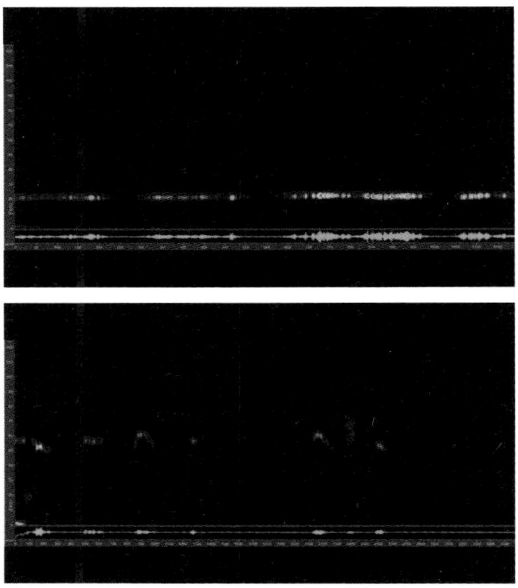

Die Rufe der Wanderratten: Sonargramm des tiefen Ruftypes auf 23 kHz (oben) und des hohen Zirpens (unten).

nimmt an, dass dieser Laut die Aufmerksamkeit einer anderen Ratte erregen soll. Spielt man nämlich Ratten ein Playback von einem quietschenden Artgenossen ab, wenden sie sich dem Lautsprecher zu und quietschen gelegentlich zurück. Auch der sogenannte Isolationsruf junger Ratten ist dazu gedacht, Aufmerksamkeit zu erregen. Ab dem Alter von 4 Tagen rufen junge Ratten mit einem Bedürfnis nach Wärme nach ihrer Mutter mit diesem speziellen Babyrattenruf zwischen 20 und 70 kHz. Sobald sie ihre Körpertemperatur im Alter von zwei bis drei Wochen selbst regulieren können, vernimmt man den Ruf nicht mehr[10].

Während wir Menschen Ratten kaum verstehen, hören sie uns gut zu. Versuche an Heim- und Laborratten zeigen, dass sie Menschen unter anderem an ihrer Sprache unterscheiden können und obendrein sogar einige Wörter oder Befehle richtig interpretieren[3].

— Informatives Geschnüffel

Wer einen ausgezeichneten Riecher wie die Ratte hat, nutzt den Geruch ausgiebig für die Kommunikation. Die Botenstoffe, die für diese Informationsvermittlung zwischen Individuen eingesetzt werden, nennt man Semiochemikalien. Werden diese Botenstoffe innerartlich eingesetzt, nennt man sie Pheromone, geht die Kommunikation über die Artengrenze hinaus, spricht man von Allelochemikalien. Bei Säugetieren werden die Semiochemikalien über Urin, Kot, Speichel und in Sekrete von verschiedenen Hautdrüsen freigesetzt[11]. Geruch ist ein wunderbares Mittel, um über Raum und Zeit hinweg zu kommunizieren. Die Markierung des Territoriums lässt sich damit bestens bewerkstelligen. Andersherum können Botenstoffe auch so konzipiert sein, dass sie nur kurz und in unmittelbarer Umgebung wahrnehmbar sind. Die Informationsflut ist gewaltig. Die erstaunliche Welt der Gerüche bei Ratten beginnt schon vor der Geburt. Das Futterangebot wirkt sich auf die Geburtenrate aus, sowohl im Guten wie im Schlechten. Wo Nahrung knapp wird, zeigt sich das im Urin. Wer hungert, baut Muskelproteine ab, dessen Abbauprodukte im Urin von den Artgenossen erschnüffelt werden können. Dieser Geruch beeinflusst die Weibchen so weit, dass sie weniger Jungtiere pro Wurf auf die Welt bringen[12]. Doch auch dort, wo die Nahrung ausreichend vorhanden ist, beginnt der Kampf ums Leben bereits im Mutterbauch. Bei Ratten kennt man den Infantizid, bei dem Männchen den Wurf eines Weibchens innerhalb von 24 Stunden nach der Geburt töten[13]. Obschon das Weibchen ihr Nest aggressiv verteidigt, hat sie gegen ein determiniertes Männchen praktisch keine Chance. Die Weibchen haben sich daher den Düften zugewandt. Mit einem Botenstoff im Urin vermindert das trächtige Weibchen das Risiko eines späteren Infantizides durch Männchen der eigenen Gruppe. Voraussetzung ist jedoch, dass die Männchen während der gesamten Phase der Trächtigkeit wiederholt dem Urin des Weibchens begegnen, sonst funktioniert die Taktik nicht[14].

Von Düften ein Leben lang umgeben

Kaum auf der Welt, werden die kleinen Ratten von Düften geleitet. Pheromone der Mutter helfen den blinden Jungtieren nicht nur bei der Suche nach der Zitze, sie reduzieren auch die Aktivität der Kleinen und halten sie davon ab, sich

Über den Geruch erhalten Ratten zahlreiche Informationen über ihr Gegenüber.

aus dem Nest zu entfernen[15]. Später lernt man den Geruch der Verwandtschaft, der Gruppe und der einzelnen Individuen kennen. Das hilft, das eigene Gruppenterritorium und dessen Grenzen zu identifizieren. Markieren dürfen und sollen im Territorium alle Mitglieder. Ratten haben keine spezifischen Drüsen für die Markierung und setzen die Backenregion sowie buchstäblich den ganzen unteren Körperbereich von Hals bis Genitalbereich ein[9]. Erwachsene Männchen und Weibchen reiben sich an markanten Objekten innerhalb des Territoriums. Wo sich eine Ratte gerieben hat, reiben sich auch die anderen Mitglieder einer Gruppe. Für sie scheint nicht der individuelle Duft relevant, sondern die generelle Botschaft gegen außen: Hier sind wir[16]. Duftmarken aus Urin und von Sekret aus den Genitaldrüsen werden zudem auf den zahlreichen Rattenpfaden gesetzt und erleichtern den Tieren wahrscheinlich die Orientierung[17].

Über Botenstoffe teilt man sich den sozialen Status mit, manchmal als generelle Nachricht, aber manchmal überaus provokativ. Viele Männchen markieren unmittelbar, bevor sie ein ranghöheres Tier herausfordern, wohl in der Hoffnung, dass der Geruch Eindruck schindet und bei den Weibchen auf Anklang trifft[9]. Duft kann jedoch noch viel mehr, in ihm liegen auch Informationen zum Gesundheitszustand und zu den Gefühlen des Gegenübers[18]. In für die beteiligten Ratten teilweise ziemlich unangenehmen Studien wurde etabliert, dass Ratten auf Schmerzen und Angst von Artgenossen reagieren[19,20]. Die körperlichen Reaktionen der unbetroffenen Ratten können so heftig ausfallen, als würde der Schmerz ihnen selbst zugefügt[3]. Mit der Hilfe ihrer Nase können Ratten zudem zwischen hungrigen und satten Artgenossen unterscheiden: Hungrige Ratten verströmen einen Geruch, der ihre Artgenossen zu Hilfestellungen veranlasst. Gefackelt wird dabei

nicht lange, wie ein Experiment mit Laborratten zeigte, bei dem die Tiere ihren hungrigen Artgenossen Futter zukommen lassen konnten. Je hungriger eine Ratte war, desto schneller war die Reaktion des Gegenübers[21]. Dabei spielte es eine untergeordnete Rolle, ob die hungrige Ratte mit der helfenden Ratte verwandt war oder nicht. Dass Empathie und Hilfeleistung nicht einfach Launen der Laborratten sind, davon zeugen unter anderem die Berichte von lebenden Rattenkönigen aus Hausratten (siehe *Rattenkönig*, S. 74 ff.). Klar und eindeutig wird rund ums Futter kommuniziert. Das wirkt nicht immer appetitlich. Ratten markieren Nahrungsplätze mit Urin und Kot und teilen damit mit, dass hier erfolgreich gefuttert wurde. Ihre Artgenossen verlassen sich darauf und bevorzugen die Futterplätze mit Markierung im Vergleich zu jenen ohne[22]. Man sichert sich futtertechnisch auch ab, indem immer wieder an den Artgenossen geschnuppert wird. Ratten sind notorisch vorsichtig bis furchtsam, wenn es um neue Objekte in ihrer vertrauten Umgebung oder um eine neue Futterquelle geht. Dieses Verhalten wird als Neophobie bezeichnet. Manch wilde Ratte frisst lieber tagelang kein Futter, als etwas Neues auszuprobieren[23]. In jeder Gruppe knickt jedoch irgendwann eine Ratte ein. Oft sind es jüngere und unerfahrene Tiere oder solche von tiefem sozialem Rang, die stärker von Hunger geplagt werden. Hat eine Ratte an neuer Nahrung herumgeknabbert, riecht ihre Atemluft und womöglich auch sie danach. So erfahren ihre Artgenossen etwas über die Essbarkeit der neuen Nahrung und nehmen diese neue Futterquelle nach und nach in ihr Repertoire auf[24].

Fremdes Getier

In den Lebensräumen der Ratten streifen viele Raubtiere umher: Hermelin, Fuchs und Katze machen der Ratte das Leben schwer. Da heißt es ständig Aufpassen. Erschnuppern Laborratten den Geruch eines Beutegreifers, halten sie inne oder verschwinden alsbald in ein sicheres Versteck. Sie zeigen gar eine verminderte Fortpflanzungsrate, wenn Raubtiere sich länger in der Umgebung aufhalten[12]. Eins zu eins lassen sich diese Resultate jedoch nicht auf die wild lebenden Haus- und Wanderratten übertragen. Diese begegnen in ihrem Leben zwar immer wieder dem Geruch von Katz und Fuchs, trotzdem verharren sie nicht im Zustand stetiger Angst. Warum auch? Ratten sind in einem sozialen Gefüge zuhause und leben nach dem Mehraugenprinzip. Irgendein Mitglied der Gruppe wird eine sich nähernde Katze schon frühzeitig erblicken und den Rest alarmieren. Obendrein sind die Gruppenterritorien von Ratten so klein, dass die Distanz zum

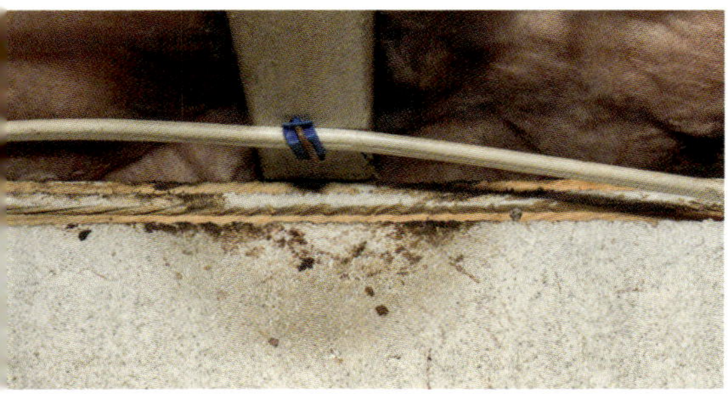

Ein typischer Rattenweg. Er ist gut erkennbar an der dunklen Verfärbung, die durch das Markieren der Ratten entsteht.

Die Ratte zeigt Schmerzen: Im Gegensatz zu einem schmerzfreien Zustand (links) verändert sich unter anderem die Haltung der Backen (Mitte), der Augen und der Vibrissen (rechts).

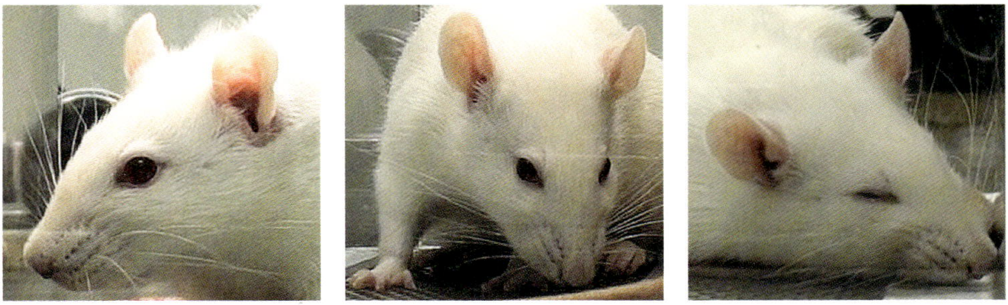

Eingang eines sicheren Verstecks für keine Ratte weit entfernt ist[25]. In die Kategorie «unbeliebte Lebewesen» der wilden Ratten gehören ziemlich sicher auch wir Menschen. Ratten machen einen weiten Bogen um Dinge, die von Menschen angefasst worden sind. Sobald sich die erste Ratte allerdings daran gewagt hat, fassen auch die anderen Mut[26].

Ich zeig dir was

Ratten nutzen nicht nur Geruch und Laute, um sich mitzuteilen. Schon Charles Darwin postulierte im Jahr 1872, dass Menschen und Tiere ihre Gefühle in ähnlicher Weise in Mimik ausdrücken können. Lange hat man das nicht geglaubt oder zumindest vernachlässigt. Tatsächlich drücken Ratten ihre Gefühle auch in Mimik und Körperhaltung aus, die wir Menschen bis zu einem gewissen Grad lesen können. Allerdings haben sich die meisten Forschungen über den Gesichtsausdruck der Ratte mit negativen Emotionen beschäftigt. Das ist nicht weiter überraschend, wenn man bedenkt, dass ein Großteil der Studien an Laborratten für die Tiere schmerzhaft ist. 2011 wurde eine sogenannte «Rat Grimace Scale» definiert, die bei Studien in Labors dazu dienen soll, den Schmerz einer Ratte zu messen[27]. Eine Ratte mit Schmerzen verzieht je nach Heftigkeit ihr Gesicht, sie kneift die Augen zusammen, legt die Ohren an, flacht die Nase ab, zieht die Wangen ein und richtet ihre Vibrissen nach vorn.

Im Gegensatz zu uns brauchen Ratten keinen Gradmesser, um den Schmerz eines Artgenossen zu erkennen. Eine Studie wollte es genauer wissen: Die Forschenden bauten ein Gebilde aus drei miteinander verbundenen Räumen. In einen Raum hingen sie Bilder von Ratten mit neutralem Gesichtsausdruck, in einen anderen Raum Bilder von schmerzverzogenen Rattengesichtern, der letzte Raum blieb dekorationslos. Dort setzten die Forschenden die Ratte aus und beobachteten, wo sie die meiste Zeit verbrachte. Insgesamt waren die Tiere signifikant weniger lang im Raum mit den Fotos der schmerzgeplagten Ratte. Die Forscher schlossen daraus, dass die Mimik bei den sozialen Ratten eine ebenso wichtige Kommunikationsfunktion hat wie beim Menschen. Erst kürzlich kam man auf die Idee, die Mimik von erfreuten Ratten zu messen. Irgendwie mutet das Resultat menschlich an. Die Tiere kriegen vor lauter Freude rote Ohren, die obendrein zurückgezogen werden[28].

Manchmal setzen Ratten auf den Ganzkörperkontakt, um ihre Absichten zu zeigen. Der

Körper wird eingesetzt, um Frieden zu wahren und zu demonstrieren, dass man die soziale Hierarchie akzeptiert. Man zeigt seinen Status damit an, indem das rangtiefere Tier dem sozial höherstehenden Tier unter den Bauch kriecht. Oft sind es Männchen, die damit Konflikte vermeiden. Eine weitere Geste der Unterwerfung zeigen Männchen wie Weibchen, indem sie mit halb geschlossenen Augen halb oder ganz auf der Seite oder gar auf dem Rücken liegen und sich so dem überlegenen Tier präsentieren. In der Rattenwelt pflegt man sich übrigens auch das Fell, ganz im Sinne der friedlichen Koexistenz. Wo aber bei Affen lange und systematisch gelaust wird, handelt es sich bei der Rattenfellpflege eher um ein nachlässiges, zeitlich sehr begrenztes Zupfen am Fell des anderen, und das auch nur an der Stelle, die man aus der eigenen Position gut erreichen kann[17].

Durch das Unterkriechen zeigt die Ratte an, dass sie sich ihres niedrigeren Rangs gegenüber dem anderen Tier bewusst ist.

5 Maus, Ratte, Wanderratte

Ratten gehören zu der Familie der Langschwanzmäuse. Von der Maus, wie man sie sich landläufig vorstellt, unterscheidet sich die Ratte nicht stark. Eigentlich ist die Ratte eine große Maus.

Ratten sind Nagetiere und gehören zur Familie der Langschwanzmäuse, auch Echte Mäuse genannt. Die schlanke Körperform, die verhältnismäßig großen Ohren, Augen und Hinterfüße sind typisch für die Vertreterinnen der Langschwanzmäuse. Namensgebend und charakteristisch für diese Familie ist der auffällig lange Schwanz. Er misst mindestens zwei Drittel der Kopf-Rumpf-Länge des Tieres. Bei manchen Arten ist der Schwanz auch länger. Langschwanzmäuse sind schnelle Läuferinnen, einige davon können sehr gut klettern und manche auch beachtlich weit oder hoch springen.

Übersichtliche Verwandtschaft in Mitteleuropa

Die Familie der Langschwanzmäuse ist groß, und trotzdem ist die Verwandtschaft hierzulande ziemlich übersichtlich. In Deutschland, Österreich und der Schweiz kommen elf Arten in den vier Gattungen Waldmäuse, Zwergmäuse, Hausmäuse und Echte Ratten vor. Zu den häufigeren Waldmäusen zählen die Alpenwaldmaus *(Apodemus alpicola)*, die Gelbhalsmaus *(Apodemus flavicollis)*, die Waldmaus *(Apodemus sylvaticus)* und die Brandmaus *(Apodemus agrarius)*. Der westliche Zipfel des Verbreitungsgebiets der Zwergwaldmaus *(Apodemus uralensis)* endet hingegen im Nordosten Österreichs. Zu den kleinsten Nagetieren Europas gehört die Zwergmaus

(Micromys minutus). Sie ist die einzige Vertreterin der Gattung Zwergmäuse in Europa und kommt von hier bis nach Indien und China vor. Die Tiere der Gattung Hausmäuse werden als «typische Maus» betrachtet, mittelgroß und «mausgrau», wie sie sind. Im deutschen Sprachraum kommen drei Arten vor: die Östliche Hausmaus *(Mus musculus),* die Westliche Hausmaus *(Mus domesticus)* und die nur im äußersten östlichen Rand Österreichs anzutreffende Ährenmaus *(Mus spicilegus).* Und dann sind da noch die zwei Arten aus der Gattung *Rattus*: die Hausratte und die Wanderratte. Wie nah man die Ratten zu den Hausmäusen gesellte, zeigt sich an den wissenschaftlichen Namen, die sie zunächst erhielten. Man nannte sie *Mus norvegicus* und *Mus rattus*. Von den anderen Langschwanzmäusen, die in Mitteleuropa vorkommen, grenzen sich Haus- und Wanderratten durch ihre Größe ab. Erwachsene Ratten haben eine Körper-Rumpf-Länge von mehr als 150 Millimetern. Sie leben zudem auf größeren Füßen: Misst der Hinterfuß einer Langschwanzmaus mehr als 30 Millimeter, ist es auf alle Fälle eine Ratte.

— Welche Ratte ist das?

Hausratte und Wanderratte sehen sich sehr ähnlich. Die Hausratte ist grundsätzlich kleiner, schlanker und graziler als die Wanderratte. Ihre Schnauze wirkt spitz, jene der Wanderratte stumpf. Die Schwanzlänge kann als gutes Unterscheidungsmerkmal herangezogen werden. Der schlanke Schwanz der Hausratte ist mindestens so lang wie ihr Körper, während der der Wanderratte kürzer und dicker ist. Im Normalfall misst der Schwanz einer Wanderratte etwa 85 Prozent der Kopf-Rumpf-Länge des Tieres. Wer eine Ratte in die Hand kriegt, kann den Schwanz genauer studieren: Dieser hat Ringe, und die Länge des Schwanzes widerspiegelt sich in der Anzahl der Ringe. Ein gesunder Schwanz einer Hausratte zählt mindestens 220 Ringe, während es maximal 202 Ringe bei der Wanderratte sind. Wer eine Ratte vorbeihuschen sieht, dem kann die Schwanzhaltung einen weiteren Hinweis geben: Die Hausratte trägt den Schwanz meist erhoben, sodass er den Boden nicht berührt, die Wanderratte hingegen setzt ihren Schwanz immer wieder ab oder zieht in gar nach. Definitiv kein Unterscheidungsmerkmal ist die Fellfarbe, denn die Grundfarbe beider Arten ist Agouti (siehe S. 54 ff.). Melanismus und Albinismus, also genetische Mutationen, die zu schwarzen resp. weißen Individuen führen, treten bei beiden Arten auf.

Hält man eine Ratte in der Hand, lässt sich der berühmte «Rattenohrentest» vollziehen. Ein interessantes Unterscheidungsmerkmal zwischen Wanderratte und Hausratte ist nämlich die Relation der Ohrlänge zur Distanz zum Auge. Klappt man das Wanderrattenohr nach vorn, erreicht der Ohrrand das Auge nicht bzw. höchstens den hinteren Augenwinkel. Bei der Hausratte überdeckt das nach vorn umgeklappte Ohr mindestens zur Hälfte die Augen, wenn nicht gar ganz. Handelt es sich beim gefangenen oder gefundenen Tier um ein Weibchen, kann die Anzahl der Zitzenpaare ebenfalls ein gutes, wenngleich nicht hundertprozentiges Indiz geben. Wanderrattenweibchen haben sechs Zitzenpaare: drei Paare im Brustbereich um die Vorderbeine (pektoral), die restlichen drei Paare befinden sich am Bauch und in der Leistengegend (inguinal). Hausrattenweibchen haben normalerweise ein

Der lange Schwanz ist das Markenzeichen der Langschwanzmäuse, zu denen auch diese Hausratte gehört.

Wanderratte

Hausratte

Die Hausratte unterscheidet sich von der Wanderratte durch ihre spitze Schnauze, die großen Ohren und Augen sowie den längeren und dünneren Schwanz. Die Hausratte ist zudem normalerweise deutlich kleiner als die Wanderratte. Kein Unterscheidungsmerkmal ist die Fellfarbe.

Zitzenpaar weniger; sie kommen auf zwei pektorale und drei inguinale Zitzenpaare. Doch aufgepasst: Es gibt auch immer wieder Hausrattenweibchen mit sechs Zitzenpaaren[1].

Auch können die beiden Arten anhand ihrer Schädelmerkmale unterschieden werden. Die Scheitelkämme der Hausratte beschreiben vom Auge zum Hinterkopf einen ausladenden Bogen, während jene der Wanderratte weitgehend parallel verlaufen (siehe S. 58 und S. 80). Und wer genau hinschauen möchte, sieht auf die Zähne: Im Gegensatz zur Wanderratte weist der erste Backenzahn im Oberkiefer der Hausratte keinen Absatz am Vorderrand auf. Dafür befinden sich bei der Hausratte Nebenhöcker auf der Außenseite der Backenzähne im Unterkiefer[2].

Die größere Wanderratte produziert größere Köttel, ihre Kotbällchen sind durchschnittlich 12 bis 15 Millimeter lang mit einem Durchmesser von 5 bis 7 Millimetern. Auch wirken die Kotbällchen nicht so einheitlich. Zwar sind die Enden eher spitz, doch alles bis abgerundet ist möglich, und so wirken die Köttel bei genauerer Betrachtung variantenreich. Grundsätzlich ist der Durchmesser das beste Unterscheidungsmerkmal. Allerdings lohnt es sich stets, an allfällige Jungtiere mit kleinerem Kot zu denken. Frei nach dem Ausschlussprinzip lässt sich Kot mit einem Durchmesser von mehr als 5 Millimetern jedoch gut der Wanderratte zuordnen.

— Klein en masse

Durch indirekte Zeichen wie Kot lässt sich die Anwesenheit von Ratten nachweisen. Meist liegen die Kotbällchen – bei Ratten spricht man auch von Rattenköttel – gut verstreut herum, und das nicht zu wenig. Hausratten produzieren täglich durchschnittlich 59 Köttel, wobei bis zu 126 möglich sind. Wanderratten koten mit 16 bis 55 Köttel weniger. Die einzelnen Kotbällchen sind zylindrisch. Bei der Hausratte sind die Kotbällchen zwischen 6,8 und 13,8 Millimeter lang und haben einen maximalen Durchmesser von 4 Millimetern. Ihre Kotbällchen sind in der Regel abgerundet.

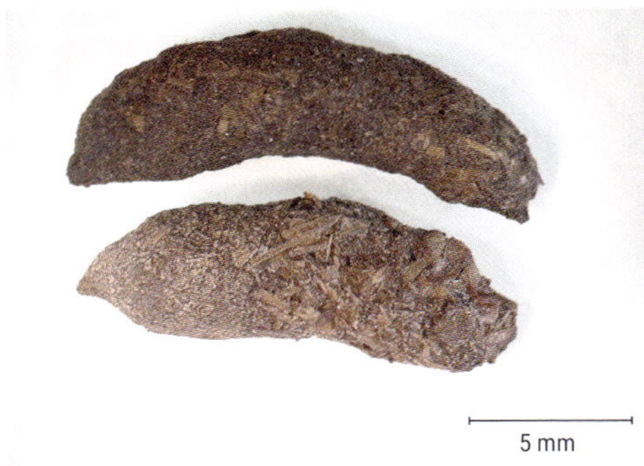

Kotbällchen der Wanderratte (oben) und der Hausratte (unten).

Rattenspuren

Ratten sind Sohlengänger. Wie alle Nagetiere haben Ratten fünf Zehen an Vorder- und Hinterpfote, wobei der Daumen an der Vorderpfote stark zurückgebildet ist. Das ergibt ein für Nagetiere typisches Trittsiegel mit vier abgebildeten Zehen der Vorderpfote und fünf Zehen der Hinterpfote. Bei der Vorderpfote sind die vier Zehen fast sternenförmig um die Mittelfußballen angeordnet. Die der Hinterpfote weisen eine für Nagetiere charakteristische Anordnung auf, bei der die Zehen 1 und 5 seitlich abstehen und die Zehen 2 bis 4 nach vorne gerichtet sind und praktisch parallel nebeneinanderstehen. Es ist die Größe der Trittsiegel, die die Ratte eindeutig identifiziert. Allerdings ist die klare Artzuweisung zwischen Haus- und Wanderratte ziemlich herausfordernd. Grundsätzlich ist die Wanderratte auf größeren Füßen unterwegs. Der Hinterfuß ist durchschnittlich 4,1 Zentimeter lang. Bei den Trittsiegeln wird nicht der ganze Fuß gemessen, sondern «nur» die Länge von der Spitze der vordersten Zehe bis zum Ende der hintersten Sohlenballe. Bei Wanderratten ist das Trittsiegel zwischen 1,7 bis 3,5 Zentimeter lang und 1,7 bis 2,8 Zentimeter breit. Bei der Hausratte hingegen ist der ganze Hinterfuß in der Regel etwa 3,3 Zentimeter lang, während das Trittsiegel des Hinterfußes in Länge und Breite zwischen 1,2 und 2 Zentimetern misst[3]. Die zwei vorderen Mittelfußballen sind bei beiden Arten jeweils deutlich größer als die anderen vier, die nicht immer aufgesetzt werden.

Ratten haben wie viele andere Tiere mehrere Gangarten. Sie gehen im Schritt, im Trab, hüpfen im Drei- und Viersprung durch die Welt oder sprinten im Parallelsprung davon. Meist bewegen sich Ratten im Schritttempo, in einer Art Stop and Go. Beim Schritttempo setzt der Hinterfuß in etwa da auf, wo der Vorderfuß derselben Seite war, und die Gegenseite ist etwas versetzt. Anders sieht das auf der Flucht aus, da setzen beide Vorderfüße und Hinterfüße ungefähr auf der gleichen Höhe auf. Da kann man ordentlich Gas geben und der Abstand zwischen den Sprüngen kann 20 bis sogar 59 Zentimeter betragen. Handelt es sich beim Tier, das die Spur hinterlassen hat, um eine Wanderratte, ist gelegentlich auch die Schleifspur des Schwanzes sichtbar[4].

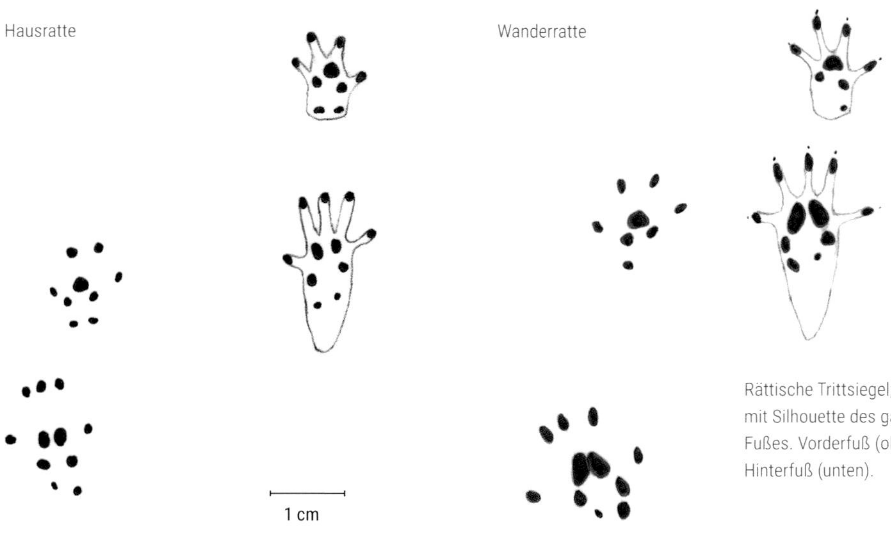

Rättische Trittsiegel; rechts mit Silhouette des ganzen Fußes. Vorderfuß (oben) und Hinterfuß (unten).

6 Herkunft und Eroberung der Welt

Hausratte und Wanderratte stammen aus dem asiatischen Raum. Zuerst brach die Hausratte auf und folgte dem Menschen auf seinen Handelsrouten nach Westen, später wanderte ihr die Wanderratte nach. Heute gibt es Haus- und Wanderratten auf der ganzen Welt, wobei die größere Wanderratte die kleinere Hausratte vielerorts verdrängt. Die Geschichte, die vor über 8000 Jahren begann, ist wohl noch lange nicht zu Ende erzählt.

— Eine indische Rattenart erobert die Welt

Die Geschichte der Hausratte ist eng mit der Geschichte des Menschen verknüpft. Ohne die Nähe zum Menschen wäre die Hausratte nicht da, wo sie heute ist. Überraschenderweise ist trotzdem herzlich wenig über sie bekannt. Erst in den letzten Jahren begann die Forschung, sich mit der Herkunft und den Reiserouten der Hausratte zu befassen. Unbestritten ist, dass die Heimat der Hausratte auf dem indischen Subkontinent liegt, wahrscheinlich an der Ostküste Indiens[1]. Die Neolithische Revolution spielte eine Schlüsselrolle beim Aufstieg der Hausratte. Vor etwa 12 000 Jahren begann der Mensch, der bisher als Jäger und Sammler umhergezogen war, Ackerbau zu betreiben. Als Wiege der Landwirtschaft gilt der fruchtbare Halbmond im Mittleren Osten. Doch auch anderswo war die Zeit reif, so in Indien vor etwa 8000 Jahren. Das kam der dort heimischen Hausratte sehr gelegen. Sie, die sich bis

Ein Traum von Lebensraum für die Hausratte in Indien.

anhin auf weiter Flur aufgehalten hatte, entdeckte die bestellten Felder und Vorratskammern der Menschen. Während der Mensch sich abmühte, Tierarten zu domestizieren, setzte sich die Hausratte ungefragt und ungezähmt zur Menagerie. Sie folgte der Ausbreitung der Landwirtschaft nach und nach über den ganzen indischen Subkontinent. Viele Strecken mag die Hausratte auf ihren Pfoten mühsam gewandert sein, doch gelegentlich wählte sie den bequemeren Wasserweg. Bereits damals wurde reger Schiffshandel betrieben, und die Hausratte ist keine, die sich eine solche Chance entgehen lässt. Nicht umsonst wird die Hausratte auch Schiffsratte genannt. Die Westküste Indiens erreichte die Hausratte vor etwa 3000 Jahren. Lange verharrte sie dort nicht. Die Handelsschiffe schienen es ihr angetan zu haben. Bald brach die Hausratte von der Westküste Indiens übers Meer zur Arabischen Halbinsel auf. Von hier expandierte sie in den Süden und den Westen. Madagaskar erreichte sie so vor gut 2300 Jahren[2]. Wann die Hausratte im Mittleren Osten auftauchte, wo die Landwirtschaft bereits voll erblüht war, ist Gegenstand wissenschaftlicher Debatten[2,3].

So oder so – einige Jahrhunderte vor unserer Zeitrechnung erblickte die erste Hausratte das östliche Mittelmeer und bis um das Jahr 0 war sie im gesamten Mittelmeerraum angekommen. Das Römische Reich war auch ihr Reich: Gleich einem Paartanz folgte die Hausratte zwischen dem 1. und 5. Jahrhundert den Römern auf Schritt und Tritt. Ihr Verbreitungsgebiet wuchs und schrumpfte mit den Grenzen des Römischen Reichs, kaum wagte sie sich daraus hinaus. Sie profitierte vom effizienten Handelsnetz der Römer zwischen den dicht besiedelten Ortschaften. So erstaunt es nicht, dass mit dem Zerfall des Römischen Reiches im 5. Jahrhundert auch die Ausbreitung der

Ausbreitungsrouten der Hausratte (violett) und der Pazifischen Hausratte (orange). Letztere wird manchmal als Unterart der Hausratte oder als eigene Art bezeichnet.[a]

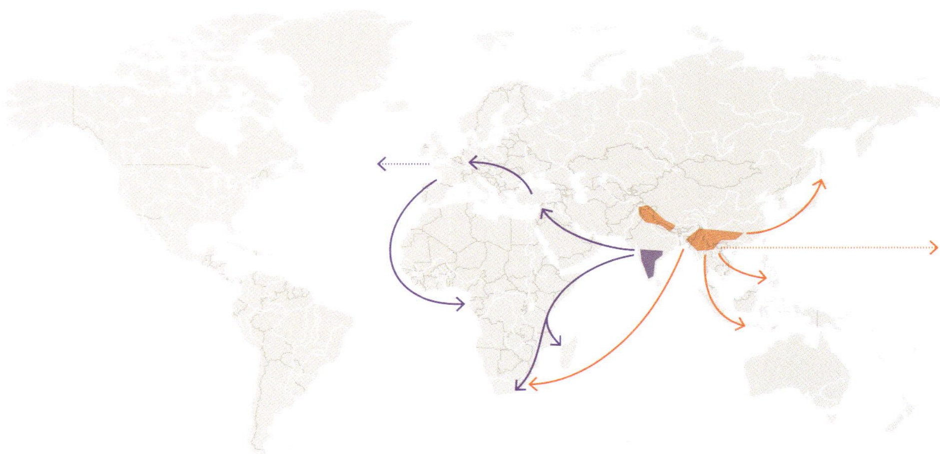

Hausratte ins Straucheln geriet. Sie verschwand weitgehend mit dem sich auflösenden westlichen Teil des Römischen Reiches, prosperierte aber im weiterhin bestehenden Ostreich. Ob ihr Rückgang mit dem Verlust der römischen Handels- und Siedlungsstruktur zusammenhing, die Kleine Eiszeit der wärmeliebenden Art zusetzte oder gar die Justianische Pest um das Jahr 541 die Hausrattenbestände dezimierte, ist nicht geklärt[4]. Sicher ist, dass die Hausratte erst im 9. und 10. Jahrhundert wieder den Weg in den Norden fand[5]. Diesmal aber richtig. Wie schon während des Römischen Reiches setzte die Hausratte auf den Handel und neu auf die sich ausbreitende Urbanisierung. Im 13. Jahrhundert erreichte sie endlich Schweden und England, im auslaufenden 14. Jahrhundert den Süden Finnlands und damit schloss die Hausratte die Eroberung Europas ab. Bis ins 18. Jahrhundert wird sie die unangefochtene Ratte Europas sein.

Schon früh aber ist Europa der Weltenbummlerin zu klein. Zusammen mit Columbus segelte sie 1492 über den Atlantik und hüpfte in der Karibik von Bord[6]. Die Umrundung der Welt dauerte etwas länger. Auf den pazifischen Inseln erschien sie im 17. Jahrhundert[7], Neuseeland eroberte sie um 1870 und Australien im Jahr 1887. Zu dem Zeitpunkt war die Wanderratte schon längst da. Eventuell hängt diese vergleichsweise späte Ankunftszeit der Hausratte in Down Under mit der aufkommenden Dampfschifffahrt ab Mitte des 19. Jahrhunderts zusammen – die wärmeliebende Hausratte fand wohl erst im Maschinenraum der Dampfer die Wärme, die sie für die lange Überfahrt benötigte[8].

— Wanderungen der Wanderratte

Die Wanderratte macht keine halben Sachen. Ihre Eroberung der Welt ging ratzfatz. Wenngleich die Wanderratte die Menschheit in vielerlei Hinsicht auf Trab hält, sind ihre Wanderrouten bislang nur lückenhaft erforscht, und ihre Herkunft ist unklar. Es scheint, als sei die Wanderratte vor etwa 173 000 Jahren aus Südostasien nach Nordchina und in die Mongolei gewandert[9]. Von dort aus zog es sie vor etwa 3000 Jahren in drei Himmelsrichtungen: gen Osten, gen Westen und wieder zurück nach Südostasien. Über die Ost- und Westroute näherte sich die Wanderratte dem amerikanischen Kontinent von zwei Seiten. Zunächst wanderte sie gen Westen, wahrscheinlich in mehreren Wellen. Die Seidenstraße kam ihr sicherlich gelegen, auch wenn sie sich gern in Schiffsrümpfen einquartierte. Wo und wann genau die Wanderratte erstmals europäischen Boden betrat, ist nicht klar. Einige genetische Analysen deuten darauf hin, dass die Wanderratte bereits im 14. Jahrhundert am Mittelmeer aufgetaucht ist und sich dann allmählich ausbreitete[9,10]. Aufgrund ihrer unterirdischen Lebensweise gibt es jedoch kaum Fossilien, die das belegen könnten. Gelegentlich wird eine Illustration von John Johnston aus seiner «Historiae naturalis de quadrupedibus libri» aus dem Jahr 1657 herangezogen, die die frühere Ankunft der Wanderratte belegen soll. Die Tafel Nr. 66 zeigt zwei Ratten, die aufgrund der Ohrgröße und Schwanzlänge mit etwas gutem Willen als Hausratte und Wanderratte identifiziert werden können. Ein zeitgenössischer Beobachter aus Neapel im Jahr 1573 schreibt zudem über «Ungeziefer von Ratzen, die größer denn die unserigen sind und braun»[11].

Wie dem auch sei. Sicher ist, dass im 18. Jahrhundert Ausbreitung und Dichte der Wanderratten enorme Ausmaße angenommen hatten. Die

Art wird im Jahr 1716 zum ersten Mal in Dänemark erwähnt, 1728 in England und 1750 in Deutschland[12]. Ende des 18. Jahrhunderts dominierte die Wanderratte die Rattenszene Europas. Innert kürzester Zeit schien sie überall zu sein. Diese rasante Entwicklung irritierte die Menschen, und man suchte nach einer Erklärung dafür. Noch heute wird die Geschichte kolportiert, die Peter Simon Pallas im Jahr 1771 niederschrieb. Sie wird oft wie ein Zeitzeugenbericht behandelt, obwohl die beschriebenen Ereignisse vor seiner Geburt im Jahr 1741 stattfanden. Man erzählte sie sich jedoch gern weiter und schmückte sie hier und da noch etwas aus. Aufgrund der heutigen Kenntnisse kann die Geschichte weitgehend ins Reich der Fantasie verlegt werden; spannend ist sie jedoch allemal und womöglich der Grund, warum die Wanderratte Wanderratte heißt. Dem Bericht zufolge war eine Katastrophe in Zentralasien die Ursache einer großen Wanderrattenwanderung. Dort soll im November 1727 die Erde mit solcher Heftigkeit gebebt haben, dass ganze Städte innerhalb von wenigen Minuten zerstört und Millionen von Menschen getötet wurden. Mittendrin saß die Wanderratte. Bei diesem Erdbeben verlor sie zwar ihre unterirdischen Behausungen, doch auf der Oberfläche stapelten sich die Leichen – ein gefundenes Fressen für die Wanderratte. Ihre Bestände explodierten ins Unermessliche, und der Platz wurde eng. Da versammelten sich die Wanderratten und begannen

So wie hier im Altai mag der ursprüngliche Lebensraum der Wanderratte ausgesehen haben.

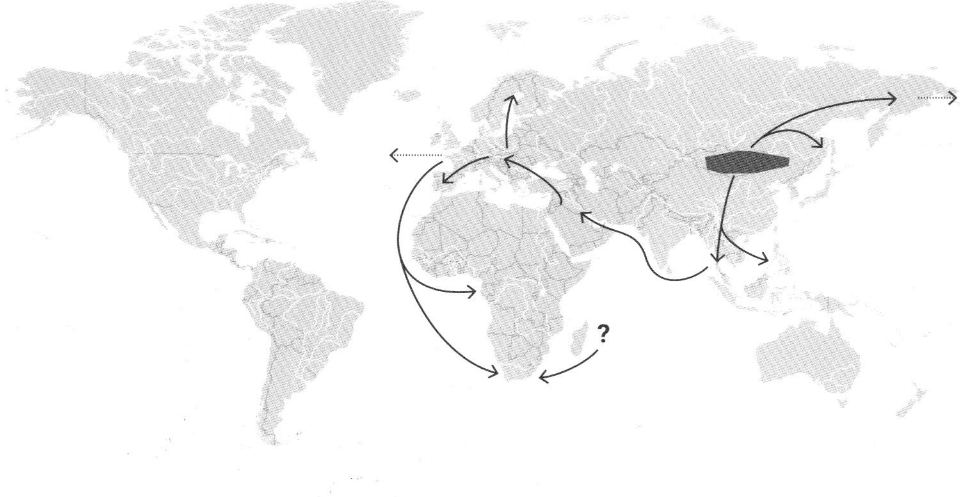

als riesiges Rattenheer im Sommer 1728 ihren großen Marsch nach Europa. Nichts konnte das Heer aufhalten, es überquerte die Wolga bei Astrachan und den Dnjepr in der Ukraine. Zu Tausenden starben die Wanderratten auf ihrer Wanderung gen Westen, doch egal, sie hielten an ihrem Ziel fest. So erreichte das Rattenheer gemäß Bericht im Jahr 1740 Russland, 1753 Paris, 1790 besetzten die Tiere Deutschland, und 1803 fielen sie in die Schweiz ein. Überall berichtete man von Scharen Zigtausender umherziehender Wanderratten, die alles mit Haut und Haar vertilgten, was ihnen im Weg stand[13]. Ob diese Geschichte auch nur ansatzweise stimmt? Sicher ist, dass ein Erdbeben am 18. November 1727 in Täbriz (Iran) stattfand, das 77 000 Menschenleben kostete. Sicher ist aber auch, dass die Wanderratte zum selben Zeitpunkt Europa bereits fest im Griff hatte.

Sie gab sich jedoch mit Europa nicht zufrieden, sondern setzte nach 1740 über den Atlantik, um ein neues Zuhause an der Ostküste Nordamerikas zu finden. Spätestens am 8. Juli 1760 war sie da. Man hat die Knochen einer Wanderratte im Schiffswrack «Le Machault»im kanadischen New Brunswick identifiziert. Das Schiff war Teil der französischen Flotte, die am Gefecht auf dem Restigouche-Fluss beteiligt gewesen war. Das Scharmützel war der letzte Versuch der Franzosen, ihren Teil Kanadas im Laufe des Siebenjährigen Krieges zu sichern. Doch auf der «Machault» gingen die Munition und der Mut der Besatzung zur Neige. Man versenkte kurzum das eigene Schiff und ging an Land. Für einmal verließ der Rattenbestand das sinkende Schiff nicht zuerst, denn mindestens eine Wanderratte blieb an Bord zurück. Posthum hat sich das für dieses Tier gelohnt, denn ihre Knochen sind der erste handfeste Beweis der Ankunft der Wanderratte in Amerika[6]. Doch auch die in der alten Heimat zurückgebliebenen Artgenossen hatten Morgenluft geschnuppert. Die Wanderratten in Nordchina streckten ihre Schnurrhaare gegen Osten und

Über diese Routen hat sich die Wanderratte wohl die Welt erschlossen.[a]

blinzelten in den Sonnenaufgang. Der Weg führte sie von China nach Russland. Sie folgten den Pelzjägern auf Schritt und Tritt und tauchten 1780 auf den Aleuten auf. Von da lockte der wilde Westen Amerikas. Sie schifften ein und erreichten kurz darauf die Pazifikküste von Nordamerika.

Die Abenteuerlust der Wanderratte kennt bis heute keine Grenzen. Damals wie heute fährt die reiseversierte Wanderratte auf Walfängern, Passagier-, Kriegs- und Handelsschiffen mit, wodurch ihr nach wie vor alle Möglichkeiten offenstehen. Die Art ist heute auf praktisch jedem größeren Flecken Erde außerhalb der polaren Regionen zu Hause, wobei es manchmal ein bisschen dauert, bis ein Reiseziel erreicht ist. Die Seychellen hat die Wanderratte erst zwischen 1970 und 1980 betreten. So reisefreudig die Wanderratte ist, so tief trägt sie die Geschichte ihrer Herkunft mit sich herum. Noch heute kann man die amerikanischen Wanderratten genetisch entweder den West- oder den Ost-Immigrantenzügen zuordnen. Auch die Besiedlung von Neuseeland erzählt das Genom der Wanderratte nach. Die ersten Wanderratten entdeckten Neuseeland wohl gemeinsam mit James Cook im Jahr 1769 oder reisten kurz danach mit den Walfängern nach Down Under[8]. Als englische Kolonie wurde Neuseeland auch für die europastämmige Wanderratte ein Zuhause, und sie etablierte sich praktisch überall. Die Besucher aus anderen Ländern brachten auch deren Wanderratten mit nach Neuseeland, deren bevorzugte Anlegestellen lassen sich bis heute erkennen: Auf der Nordinsel mischen sich die europäischstämmigen Wanderratten mit jenen von der amerikanischen Westküste. Auf der Südinsel sind es vor allem Artgenossen von der Ostküste Amerikas und jene, die über Südostasien nach Neuseeland gefunden haben.

Die Abbildungen zweier Ratten (links) auf der Tafel 66 von John Johnston aus dem Jahr 1657 werden gelegentlich als Beweis für die Einwanderung der Wanderratte vor dem 18. Jahrhundert beigezogen.

— Aufteilung der Welt

Auf ihrer Erkundung der Welt war die Hausratte lange die dominante Art. In Europa änderte sich das mit der Ankunft der Wanderratte. Innerhalb weniger Jahrzehnte hatte die Wanderratte die Hausratte in großen Teilen verdrängt. Gegen Ende des 18. Jahrhunderts kam die Hausratte beispielsweise in London zwar noch in den oberen Stockwerken von Gebäuden oder in den Häfen vor, doch die Wanderratte hatte weitgehend das Zepter übernommen[8]. Ein bedeutender Aspekt der Konkurrenzstärke der Wanderratte ist ihre Kältetoleranz: Bei tieferen Temperaturen erhöht sich ihr Stoffwechsel weniger stark wie derjenige der Hausratte, sie wird kooperativer gegenüber Artgenossen und beginnt, Futter zu horten[14]. In gemäßigten Breiten und den Polarzonen ist die Wanderratte daher im Vorteil gegenüber der wärmeliebenden Hausratte; nicht immer aber setzt sie sich durch. Die Hausratte dominiert heute vielfach die Küstenregionen, vor allem in den Tropen. Eine wichtige Rolle spielt jedoch der Lebensraum im Geäst, der von der Hausratte besser genutzt werden kann. So geschehen in Neuseeland im 19. Jahrhundert: Kurz nachdem die Hausratte ihre Pfoten auf die Insel gesetzt hatte, verschwand die Wanderratte weitgehend aus den dortigen Wäldern. Man vermutet, dass die Hausratte die Wanderratte dank ihrer herausragenden Kletterkünste von den Bäumen auf den Waldboden verdrängt haben könnte, denn die Hausratten sind den Wanderratten in Sachen Kletterei um Welten überlegen. Durch ihr geringeres Gewicht können sie viel weiter hinaus ins Geäst klettern und dadurch diesen Lebensraum besser nutzen. Es hat der neuseeländischen Wanderratte sicherlich nicht geholfen, dass gleichzeitig mit der Hausratte auch Hermeline in Massen von England importiert und ausgewildert wurden. Andernorts mögen auch Parasiten oder Krankheiten, die die eine Art mitbringt, zum Verschwinden der anderen Art beitragen[15].

Die komplette Verdrängung einer Art ist nicht überall durchschlagend. Hausratten und Wanderratten können in Städten, auf dem Land und auf Inseln gemeinsam vorkommen – ob in den Tropen oder in den gemäßigten Zonen. Die beiden Rattenarten teilen sich an diesen Standorten ihren Lebensraum allerdings klar auf: Die kletteraffine Hausratte turnt im Geäst, auf Bäumen oder in den oberen Stockwerken von Gebäuden herum, während sich die Wanderratte auf dem Boden oder gar unterirdisch vergnügt und dem städtischen Leben grundsätzlich mehr zugeneigt ist. Mit dieser räumlichen Aufteilung sind Begegnungen wohl eher selten. Es ist herzlich wenig darüber bekannt, wie sich die Arten in der freien Wildbahn begegnen, und das wenige, das man über die Interaktion zwischen den beiden Arten weiß, wurde in Studien forciert. Dabei setzte man Hausratten in einen Käfig von Wanderratten, und umgekehrt. Die beobachteten Begegnungen sind meist aggressiv und haben vor allem mit Territorialverhalten zu tun. Wer zuerst da war, verteidigt das Gebiet – oder den Käfig – unabhängig von der Artzugehörigkeit. Vielfach endet das mit dem Tod eines Tieres, gelegentlich aber wird nach anfänglichem Misstrauen der Neuankömmling in die Kolonie aufgenommen. Setzt man beide Arten gleichzeitig in einen Käfig, geht es weniger kämpferisch, ja häufig geradezu friedlich zu. Manchmal versucht gar eine Wanderratte, sich mit einer Hausratte zu paaren. Da es sich beim unwilligen Gegenüber sowohl um Männchen wie auch Weibchen handeln kann, vermutet man, dass Hausratten zumindest für einige Wanderratten verführerisch duften[16].

7 Die Hausratte – Form und Farbe

Die Hausratte kommt in vielfältiger Form und Gestalt daher. Ihr Körper weist auf ihre exzellenten Kletterkünste und Anpassungsfähigkeit hin. Für Systematiker hingegen ist sie eine Herausforderung.

Die Hausratte ist schwer zu fassen. Sie wiegt durchschnittlich zwischen 150 und 220 Gramm, in Abhängigkeit von Geburtsort, Geschlecht, genetischer Veranlagung und Nahrungsangebot. So sind Tiere, die in einem nährstoffreichen Umfeld leben, schwerer und größer als Tiere in einem nährstoffarmen Umfeld. Wenn die Umgebung stimmt, kann eine Hausratte gut und gern auch mal 300 Gramm schwer werden. Um die Bergmann'sche Regel scheint sich die Hausratte zu foutieren, wie eine Studie in den pazifischen Inseln zeigte[1]. Diese Regel besagt, dass mit zunehmender Latitude die Körpergröße sinkt. Aber eben: Fehlanzeige. Hingegen scheint die Anwesenheit der Wanderratte einen Einfluss auf die Körpergröße der Hausratte zu haben. An Standorten, wo beide Arten vorkommen, ist die Hausratte in der Regel signifikant kleiner als dort, wo die Wanderratte fehlt. Von der Nasenspitze bis zum Rumpf misst die Hausratte zwischen 16 und 23 Zentimetern, dazu kommt der Schwanz mit einer Länge von 19 bis 24 Zentimetern. Der Schwanz ist durchschnittlich 16 Prozent länger als der Körper. Männchen sind normalerweise schwerer und größer als Weibchen[2]. In einer Studie in England brachten Männchen durchschnittlich 219 Gramm auf die Waage, während die Weibchen gut 41 Gramm leichter waren. Das Maximalgewicht lag bei den Männchen bei 305 Gramm, bei den Weibchen bei 260 Gramm[3]. Anderswo hingegen ist der geschlechtliche Dimorphismus wenig oder gar nicht ausgeprägt[4,5].

— Schwarz ist nur der Name

Die Hausratte hat viele Namen, und einige deuten auf ihr Fellkleid hin. In England nennt man sie unter anderem «black rat», in Frankreich «rat noir». Auch hierzulande wird sie gelegentlich als die «kleine Schwarze» bezeichnet. Die Hausratte tritt jedoch mitnichten nur schwarz auf. Auch sonst trifft dieser Name nicht ganz ins Schwarze (siehe *Genetische Variation*, S. 59 f.). Sie kommt in verschiedenen Fellfärbungen, auch Varianten genannt, vor. Es handelt sich dabei nicht um Zuchtformen, sondern um natürlich auftretende Färbungen. Man spricht vor allem von drei Varianten: Bei den beiden Varianten *alexandrinus* und *frugivorus* haben die Hausratten einen braunen bis graubraunen Rücken. Das einzelne Haar ist jedoch nicht einheitlich gefärbt, sondern besteht aus mehreren Bändern, gefärbt in einer Trilogie aus Gelb, Rot und Schwarz, mit Grundton Braun. Man nennt diese gebänderte Haarfarbe auch Agouti oder Wildfarbe. Agouti ist keine Eigenheit der Hausratte. Zahlreiche Wildtiere greifen darauf zurück, da diese Bänderung der einzelnen Haare zu einem Fell führt, das mit der Umgebung des Tieres besser verschmilzt und das Tier dadurch besser getarnt ist. Bei den Hausratten der Varianten *alexandrinus* und *frugivorus* liegt der Unterschied im Bauchfell: Bei *alexandrinus* ist das Bauchfell hellgrau und vom Rückenfell unscharf getrennt. Ist der helle bis weiße Bauch hingegen klar abgegrenzt vom Rückenfell, handelt es sich um eine Hausratte der Variante *frugivorus*. Einfarbige Tiere mit dunkel-

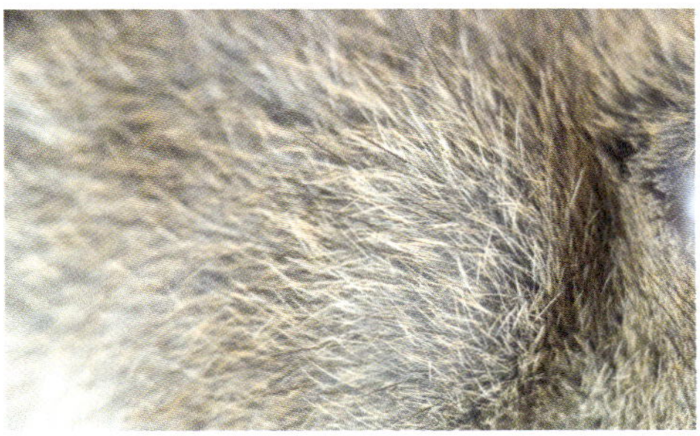

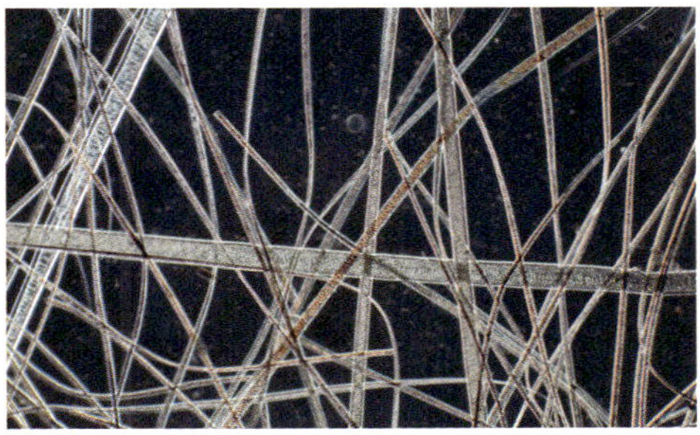

grauem bis schwarzem Rücken- und Bauchfell gehören zur Variante *rattus*. Alle drei Varianten können in einer Population vorkommen, wobei das Verhältnis je nach Region und Standort unterschiedlich sein kann.

Mit dieser Variabilität der Fellfarbe hat die Hausratte nur knapp Ruhm und Ehre in der Vererbungslehre verpasst. Die charakteristischen Fellfärbungen der Hausratte weckten schon früh die Neugier von Forschern. Mitte des 19. Jahrhunderts hing die Luft voller Theorien über die Vererbung von Eigenschaften, und beim Anblick der verschieden gefärbten Hausratten in seiner Umgebung um Nantes wollte es Arthur de l'Isle genauer wissen. Er fing und züchtete kurzerhand ein paar dieser Hausratten und kam zum Schluss: Die Fellfarbe ist vererbt. Er erklärte *frugivorus* zur ursprünglichen Form und *alexandrinus* zu einer Variante. Die schwarze Variante *rattus* teilte er obendrein in zwei Varianten auf: eine dominant vererbte Form mit sehr dunklen Individuen und eine rezessive schwarze Variante mit eher grau-schwarzen

Das gebänderte Fell lässt ein Tier mit Agouti-Färbung mit dem Hintergrund verschmelzen.

Blick ins Fell einer Wanderratte mit Agouti-Färbung.

Gebänderte Rattenhaare unter dem Mikroskop.

Tieren[6]. Seine Publikation erschien 1865 und damit im gleichen Jahr wie die Theorie zur Vererbungslehre von Gregor Mendel. Dessen Erbsen sind heute noch weltberühmt, während die Hausratte lediglich bei Genetikern auf anhaltend hohes Interesse stößt. Doch nicht wenige dieser Genetiker staunen ob der präzisen Arbeit von de l'Isle, dessen Schlussfolgerungen zwischenzeitlich mehrfach bestätigt wurden. Heute weiß man, dass Mutationen an zwei Stellen auf dem Genom die Grundfellfärbung *frugivorus* beeinflussen. Die eine Mutation verändert die Bauchfellfarbe, die andere entscheidet, ob das Tier durchgehend schwarz bis dunkelgrau gefärbt ist[7]. Je nach Standort kann die eine oder andere Fellvariante häufiger sein, aber keine bringt messbare Vor- oder Nachteile. Die Fellfarbe von Hausratten scheint daher vor allem eine bunte Laune der Natur zu sein. Das Fell selbst ist glatt mit langen Grannenhaaren auf dem Rücken, die auch bei hellen Tieren immer eine dunkle Spitze aufweisen. Auch die Pfotenrücken sind behaart, wobei das Fell zumindest auf dem Rücken der Hinterfüße einfarbig dunkel ist.

— Auf behänden Pfoten

Hinter- und Vorderfüße der Ratte sind unterschiedlich in Form und Größe. Der Vorderfuß ist kleiner als der Hinterfuß und besitzt vier Zehen sowie einen sehr stark verkleinerten Daumen. Beim Hinterfuß sind alle fünf Zehen gut ausgebildet. Alle Zehen mit Ausnahme des Daumens haben gekrümmte Krallen, die über den Finger hinausragen. Bei Nagetieren wird der Hinterfuß oft als Artmerkmal herangezogen. Bei der Hausratte variiert die Hinterfußlänge je nach Gewicht und Größe zwischen 28 und 40 Millimetern[8]. Die Fußsohle ist unbehaart mit sechs Sohlenballen. Ratten nutzen ihre Vorderpfoten für die Fellpflege, aber auch um Futter und Gegenstände zu betasten, und das zeigt sich auch in der Anzahl der Tastsinnzellen: Die Dichte der Tastsinnzellen auf der Sohle der Vorderfüße ist etwa dreimal so hoch wie wie jene auf den Hinterfüßen[9]. Hausratten sind überaus flinke Kletterinnen, die unbeschwert über Kabel von weniger als 2 Millimetern Durchmesser sausen. Sich darauf häuslich einzurichten und eine Nuss zu verspeisen, ist für die Tiere kein Problem. Auch senkrechte, glatte und dünne Rohre stellen kein Hindernis für sie dar. Ratten umfassen das Rohr jeweils mit Vorder- und Hinterfüßen und drücken sich mit den Hinterbeinen nach oben, um mit den Vorderfüßen weiter hinauf zu greifen. Sie klettern eigentlich wie Menschen, nur ohne Daumen und viel flinker. Hinuntergeklettert wird mit derselben Technik[10].

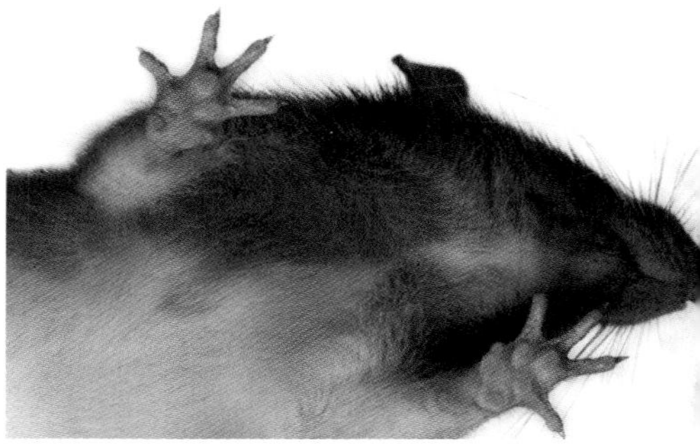

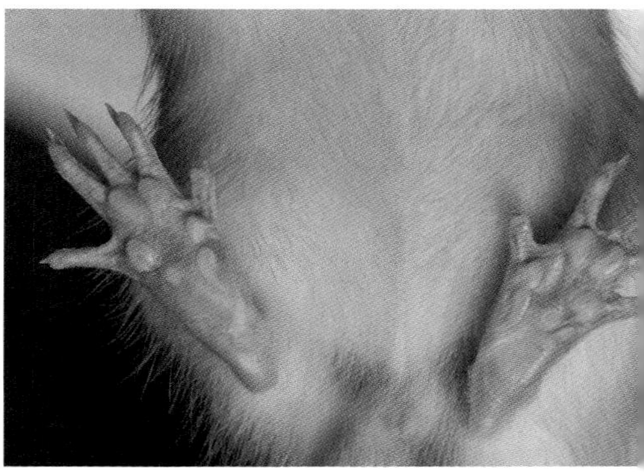

Ratten leben auf kleinen Vorderfüßen mit verkümmertem Daumen.

Groß, mit sechs Sohlenballen bestückt und gut bekrallt sind die Hinterfüße von Ratten.

Ratten haben nicht den elegantesten Kletterstil und sind trotzdem effiziente Kletterinnen.

Wundersache Rattenschwanz

Der Schwanz ist einfarbig, rund und nackt. Er trägt durchschnittlich 254 Schuppenringe, wobei die Spannweite zwischen 220 und 290 Ringen liegt[11]. Der Schwanz ist ein Multitaskgerät und wird für die Balance beim Klettern und gelegentlich als Greifarm beim Pausieren im Geäst eingesetzt. Bei den eindrücklichen Sprüngen durch die Luft rotieren Hausratten ihren Schwanz wie einen Propeller. Das ermöglicht ihnen, mit dem Kopf nach oben auf dem angepeilten Stamm zu landen[10]. Gleichzeitig hilft der Schwanz bei der Thermoregulation. Ratten schwitzen nicht und können nicht hecheln, dafür können sie Wärme über den Schwanz abgeben[12].

Wie andere Nagetiere können auch Hausratten Teile ihres Schwanzes abwerfen, um einem Beutegreifer zu entfliehen. Dabei bricht nicht der Schwanz mitsamt den Wirbeln ab, sondern die Haut bricht an einem der Schuppenringe und wird von da zum Schwanzende hin abgestreift. Der freiliegende Abschnitt trocknet anschließend innerhalb von zwei Tagen und nach spätestens einer Woche fallen die exponierten Wirbel ab. Da eine konkrete Sollbruchstelle fehlt, kann der abgeworfene Teil länger oder kürzer sein. Wie häufig solche Schäden auftreten, ist wahrscheinlich abhängig von der Dichte oder der Effizienz der lokalen Beutegreifer. In einer Studie an 299 Hausratten, die an drei Standorten gefangen worden waren, wiesen Hausratten unterschiedlich häufig Schwanzschäden auf. Bei zwei Standorten wiesen 2 und 5 Prozente aller gefangenen Tiere einen Schwanzschaden auf, beim Standort mit den meisten Verletzungen waren es stattliche 21 Prozent. Bei Hausratten mit intakten Schwänzen zählt man durchschnittlich zwischen 32 und 37 Schwanzwirbel. In der Studie waren bei den Tieren mit den beschädigten Schwänzen zwischen 14 und 32 Wirbel übrig. Die meisten Tiere

Oberschädel – Seitenansicht

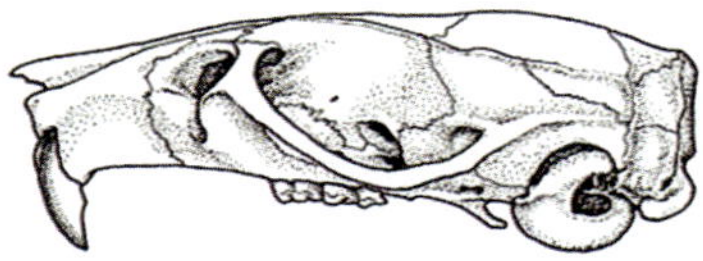

Oberschädel – Ansicht von oben

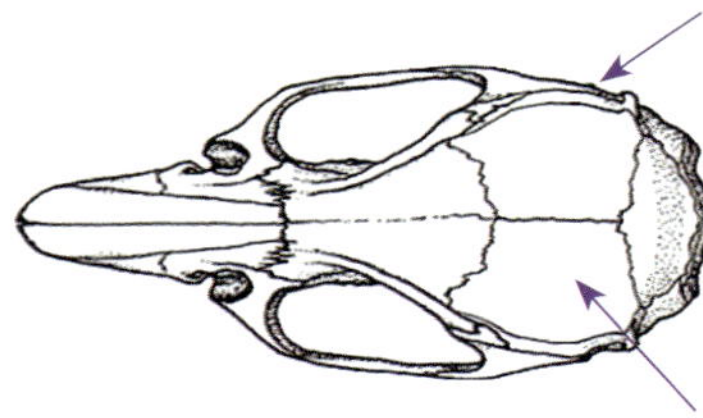

Linker Unterkiefer – Seitenansicht von außen

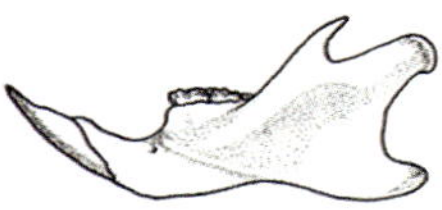

Oberschädel – Ansicht von unten

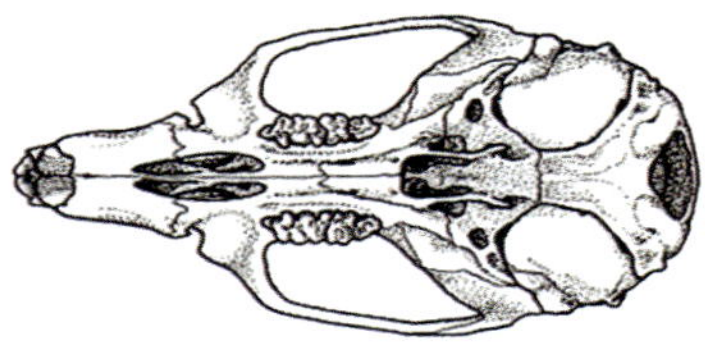

Ansichten des Schädels der Hausratte.

hatten somit 20 bis 35 Prozent ihres Schwanzes verloren, einige wenige gar mehr als die Hälfte[13]. Wenn man bedenkt, wie wichtig der Schwanz für die Hausratte ist, wiegt der Verlust eines Schwanzstückes je nach Lebensraum sehr schwer. Wer eine Hausratte am Boden beobachten kann, sieht, wie sorgsam sie mit ihrem Schwanz umgeht: Sie trägt ihn meist angehoben und setzt ihn selten ab.

— Ohr, Schädel, Schnauze

Die Hausratte sieht aus wie eine etwas zu groß gewachsene Maus. Die Schnauze wirkt spitz, ihre Augen groß und rund. Die Ohrmuscheln sind löffelartig verlängert, dünnhäutig und fast unbehaart. Da die Blutadern in den Ohren sichtbar sind, wirkt das Ohr leicht rötlich. Die Ohrlänge liegt bei 23 bis 26 Millimetern, kann aber auch kürzer sein. Die Ohren der Hausratte liegen näher bei den Augen als bei der Wanderratte. Dadurch ist ein einfacher Ohren-Augen-Test möglich, der Hausratte von Wanderratte trennt. Wird das Hausrattenohr nach vorn geklappt, bedeckt das Ohr mindestens die Hälfte des Auges.

Das Schädeldach der Hausratte ist gewölbt, und die Scheitelkämme beschreiben einen auswärts gewölbten Bogen. Die Distanz zwischen den Scheitelkämmen ist bei den Augen klein und am Hinterkopf am größten. Der Abstand der Scheitelkämme ist dort größer als die Länge der an die Leisten auf dem Schädeldach angrenzenden Scheitelbeine. Wer in das Gebiss schaut, erkennt die Hausratte zusätzlich daran, dass der erste Backenzahn im Oberkiefer keinen Absatz am Vorderrand aufweist. Zudem besitzt sie je einen Nebenhöcker auf der Außenseite zwischen der zweiten und dritten Höckerreihe des ersten

Backenzahns und der ersten und zweiten Höckerreihe des mittleren Backenzahns[11].

Genetische Variation

Da die Hausratte vielgestaltig daherkommt, liegt eine Auffächerung der Art in viele Arten nicht fern. Während Carl von Linné bei der Erfindung der binominären Nomenklatur der Systematik, wie man sie heute kennt, die Hausratte in all ihren Formen und Farben als eine einzige Art definierte und sie im Jahr 1758 als heute bekannte *Rattus rattus* definierte, splitterte man die Art später mehr und mehr auf. Allein die unterschiedliche Färbung verführte zu eigenen Arten. 1803 griff man erstmals ein und korrigierte die Einteilung von Carl von Linné insofern, dass man neu zwischen schwarzen Hausratten und der Variante *alexandrinus* unterschied. Man überließ Linné die schwarze Ratte und taufte die neue Art *Rattus alexandrinus* – die Alexandrinische Ratte. Elf Jahre später spaltete man davon noch die Fruchtratte *(Rattus frugivorus)* ab. Retrospektiv scheint es kurios, dass die ursprünglichste Fellvariante als letzte einen eigenen Namen erhielt. Mit der Farbe hörte die Artaufsplitterung jedoch nicht auf – zu Spitzenzeiten waren über 150 Hausrattenarten bekannt, die man zwischenzeitlich alle wieder mehr oder minder in eine einzige Art zusammengepackt hat. Allerdings genügt ein Blick auf das Genom und – zack! – stellt die Hausratte die Forschung wiederum auf eine harte Probe. Gerade mal 500 000 Jahre alt ist die Art und trotzdem mit einer erstaunlichen genetischen Vielfalt gesegnet. Das beginnt schon bei der Chromosomenzahl: In ihrem Ursprungsgebiet besitzen Hausratten ein Genom mit 21 Chromosomenpaaren, also 42 Chromosomen. Außerhalb ihrer ursprünglichen Heimat hingegen haben Hausratten 38 Chromosomen[14]. Man geht davon aus, dass die Mutation in ihrem Heimatland stattfand und der genetisch leichteren Hausratte einen Erfolgsbonus auf ihren Reisen durch die Welt gab.

An der unterschiedlichen Chromosomenzahl scheiden sich die Geister der Systematik. Einige Forscher sind der Meinung, dass dies eine eigenständige Art rechtfertige, und nennen die Hausratte mit den 42 Chromosomen Asiatische Hausratte *(Rattus tanezumi)*. Noch offen ist, was mit den zwischenzeitlich entdeckten Hausratten in Sri Lanka mit 40 Chromosomen geschehen soll. Andere Forschende hingegen weisen darauf hin, dass eine Art durchaus unterschiedliche Karyotypen – also unterschiedliche Chromosomenzahlen – aufweisen kann. Für diese Forschenden gibt es einen ozeanischen oder europäischen Karyotyp, auch Klade I genannt, mit 38 Chromosomen und einen asiatischen Karyotyp oder Klade II mit 42 Chromosomen[15].

Tja, und dann führte man Analysen mit mitochondrialer DNA (mtDNA) durch. Dadurch konnten vier klare Abstammungslinien der Hausratte nachgezeichnet werden, die jeweils geografischen Regionen zugeordnet werden konnten: Linie I kommt aus Indien, Linie II aus Indochina, Linie III aus dem Himalaya, und Linie IV stammt aus dem unteren Mekongbecken. Interessant für uns ist die Linie I. Sie stammt zwar aus Indien, wird jedoch oft auch Europäische Linie genannt, da sie in Europa vorkommt. Es ist die Abstammungslinie, die am meisten von Handel und Ausbreitung profitiert hat und heute weltweit verbreitet ist. Sie ist etwas größer und dunkler als ihre Artgenossen in Indien, was man ihrem vornehmlich urbanen Lebensstil zuschreibt[16,17]. Man verglich nun diese vier Abstammungslinien mit den bekannten Karyotypen und schluckte kurz leer, denn die mitochondriale DNA hielt sich nicht an die Chromosomenzahl.

Die Kombinationen waren kreuz und quer möglich. Heute ist klar, dass sich Tiere unterschiedlicher Linien und Chromosomenzahl fortpflanzen können. Daher bevorzugen einige Forscher eine Aufteilung der Hausratte in Untergruppen statt in neue Arten und hinterfragen die Abspaltung der Asiatischen Hausratte von der Hausratte. Die Hausratte macht es den Genetikern in der Tat nicht leicht, und ihre hohe Mobilität trägt zur Komplexität bei. Aufgrund ihrer Reisefreudigkeit treffen sich Hausratten aus ganz unterschiedlichen Linien, die sich ohne Schiff, Flugzeug und Lastwagen kaum mehr begegnen würden, und mischen sich erneut. In der Systematik bleibt die Hausratte deswegen ein noch nicht gelöstes Rätsel auf vier Beinen. Und das, obschon sie eine überaus enge Beziehung zu uns Menschen unterhält.

Eine seltene Begegnung mit einer Hausratte in der Schweiz.

8 Die Hausratte – Biologie und Ökologie

Sie heißt Hausratte, Dachratte oder auch Schiffsratte. Die unterschiedlichen Namen spiegeln ihre große Anpassungsfähigkeit wider. Die Hausratte ist voller Gegensätze, sie kommt weltweit vor und steht trotzdem auf Roten Listen.

Wenn man bedenkt, dass es rund 2600 Arten von Nagetieren gibt, ist es erstaunlich, dass nur drei davon die Weltherrschaft ergriffen haben. Die Hausratte ist die Nummer 1 in dieser speziellen Weltrangliste und liegt vor der Hausmaus und der Wanderratte[1]. Allen drei Arten ist ihre ausgesprochene Nähe zum Menschen gemein. Kommensalismus heißt das Schlagwort. Es bezeichnet die Form des Zusammenlebens verschiedener Arten, wobei die eine Art – meist die kleinere – von der Nahrung der anderen Art profitiert, ohne diese zu schädigen oder ihr zu nützen. *Commensalis* ist Lateinisch und bedeutet Tischgenosse. Genau das verkörpert die Hausratte – sie ist gern dort, wo der Mensch ist. Die wärmeliebende Hausratte ist vor allem an Küstengebieten und in den Tropen verbreitet, den hohen Norden scheint sie zu meiden. Noch. Es gibt Hinweise darauf, dass die Hausratte von der Klimaerwärmung profitiert und sie ihr Verbreitungsgebiet in kühlere Gebiete ausdehnen könnte. Sie marschiert dabei nicht nur den Polen entgegen, sondern klettert auch bergwärts. In Neuseeland beobachtet man seit einigen Jahren, wie sich die Hausratte in immer höhere Lagen bewegt[2]. In Europa besitzt die Hausratte einen Verbreitungsschwerpunkt im Mittelmeerraum. In Italien und auf der Iberischen Halbinsel kommt sie – mit einer kleinen Ausnahme im Norden Portugals – flächendeckend vor. In West- und Mitteleuropa ist die Kenntnis über die Verbreitung der Hausratte lückenhaft. Durch ihre scheue und heimliche Lebensweise wird ihre Anwesenheit nicht immer bemerkt. Zudem wird sie vielfach mit der Wanderratte verwechselt, da das Bewusstsein für diese zweite Rattenart zurückgegangen ist[3]. Auf der Nordseite der Alpen scheint die Hausratte aufgrund der klimatischen Bedingungen stark an Gebäude gebunden zu sein. In Deutschland trifft man sie derzeit vor allem im Osten an, mit einigen inselartigen Vorkommen auch anderswo. Unter anderem hält sie sich entlang von Schiffsgewässern, beispielsweise in den Rheinhäfen Kölns und Düsseldorfs auf. In der Schweiz findet man die Hausratte hauptsächlich auf der Alpensüdseite, mit wenigen Nachweisen auf der Nordseite der Alpen. In Liechtenstein fehlt sie ganz. Auch in Österreich kommt sie hauptsächlich in den Tieflagen im Süden des Landes vor, während auf der Nordseite der Alpen die meisten Vorkommen wohl schon länger verschwunden sind[4]. In Großbritannien gilt sie als eine der seltensten Säugetierarten des Landes, und in Skandinavien scheint sie ausgestorben.

— Ein Abschied in Schritten

Das Vorkommen der Hausratte in West- und Mitteleuropa schrumpft – und das seit Jahrzehnten. Bereits 1857 wurde das Verschwinden der Art in Wien festgestellt[4]. In Deutschland war die Hausratte noch bis in die Fünfzigerjahre durchaus häufig, wenngleich sie nie flächendeckend verbreitet gewesen war. Die Intensivierung der Landwirtschaft und die Modernisierung der Gebäude haben den Lebensraum der Hausratte empfindlich eingeschränkt. Wo früher das Getreide offen

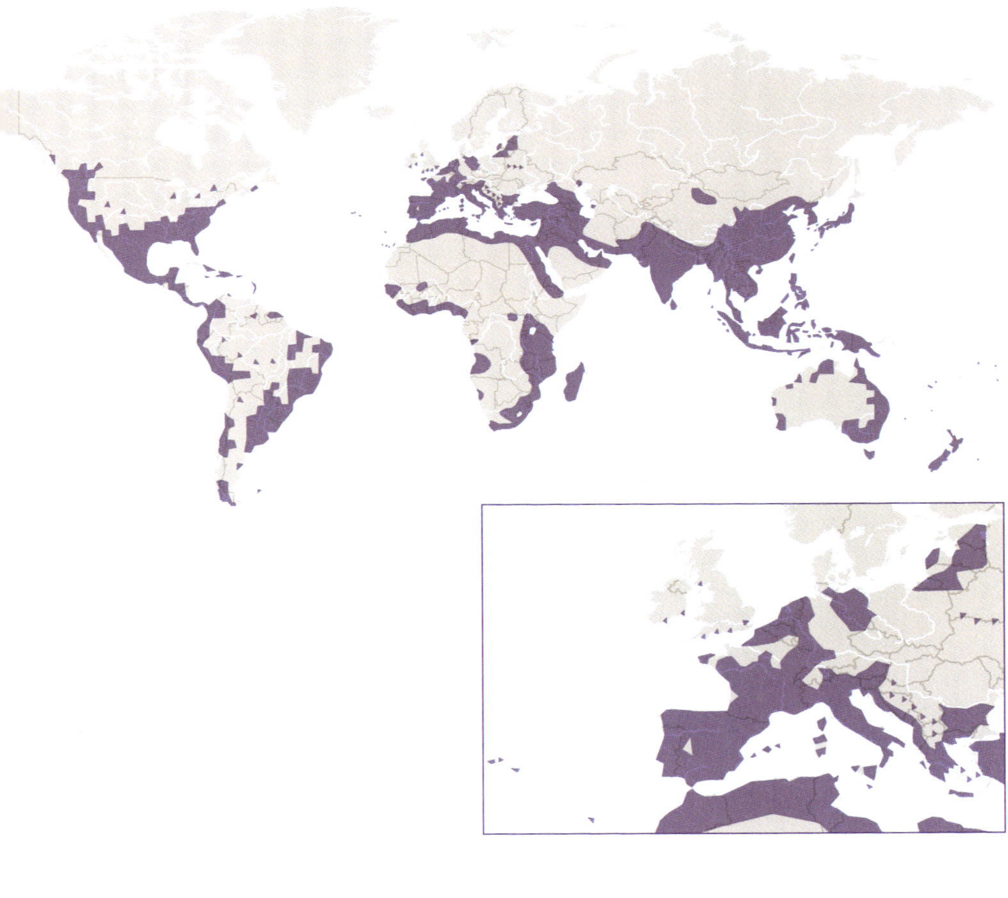

Konservative Schätzung der Verbreitung der Hausratte.[a]

und für die Hausratte gut zugänglich auf Kornspeichern gelagert wurde, stehen heute Silos und andere hermetisch abgeriegelte Behälter. Stallungen und andere landwirtschaftliche Gebäude wurden modernisiert und rattensicher gemacht. Mit dem Ausbau von Dachstöcken, dem Verlust von alten Gebäuden und dem Neubau von modernen Häusern ohne Schlupfwinkel verschwanden die Verstecke von Hausratten. Dies kann jedoch nicht pauschalisiert werden, denn Hausratten können sich durchaus in den sauberen Betriebsräumen von modernen Kläranlagen einrichten[4].

Auch die Abkehr von der privaten Hühner- oder Kaninchenhaltung, die bis nach dem Zweiten Weltkrieg dem eigenen Verbrauch dienten, hat sich negativ auf die Hausratte ausgewirkt. Die Entwicklung von hochwirksamen Ratten- und Mäusegiften und vom Staat unterstützte Rattenbekämpfungskampagnen haben das Ihre zum Rückgang der Hausratte beigetragen (siehe *Krieg der Ratte*, S. 165 ff.). Man schätzt, dass die Art in Europa weiterhin stark rückläufig ist. Auf den nationalen Roten Listen wird die Hausratte daher hoch eingestuft. In der Schweiz gilt sie als «stark gefährdet», in Deutschland und Österreich ist sie als «vom Aussterben bedroht» gelistet. Dies ergibt die bizarre Situation, dass die Hausratte in vielen Regionen der Welt als invasive und schädliche Art betrachtet wird und anderswo auf der Roten Liste steht und dadurch Schutzmaßnahmen verdienen würde.

In Scheunen mit Stroh und Getreide fühlt sich die wärmeliebende Hausratte zu Hause.

Hermetisch abgeriegelte Silos bieten der Hausratte keinen Lebensraum.

Wärmeliebende Akrobatin

Die Hausratte mag es warm. Regionen und Höhenlagen, in denen die durchschnittliche Temperatur weniger als 2 °C beträgt, meidet sie. Ihr natürlicher Lebensraum ist eine gut vernetzte Strauch- und Baumschicht, in der sie behände herumklettert und in die sie ihre Nester baut. Dementsprechend bevorzugt sie den Wald als Lebensraum. Die Hausratte liebt die Höhe, und ihr oberes Limit ist einzig die Baumkrone. Doch kann sie auch in Obstgärten, an Standorten mit Gebüsch, in der Heide und in offenen Landschaften vorkommen. Dort huscht sie auf dem Boden herum und hat offensichtlich vergessen, welch gute Figur sie als Kletterin macht. Die Hausratte ist vielseitig und mag es auch anthropogen. Sie bezieht Ställe, Mühlen, bewohnte und unbewohnte Gebäude. Damit macht sie ihrem Namen alle Ehre. In kälteren Regionen der Welt nutzen die Tiere fast exklusiv Häuser, die sie manchmal während der wärmeren Jahreszeit für kleine Exkursionen verlassen.

Die Hausratte ist nachtaktiv. Ihr Nest verlässt sie bei Abenddämmerung und kehrt bei Morgendämmerung zurück. Gut 400 bis 900 Meter legt die Hausratte auf ihren Pfoten pro Nacht in ihrem Streifgebiet zurück[5]. Schnell ist sie dabei nicht – ein besendertes Männchen benötigte knapp 3 Stunden für eine Distanz von 790 Metern[6] –, auch wenn sie über kurze Distanzen eine Geschwindigkeit von 0,6 Kilometer pro Stunde hinlegen kann. Mit ihrer schlanken Gestalt und dem langen Schwanz ist sie perfekt für ein Leben in der Höhe ausgerüstet. Vertikale Äste rennt sie hoch und runter und balanciert überaus geschickt über Drähte von gerade mal 1,6 Millimeter Durchmesser[7]. Im urbanen Bereich nutzt die Hausratte Telefondrähte und andere vertikale Kabel als Vernetzungsachsen.

Der Schwanz ist ein wichtiges Gleichgewichtsorgan und wird beim Innehalten auf einem Ast wie ein Greifarm genutzt. Wenn die Hausratte allerdings unterwegs ist, wird der Schwanz in Form einer Acht hin und her geschwenkt. Wie wichtig der Schwanz für den Balanceakt ist, erkannte Rosalie Ewer bei ihren Beobachtungen an wilden Ratten in den 1960er-Jahren: Ein von ihr beobachtetes Tier hatte gut ein Drittel seines Schwanzes verloren und verlor deshalb auf seinen nächtlichen Wanderungen über Drähte hin und wieder das Gleichgewicht. Es rutschte ab, fing sich aber auf und musste den Rest des Weges wie ein Faultier am Draht hängend zurücklegen. Richtige Abstürze hingegen sind selten, obwohl sich Hausratten hin und wieder gegenseitig von Ästen schupsen. Meist aber fängt sich der Verlierer auf einem unteren Ast auf. Doch auch ein Fall von drei Metern macht der Hausratte wenig aus[7]. Und wenn es sein muss, tritt die Hausratte die Flucht gar aus Höhen von 10 Metern durch einen Sprung ins Nichts an, ohne sich offensichtlich zu verletzen[8]. Wie eine Katze dreht sie sich im Fall, rudert mit dem Schwanz und landet auf ihren vier Pfoten auf der Erde. Den Bodenkontakt scheut sie auch im Wald grundsätzlich nicht, allerdings sucht sie dort meist die Sicherheit in der dichten Vegetation[5].

In städtischen Gebieten ist ihre Zeit am Boden möglicherweise limitierter. Hunde, Katzen und vielleicht die Wanderratten sind die größten Feinde der urbanen Hausratte. Sie verbringt ihre Zeit daher lieber unter dem Dach als auf der Straße. Bei all der Kletterei könnte man auf den Gedanken kommen, dass Hausratten nicht schwimmen können. Das stimmt so aber nicht. Hausratten gelten zwar als ziemlich schlechte Schwimmerinnen, die zudem einen desaströsen Orientierungssinn im Wasser aufweisen und das sichere Ufer aus mehr als fünf Metern Distanz verfehlen. Aber einzelne Tiere scheinen durchaus fähig zu sein, 300 Meter und mehr aktiv schwimmend zu überbrücken[9], während andere sich mit knapper Not längere Zeit über Wasser halten können und mit Wellengang und Strömung mehrere Hundert Meter abtreiben[10].

Allein unterwegs in der Natur

Wo immer die Hausratte ist: Weit geht sie nicht. Die wenigen Telemetriestudien zu Hausratten in naturnahen Lebensräumen schätzen die Größe der Streifgebiete in der Regel auf 0,2 bis 2,2 Hektar[5]. Wo das Nahrungsangebot reichhaltig ist, kann ein Streifgebiet auch nur 0,05 Hektar umfassen[11]. Das entspricht einem Kreis mit einem Radius vcn gut 12 Metern. Es wird vermutet, dass die Weibchen und Männchen in naturnahen Lebensräumen außerhalb der Fortpflanzungszeit ähnlich große Streifgebiete nutzen. Während der Fortpflanzungszeit verlässt das Männchen hier und da dieses Gebiet, um empfängnisbereite Weibchen aufzusuchen. Dann vergrößert sich sein Streifgebiet auf bis das Zehnfache der Streifgebiete der Weibchen[6]. An Standorten, an denen Hausratten ganzjährig Jungtiere gebären, ist das Streifgebiet eines Männchens grundsätzlich größer als das der Weibchen. In einigen Studien überlappten sich die Streifgebiete, unabhängig vom Geschlecht, in anderen Studien nicht[5]. Diese gegensätzlichen Resultate sind noch nicht schlüssig erklärt worden, sie mögen jedoch mit dem kurzen Zeitfenster der Untersuchungen zusammenhängen. Man vermutet, dass die Fortpflanzung ein möglicher Grund der Territorialität sein könnte, denn sobald ein Weibchen Jungtiere geboren hat, wird es zur Furie. Artgenossen, die sich zu nah ans Nest wagen, werden vehement attackiert. Dieses Verhalten löst sich in Luft auf, sobald die Jungtiere das Nest zum ersten Mal verlassen.

Innerhalb des Streifgebiets nutzt die Hausratte sogenannte Kernzonen, in denen sie sich bevorzugt aufhält. Die Kernzonen sind nicht sehr groß und machen meist nur etwa 15 Prozent der Gesamtfläche des Streifgebiets aus. Weibchen nutzen ein bis zwei Kernzonen, Männchen zwei bis drei. Die Lage der Kernzonen innerhalb des Streifgebiets ist nicht fix. Man richtet sich nach dem Bedarf und zieht mal hier, mal da für kürzere oder längere Zeit hin[12]. Ob und wie territorial diese ländlichen Hausratten sind und unter welchen Umständen sie es sind, ist nicht klar. Möglicherweise ist man in der Hausrattencommunity auf dem Lande großzügig mit den Ressourcen, solange sie ausreichend vorhanden sind, und ändert den Modus zu einer ausgereiften Territorialität erst bei Ressourcenmangel. Doch so genau weiß man das nicht.

Städtisches Gruppenleben

Das soziale Leben von Hausratten ist komplex. Eine kleine Luftveränderung, und sofort verändert sich die Art des Zusammenlebens komplett. Ein entscheidender Faktor ist vermutlich die Verfüg-

Drahtseilkünstlerin Hausratte.

Nicht ihr Element: Eine Hausratte im Wasser.

barkeit von Ressourcen. In naturnahen Lebensräumen wie Wäldern sind Nahrung und Versteckmöglichkeiten gut verteilt, dementsprechend verteilen sich die Hausratten in der Landschaft, jede zufrieden in ihrem Streifgebiet. Klare hierarchische Strukturen und langfristige Beziehungen zwischen Männchen und Weibchen sind diesen Tieren eher fremd. Empfängnisbereite Weibchen werden von den umliegenden Männchen aufgesucht, doch gehen alle nach der Paarung wieder ihrer Wege[5]. Dort aber, wo die Hausratten dem kommensalen Lebensstil frönen und nahe beim Menschen leben, verändert sich die Sozialstruktur. Endlich muss man das Futter nicht mehr mühsam zusammensuchen, denn der Tisch deckt sich regelmäßig von allein. Der Mensch macht's möglich. Da die Nahrung nun gehäuft und standortbezogen zu finden ist, bilden sich patriarchalische Gruppen mit einem dominanten Männchen und einem oder mehreren dominanten Weibchen und ihren Jungtieren. Die Gruppengröße umfasst 20 bis 60 Tiere[13]. Die Gruppe nutzt ein gemeinsames Territorium, dessen Verteidigung mehrheitlich bei den Weibchen liegt. Die Territorien in der Stadt scheinen kleiner als auf dem Land zu sein und können gerade mal einen Durchmesser von 18 Metern aufweisen[7]. Wahrscheinlich sind die Territorien stark von der Verteilung und dem Ressourcenangebot abhängig, da andere Studien von größeren Streifgebieten der urbanen Hausratten im Vergleich zu ruralen Tieren berichteten[14,15].

Insgesamt ist das Bild der Lebensraumnutzung von Gruppen wie auch von Einzeltieren in urbanem Setting überraschend unvollständig in Anbetracht der weltweiten Ausbreitung dieser Art. Es gibt zudem erstaunlich wenige populationsgenetische Studien in Städten, die die Abwanderung und Durchmischung von Hausrattengruppen untersuchen. Aktuelle Studien stammen hauptsächlich aus den Metropolen Westafrikas, insbesondere aus Niamey, der Hauptstadt Nigers, und bekräftigen die Beobachtungen von Rosalie Ewer, die Hausrattengruppen als gut abgegrenzte Einheiten beschrieb[16]. Zwischen den einzelnen Gruppen scheint es eine Art Niemandsland zu geben, in dem man sich mehr oder minder frei bewegen kann[7]. Die Territorien werden von den Weibchen markiert, indem sie Bauch und Wangen an Ästen und anderen Materialien reiben. Sollte trotzdem eine fremde Ratte in das Territorium eindringen, wird sie von den Weibchen energisch angegriffen. Erst wenn es sich abzeichnet, dass der Eindringling den verteidigenden Weibchen körperlich überlegen ist, greift das dominante Männchen ein. Nicht immer jedoch realisiert das Männchen die Lage rechtzeitig. Dominante Männchen werden nämlich mit zunehmendem Alter etwas faul. Sie schlafen länger und stehen später auf. Manchmal begeben sie sich gar nicht auf Nahrungssuche, da die Weibchen Futter für ihre Jungen en masse anschleppen. Spielt sich also über Tage ein Gerangel an der Territorialgrenze ab, das die Weibchen nicht gewinnen und bei dem das dominante Männchen nicht eingreift, dann ändern die Weibchen die Taktik. Sie werden, wenn nicht direkt freundlich, so doch immerhin gleichgültiger dem Eindringling gegenüber. Dieser wagt sich nach und nach ins Territorium der Gruppe vor und schafft es gelegentlich, den alten Herrn vom Sockel zu stoßen.

Auch fremde Weibchen können die Aufnahme in eine Gruppe schaffen. Dabei benötigen sie Stamina, eine gewisse Furchtlosigkeit und Taktgefühl. Das ist wichtig, denn das Leben in einer Rattengruppe ist kein Yoga-Retreat, wenngleich gegenseitige Fellpflege und Spielereien auf

Gelegentlich wird auch von Baum zu Baum gehüpft.

dem Plan stehen. Aggressionsverhalten innerhalb der Gruppe ist überraschend häufig zu beobachten, es artet jedoch selten in einen Kampf aus. Es sind kurze Attacken, die von einem Tier ausgehen. Meist sind es dominante Weibchen, deren Verhalten sich gegen unterlegene Tiere jeglichen Geschlechts richtet. Jüngere dominante Weibchen attackieren häufiger als ältere. Tatsächlich scheinen Hausrattenweibchen mit zunehmendem Alter friedlicher zu werden, ohne an sozialem Status einzubüßen. Die Reaktion des angegriffenen Tiers ist ausschlaggebend für den weiteren Verlauf der Attacke. Man kann flüchten oder man kann beschwichtigen. Wer flüchtet, scheint weitere Attacken zu provozieren, wer beschwichtigt, wird akzeptiert. Dominante Tiere hingegen zeigen einem Angreifer aus der eigenen Gruppe buchstäblich die kalte Schulter. So wird der Attacke der Wind aus den Segeln genommen. Denn wo keine Reaktion erfolgt, verliert sich die Aggression. Das dominante Männchen hat Attacken nicht nötig, seine Postur sagt alles. Doch wehe, es gerät in Rage. Seine Aggression ist meist gegen andere Männchen gerichtet, und diese tun gut daran, sofort zu flüchten oder sich zackig zu unterwerfen. Nur die Kleinsten sind vom Gerangel ausgenommen. Ob Jungtiere der alten Hexe das Futter vor der Nase wegfressen oder dummerweise kämpfenden Männchen in die Quere kommen: Sie genießen absolute Immunität. Diese wird allerdings im Alter von etwa sechs Wochen aufgehoben, dann beginnt das echte Rattenleben.

Schlafen in luftiger Höhe

Wer bevorzugt in Bäumen herumklettert, schläft liebend gern in luftiger Höhe. In Wäldern befinden sich die Nester von Hausratten meist in über zwei Metern Höhe. Oft liegen die Nester in Baumhöhlen, in Epiphyten, oder die Tiere bauen sich selbst ein spatzenähnliches Nest[5]. Nur selten werden diese Nester entdeckt, da sie gut versteckt sind oder sich weit oben im Geäst befinden. Höhenangst hat die Hausratte nicht. Es wurden schon Nester in 60 Metern Höhe in Baumwipfeln beobachtet[13]. Beschrieben werden die Baumnester von Hausratten als leicht oval mit einer Länge von 40 Zentimetern, einer Breite von 30 Zentimetern und einer Dicke von etwa 25 Zentimetern. Die Vertiefung in der Mitte misst etwa 10 Zentimeter. Ausgepolstert werden die Nester

mit Blättern, Gras und was sonst noch so an weichem Material zur Verfügung steht[17].

Die Hausratte mag es nicht nur gemütlich, sie mag es auch abwechslungsreich und schläft mal hier, mal da, sei es für einen Tag oder gar eine Woche. In einer 8-wöchigen Telemetriestudie nutzten die elf besenderten Tiere je zwei bis sieben Nester. Die Nester liegen im ganzen Streifgebiet verteilt, unabhängig der Kernzonen. Manchmal befinden sich die Nester von zwei Individuen gar im selben Baum, einfach in einer anderen Höhle. Gelegentlich verschläft man den Tag auch mit einem Artgenossen[18], das Geschlecht spielt dabei keine Rolle. Es wird jedoch vermutet, dass nur eng verwandte Tiere diese Nähe zulassen[5,12]. Wo Büsche und Bäume fehlen, weicht die Hausratte auf Felsspalten oder Hohlräume von Steinwällen aus[13]. Und falls auch das fehlt, richtet man sich auf dem Boden ein. Insbesondere da, wo der Boden krautig, dicht bewachsen oder von Laub gut bedeckt ist, findet die Hausratte ein ideales Zuhause am Boden[19]. In solchen Landschaften baut sie ihre Höhlen in Seggen und andere Grasbüschel oder gräbt selbst Höhlen in die Erde. In Regionen mit in Erdlöchern brütenden Vögeln übernimmt sie deren Bauten ungefragt. In Macadamia- und Kokospalmen-Plantagen verbringen Hausratten ihre aktiven Zeitphasen in der Höhe, schlafen jedoch in Erdhöhlen[20]. Am Boden führen meist mehrere Eingänge in die Höhle, die vielfach aus zwei oder mehr Kammern mit einem Durchmesser von 24 bis 25 Zentimetern besteht. Behaglich darf es auch unter der Erde sein: Die Hausratte stattet die Schlafkammer mit Gras aus, das dicht geflochten wird[21]. Diese unterirdischen Nester sind mikroklimatisch betrachtet ziemlich stabil und ermöglichen der Hausratte das Überleben gar auf subarktischen und subantarktischen Inseln.

Wo die Natur fehlt, wird man einfallsreich: Hausratten richten sich auch in Häusern bequem ein. Ihre Nester bauen sie dort in Zwischenwänden, Zwischenböden, zwischen Gerümpel und anderen Hohlräumen jeglicher Art. Was nicht passt, wird passend gemacht, und so nagt man sich durch die eine oder andere Wand einfach durch. Das kann ein Balken sein oder die Hülle eines Schaltschrankes. Und manchmal zieht man gleich hinein ins Schlaraffenland: Hausratten richten sich gern in gefüllten Getreidesäcken behaglich ein[22]. Doch wo immer die Hausratte ihre Pfoten ausstreckt: Sie schläft gerne allein. Gemeinschaftsnester von erwachsenen Tieren findet man daher – wenn überhaupt – vor allem in der kalten Jahreszeit.

— Nahrung

Ratten sind scheu und nachtaktiv. Wie also findet man heraus, was eine Ratte frisst? Man sucht angefressenes Futter in der Wildnis, studiert die Nahrungspräferenzen an gefangenen Ratten, analysiert die stabilen Isotope im Gewebe toter Tiere oder untersucht den Mageninhalt sezierter Tiere. Bei letzterer Methode muss man das Tier gleich selbst aussortieren, denn aufgrund der intensiven Fellpflege machen die eigenen Haare bis zu 5 Prozent des Magenvolumens aus[23]. Die Hausratte gilt als Allesfresserin mit einer Präferenz von pflanzlicher Nahrung. Eine wirkliche Allesfresserin ist sie jedoch mitnichten, denn sie ist wählerisch. Sie bevorzugt hochwertige Nahrung mit hohen Anteilen an gut verdaulichen Kohlenhydraten, Fetten und Proteinen. Dabei mag sie es durchmischt. In einer Nahrungsanalyse von Hausrattenmägen

Eine Gruppe Hausratten beim Futtern.

wurden jeweils mindestens vier unterschiedliche Futterquellen gefunden, die zudem eine große Bandbreite an Vitaminen und Spurenelementen umfassten[24,25]. Innerhalb einer Gruppe ernähren sich die Tiere oft sehr ähnlich.

In natürlicher Umgebung knabbert die Hausratte an Blättern und totem Holz herum, verspeist genüsslich Obst, Samen und Nüsse, fällt gelegentlich über Arthropoden und Schnecken her und macht auch vor Pilzen nicht halt. Ihr Futter findet sie bevorzugt in luftiger Höhe. In Kulturlandschaften, in Tierzuchten und Getreidekammern passt sich die Hausratte an und ernährt sich dementsprechend vom vorhandenen Getreide wie Weizen, Mais und Gerste. In Gärten und Obstgärten kann sie negativ auffallen, wenn sie sich an die dort wachsenden Pflanzen wagt. Von A wie Artischocke über F wie Feige bis zu W wie Walnüssen wird alles angeknabbert. Wahllos ist sie aber auch da nicht. Aus einer Mühle in Deutschland wird berichtet, dass die dortigen Hausratten Hafer, Kleie und jegliche Weizenprodukte bevorzugen, während Roggenprodukte eher gemieden werden. Insbesondere die Weibchen seien während der Aufzuchtphase bestrebt, vor allem an Haferflocken und Weizenkeime heranzukommen[22]. Tatsächlich scheint die Nahrung einen Einfluss auf die Reproduktion zu haben: Man geht davon aus, dass die Hausrattenweibchen für eine erfolgreiche Fortpflanzung eine erhöhte proteinreiche Nahrung benötigen. Die Herkunft des Proteins muss dabei nicht zwingend tierisch sein. Mit Futter allein ist es übrigens nicht getan. Für das Überleben benötigt die Hausratte auch Wasser, 15 Milliliter pro Tag sollten es sein. Ob es sich dabei um Süßwasser handelt oder das Wasser von einer wasserhaltigen Pflanze stammt, ist den Hausratten einerlei[23].

Fortpflanzung

Das Leben einer wilden Hausratte ist kurz. Die wöchentliche Überlebensrate liegt bei etwas über 80 Prozent. Spätestens nach 12 bis 16 Monaten steht der Sensenmann vor dem Tier. Unter diesem Aspekt ist es verwunderlich, dass die Hausratte erst im Alter von 3 bis 5 Monaten geschlechtsreif

wird. In Feldstudien wird die sexuelle Reife ziemlich brachial übers Gewicht geschätzt. Männchen unter 120 Gramm und Weibchen unter 80 Gramm werden als Jungtiere eingestuft, wer schwerer ist, ist fortpflanzungsfähig. Da sich die Körpergröße der Hausratten nach Region und Standort unterscheidet, ändert sich dieser Schwellenwert dementsprechend. Die Fortpflanzungszeit ist abhängig vom Angebot an Futter und Wasser sowie von den klimatischen Bedingungen. In gemäßigten Breiten kommen die Jungtiere vor allem im Frühjahr und Sommer zur Welt. Auf Mittelmeerinseln hingegen verschiebt sich die Fortpflanzungsperiode der Hausratte in den Winter, da in den trockenen Sommermonaten ein Mangel an Futter und Wasser herrscht[26]. Während der Fortpflanzungssaison kann das Weibchen bis zu vier Würfe mit durchschnittlich 5 bis 6 Jungtieren haben, wobei die Wurfgröße mit zunehmendem Alter abnimmt[27]. Wo das Nahrungsangebot stimmt, pflanzen sich Weibchen das ganze Jahr fort. In natürlicher Umgebung ist das beispielsweise in Mastjahren der Buche der Fall. Das Fortpflanzungspotenzial wird allerdings meist nicht ausgereizt. Im Durchschnitt bringt ein Hausrattenweibchen 16 Jungtiere im Verlauf seines Lebens auf die Welt.

Hausrattenpopulationen weisen obendrein eine gewisse Selbstregulation auf. In Gruppen mit vielen Weibchen vermindert sich der Nachwuchs[27]. Obschon in diesen Gruppen noch Sexualverhalten zu beobachten ist, bleibt der Nachwuchs aus[7]. Apropos Paarungsverhalten: Das Paarungsverhalten von Hausratten ist weniger gut erforscht als das der Wanderratte. Es scheint jedoch sehr ähnlich zu sein. Der Zyklus bei der weiblichen Hausratte dauert zwischen 4 und 6 Tagen. Ist das Weibchen empfängnisbereit, zeigt es dem Männchen seine Paarungsbereitschaft an, indem es ein Hohlkreuz macht, mit den Ohren wackelt und mit dem Schwanz zuckt. Mehrere kurze Kopulationen finden innerhalb weniger Minuten statt. Das ist nötig, denn diese wiederholten Paarungssequenzen sind eine Voraussetzung, damit eine Trächtigkeit einsetzen kann. Nach 20 bis 22 Tagen werden die Jungtiere in ein gut

gepolstertes Nest geboren. Das Weibchen ist alleinerziehend, die Väter abwesend. Väter?! Ja, genau. Ein einzelner Wurf kann bis zu vier verschiedene Väter haben[28]. Diese hohe genetische Diversität innerhalb eines Wurfes hat weitreichende Konsequenzen. Wandert ein trächtiges Weibchen ab oder lässt sich mit einem Schiff über die Meere tragen, bringt sie die Gene mehrerer Väter mit. Das wirkt sich positiv auf das langfristige Überleben der Familie am neuen Standort aus[29]. Die Veranlagung für ein schnelles Bevölkerungswachstum bei der Hausratte liegt im sogenannten postpartalen Östrus. Wie bei anderen Säugetieren auch öffnet sich beim Rattenweibchen wenige Stunden nach der Geburt ein kurzes Zeitfenster, bei dem es wieder trächtig werden kann. Obschon diese Überholspur der Reproduktion genutzt wird, scheint das bei weniger als der Hälfte der Rattenweibchen der Fall zu sein[30]. Doch auch wenn eine Paarung kurz nach der Geburt stattfindet, kann sich die Einnistung der Eizellen durch die Laktation verzögern. Dann wird das Weibchen erst nach der Entwöhnung ihres Wurfs wieder trächtig.

Kurze Kindheit

Die Jungtiere wiegen bei ihrer Geburt nicht ganz 5 Gramm. Sie sind blind, nackt und ihre Ohren noch gefaltet. Um Tag 3 beginnt das Fell zu wachsen, und auch die Krallen sprießen. Ihre künftigen Kletterkünste zeigen die Jungtiere früh. Schon im zarten Alter von 4 Tagen sind sie fähig, sich an einem Ast festzuhalten. Noch aber sind sie zahnlos, denn erst im Alter von gut 9 Tagen brechen die Schneidezähne durch. Zuerst erscheinen sie im Oberkiefer, kurz darauf im Unterkiefer. Nun geht es Schlag auf Schlag: Um Tag 11 öffnen sich ihre Ohren, kaum einen Tag später öffnen sie die Augen und erblicken zum ersten Mal ihre Umgebung. Sie sind jetzt gut 20 Gramm schwer[31]. Nicht lange danach beginnen sie, feste Nahrung zu nagen. Wie wichtig die Kletterei ist, sieht man an der Entwicklung des Schwanzes. Erreicht er bei der Geburt gerade mal 1/3 der Kopf-Rumpf-Länge, ist das Verhältnis 1:1 an Tag 18. Jetzt ist auch das Jugendfell der kleinen Hausratte komplett. Man vermutet, dass die Jungtiere den Bau etwa zu diesem Zeitpunkt zum ersten Mal verlassen, um die Umgebung mit der Mutter zu erkunden, denn Hausratten unter 30 Gramm werden sehr selten gefangen[5]. Schon kurz nach diesen ersten Erkundungen ist die Kindheit bereits vorbei. Zwischen Tag 21 und 29 werden die jungen Hausratten entwöhnt, und kurz darauf erlischt die mütterliche Fürsorge[31]. Möglicherweise ist die Mutter zu diesem Zeitpunkt bereits schon wieder intensiv mit dem nächsten Wurf beschäftigt.

Das Alter der jungen Hausratten lässt sich in den ersten Monaten an der Farbe des Fells etwas eingrenzen. Zumindest die Hausratte vom Typ Agouti – die Fellvarianten *frugivorus* und *alexandrinus* – benötigt zwei Fellwechsel, bis sie in ihrem leuchtenden Braungrau umherhuschen kann. Als Jungtier ist ihr Feld eher trüb graubraun. Dies allerdings nur kurz. Kaum ist das Kinderkleid in der dritten Lebenswoche ausgewachsen, wechselt es ab der vierten Woche zum klaren Braungrau der subadulten Hausratte. Abgeschlossen ist der erste Fellwechsel im Alter von etwa 8 Wochen. Noch während das Jugendfell entsteht, setzt um Woche 6 der zweite Fellwechsel ein. Im Alter von etwa 4 Monaten zeigt sich die Hausratte endlich im kompletten Erwachsenenfell. Ab nun vergrößern sich die Abstände der Fellwechsel, die jeweils am Bauch beginnen und zum Rücken hin verlaufen.

Ein Muttertier mit Nachwuchs auf der Suche nach Nahrung.

— Endliches Bevölkerungswachstum

Um die Populationsdichte von Ratten ranken sich Legenden. Trotz allem wachsen Rattenbestände nicht in den Himmel. In naturnahen Lebensräumen wird die Dichte auf weniger als 6 Hausratten pro Hektar geschätzt[5,32], je nach Standort können es jedoch auch einige mehr sein[33]. Dabei kommt es darauf an, wann man die Hausratten zählt. Allein die saisonale Fortpflanzung verursacht eine starke Fluktuation. Der tiefste Bestand wird zu Beginn der Aufzuchtzeit erreicht, der Höchststand gegen deren Ende. Der Unterschied kann frappant sein: An Standorten mit gutem Nahrungsangebot kann die Schwankung ein Fünffaches betragen[11]. Die Hausrattendichte ist zudem direkt abhängig von der Vegetationsdichte und vom Nahrungsangebot[32]. In den Tropen, wo die Primärproduktion allgemein höher ist als in den gemäßigten Breiten, finden sich mehr Hausratten pro Hektar. Welche Auswirkung die Primärproduktion auf Hausrattendichten hat, lässt sich auf Inseln mit Seevogelkolonien in den gemäßigten Breiten beobachten. Mit dem Eintrag von Vogelkot sind die Konzentrationen von Stickstoff, Phosphor und Kalium im Boden bis zu 18-mal höher als auf Inseln ohne Seevogelkolonien[34]. Diese hohen Konzentrationen fördern das Pflanzenwachstum, was zu einer höheren Biomasse an Insekten, Echsen und Prädatoren führen kann[11]. Von dieser nährstoffreichen Umwelt profitiert auch die Hausratte – ihre Bestände werden größer und die Tiere schwerer als jene in nährstoffarmen Gebieten[35].

Auch Neophyten können Hausrattendichten fördern. Die aus Afrika stammenden Zwergsträucher der Gattung *Carpobrotus* wurden von Menschen auf Mittelmeerinseln eingeschleppt. Ihre fleischigen Beeren sind ab dem frühen Sommer reif. In dieser Zeit setzt im Mittelmeerraum die Trockenheit ein, die die Vegetation verdorren und das lebenspendende Wasser verdunsten lässt. Das führt zu einer erhöhten Mortalität bei den Hausratten, die unter diesen Umständen keinen Gedanken mehr an die Fortpflanzung verschwenden. Nicht so in Gegenden voller *Carpobrotus*. Die Beeren bieten den dort lebenden Hausratten während der Sommermonate eine proteinhaltige und wasserreiche Nahrung, die den Tieren nicht nur das Überleben sichert, sondern ihnen gar eine erfolgreiche Reproduktion ermöglicht[26]. Neben den Ressourcen haben auch natürliche Beutegreifer sowie Hauskatzen einen Einfluss auf die Hausrattenbestände[36] – und sogar darüber hinaus. Bei hohen Dichten verlagert sich die Aktivitätsphase von Hausratten in den Tag, wohl aufgrund von innerartlicher Konkurrenz um Futter. Wo Beutegreifer vorkommen, wird das jedoch weitgehend vermieden.

— Rattenkönig

Ein Kuriosum der Hausratte ist der Rattenkönig. Wer jetzt an eine Ratte mit Krone denkt, kann nicht ferner danebenliegen. Bei Rattenkönigen handelt es sich um Tiere, deren Schwänze so miteinander verknotet sind, dass sie sich nicht mehr aus dem Knäuel lösen können. Der eigenartige Name stammt wohl von der Fabel, bei der die Ratten ihre Schwänze zu einem Thron für ihren König verknoten. Viele Rattenkönige sind nicht bekannt. Etwas mehr als 40 Gebilde sind seit 1683 dokumentiert worden[37]. Vornehmlich in Deutschland, aber auch in Belgien, Estland, Frankreich, Indonesien, Niederlande, Polen und Russland wurden Rattenkönige gefunden. Bei den allermeisten handelte es sich um Hausratten, wobei einzelne Funde von Rattenkönigen aus Reisfeldratten,

Eichhörnchen und Waldmäusen dokumentiert sind. Die kleinsten Rattenkönige bestehen aus drei Tieren, die größten aus 32. Durchschnittlich sind die Schwänze von 6 bis 12 Tieren ineinander verschlungen. Es sind seltene und seltsame Gebilde, die die Fantasie anregen. Wie können sich die Tiere nur so verheddern? Da die meisten Funde mehr als 100 Jahre zurückliegen, begann man allmählich an der natürlichen Entstehung von Rattenkönigen zu zweifeln. Mancher vermutete menschliches Zutun. Dass dem jedoch nicht so ist, zeigen die allerneusten Rattenkönige. Seit 2005 wurden drei lebende Rattenkönige gefunden: zwei in Estland und einer in Russland[38]. Man vermutet, dass Rattenkönige vor allem bei kalten Temperaturen entstehen, wenn die Tiere sich eng aneinanderkuscheln. Auch geht man davon aus, dass die Schwänze für einen Rattenkönig mit einer klebrigen Substanz überzogen sein müssen. Das kann Blut sein, aber auch Essen oder Nistmaterial. Kleben die Schwänze etwas aneinander, versuchen die Tiere möglicherweise, sich ruckartig zu befreien. Doch indem sie blitzschnell in unterschiedliche Richtungen springen, zieht sich der Knoten zu und die Tiere sind gefangen. Der Knoten hält auch dann, wenn die Substanz getrocknet ist. Diese Vermutung wird dadurch gestützt, dass Rattenkönige vor allem im Norden von Ost- und Zentraleuropa gefunden werden, wo die Winter kalt sind. In Südeuropa sind Rattenkönige nicht bekannt, obschon die Hausratte dort viel häufiger ist. Rattenkönige aus Wanderratten sind nicht bekannt. Ihre Schwänze sind dicker,

Der estnische Rattenkönig von 2021 bestand aus 13 Tieren. Sind die Schwänze einmal verknotet, gibt es für die Tiere eines Rattenkönigs lebend kein Entrinnen mehr.

kürzer und weniger flexibel. Das macht wohl den feinen Unterschied aus[38]. Wer nun denkt, dass die involvierten Ratten unmittelbar nach der Entstehung eines Rattenkönigs verhungern, irrt. Manch eine Ratte in einem Rattenkönig wird wohlgenährt gefunden, wenn in der Umgebung genügend Nahrung vorhanden ist. Gut möglich ist, dass Tiere der Gruppe, die sich nicht im Rattenkönig befinden, Nahrung für ihre gefangenen Gruppenmitglieder anschaffen. Dass Tiere längere Zeit in Rattenkönigen überleben können, bestätigen die Röntgenaufnahmen von verheilten Knochenbrüchen bei Tieren eines Rattenkönigs aus den Niederlanden.

Gut getarnt.

9 Die Wanderratte – Form und Farbe

Die Wanderratte ist ein Ausnahmetalent. Sie zeigt Stamina beim Laufen, Schwimmen und beim Tauchen. Wo nötig, klettert sie auch ins Geäst. Obendrein ist sie eine hervorragende Höhlenbauerin. Damit ist sie bestens für ein Leben in vielen Lebensräumen gerüstet.

Ihr Name ist irreführend. Bei der Namensgebung hat man bei der Wanderratte gründlich danebengegriffen. *Rattus norvegicus* ist ihr wissenschaftlicher Name. Allerdings kommt sie nicht aus Norwegen, wie ihr Artname «norvegicus» vermuten ließe. Ihren lateinischen Namen erhielt sie im Jahr 1769 von John Berkenhout, einem Arzt und Naturforscher in England. Damals eroberte die Wanderratte Großbritannien auf raschen Pfoten. Ob sie von norwegischen Schiffen auf die Insel gebracht wurde oder ob John Berkenhout einer Laune folgte, ist leider nicht bekannt. Der Name hingegen ist geblieben, die Wanderratte auch. Ihr deutscher Name beschreibt sie ebenfalls unzureichend. Sie wandert weder als Einzeltier weit umher noch zieht sie in Horden durch die Welt (siehe *Herkunft und Eroberung der Welt*, S. 45 ff.). Zutreffender ist der Name, der ihr von der Bevölkerung gegeben wurde: Kanalratte.

— Eindrücklich und bunt

Von beiden in Europa vorkommenden Rattenarten ist die Wanderratte die größere. Sie kann eine Länge von 28,5 bis 50 Zentimeter von Schnauze bis Schwanzspitze erreichen. Die Kopf-Rumpf-Länge beträgt zwischen 15,9 und 28,5 Zentimetern. Der Schwanz ist kürzer als der Körper und zwischen 12,6 bis 22,7 Zentimeter lang. In der Regel macht der Schwanz etwa 45 Prozent der Gesamtkörperlänge aus. Bei Jungtieren ist dieses Verhältnis noch nicht sehr ausgeprägt. Im Mittel zählt der Schwanz von adulten Tieren 182 Schup-

penringe, wobei diese Zahl von 163 bis 205 variieren kann[1]. Wanderratten sind überaus variabel, was Körpergröße und Gewicht betrifft. Die Tiere wiegen im Durchschnitt zwischen 155 und 400 Gramm[2]. Je nach Standort und Nahrungsverfügbarkeit können Männchen auch bis zu 500 Gramm schwer werden[3]. In tropischen Regionen ist die Wanderratte kleiner als ihre Artgenossen an den Polen. Gelegentlich wird ein expliziter Geschlechtsdimorphismus beobachtet[4], bei dem die Weibchen im Schnitt etwa 15 Prozent kleiner und leichter sind als die Männchen[5,6]. An anderen Standorten wird ein körperlicher Geschlechtsunterschied nicht oder kaum beobachtet, in den Tropen fehlt er sogar weitgehend[7].

Die Wanderratte ist farbiger, als man auf den ersten Blick denkt. Wie bei der Hausratte weisen ihre Haare auf dem Rücken die typische gebänderte Agouti-Färbung auf. Das Rückenfell variiert bei den meisten Tieren von Rotbraun über Graubraun bis schwärzlich. Immer wieder schimmern die hellen, gräulichen Haaransätze durch. Zusammen mit den langen Grannenhaaren ergibt das ein leicht struppiges Aussehen. Der Übergangsbereich zum Bauchfell mit den weißen Haaren und den ebenfalls grauen Haaransätzen ist fließend. Nicht alle Wanderratten weisen den wildfarbenen Felltyp auf. Es gibt auch Schwärzlinge. Diese melanistische Form kann überall auftreten, scheint jedoch nicht sehr häufig zu sein[8]. Zusätzlich sind Individuen mit einem weißen Brustfleck bekannt. Bei ihnen sind die Haare durchgehend weiß, mit Ausnahme der grauen Haarbase. Der Brustfleck ist in der Regel 14 bis 22 Millimeter lang und 7 bis 8 Millimeter breit, wobei auch schon Tiere mit einem größeren Brustfleck von bis zu 50 Millimetern Länge und 30 Millimetern Breite beobachtet wurden[9]. Die Extremitäten der Wanderratte sind spärlich, aber unterschiedlich farbig behaart. Die Ohren sind schwarz und die Oberseite der Vorder- und Hinterfüße weiß behaart. Die Fußsohlen hingegen sind nackt. Der Schwanz ist ebenfalls spärlich behaart, das allerdings zweifarbig. Auf der Schwanzoberseite sind die Haare graubraun, auf der Unterseite grundsätzlich heller. Der Schwanz ist an seiner Basis dicker als an seinem Ende und abgeflacht.

Die Körperform, die stumpfe Schnauze und der relativ kurze Schwanz – aber nicht die Fellfarbe – sind Bestimmungsmerkmale für die Wanderratte.

Vibrissen, Ohren und ein veränderlicher Schädel

Wanderratten haben im Gegensatz zu den Hausratten kleinere Augen, die obendrein weniger kugelig sind. Auch die Ohren wirken kleiner. Sie sind rundlich mit einer Länge von etwa 15 bis 26 Millimetern, meist sind sie kürzer als 22 Millimeter. Die Distanz von Ohr zu Auge ist größer als die Ohrlänge, was dazu führt, dass der Ohrrand den hinteren Augenwinkel nicht oder kaum erreicht, wenn man das Wanderrattenohr nach vorn klappt. Die Schnauze wirkt stumpf, der Schädel der erwachsenen Wanderratte ist langgezogen und das Schädeldach flach. Auffallend sind die starken Randleisten auf dem Schädeldach, die vorn an den Stirnbeinen beginnen und in der hinteren Hälfte am stärksten ausgeprägt sind. Sie sind nur leicht ausgebuchtet und verlaufen anschließend als Scheitelkämme fast parallel zueinander. Noch nicht so klar definiert ist das bei den Jungtieren: Bei ihnen sind die Randleisten wenig stark ausgeprägt, und das Schädeldach ist gewölbter. Im Gebiss weist der erste Backenzahn im Oberkiefer am Vorderrand einen deutlichen Absatz auf, und der dritte obere Backenzahn ist kleiner als der der Hausratte.

Wanderratten können schnell auf eine sich ändernde Umwelt reagieren und sich körperlich anpassen. Das zeigt eine Arbeit aus dem Jahr 2020, bei der die Schädel und Kiefer von Wanderratten aus den Jahren 1890 und 2010 in New York verglichen wurden. Bereits in dieser kurzen Zeitspanne verlängerte sich die Schnauze, derweil sich die Kaufläche der oberen Backenzähne signifikant verringerte. Man vermutet, dass die weiche und qualitativ gute Nahrung in Städten zu einer Reduktion der oberen Backenzähne führte und die wärmeren Temperaturen in einer Stadt die Schnauzenlänge mitformt[10]. Wanderratten passen sich jedoch noch schneller an die Umgebung an. Labortiere, die in kalter Umgebung aufwachsen, haben eine kleinere Nasen- und Kieferhöhle als ihre Geschwister in wärmerer Umgebung. Epigenetische Voraussetzungen machen das möglich[11]. Genetisch betrachtet ist die Wanderratte jedoch bei Weitem nicht so divers wie beispielsweise die Hausratte. Vor etwas mehr als 20 000 Jahren schien es nämlich vorübergehend weniger gut für die Wanderratte auszusehen. Die Bestände waren deutlich geschrumpft, was sich noch heute in ihrem Genom nachverfolgen lässt[12]. Mit der sich entwickelnden Landwirtschaft nahm die Wanderratte jedoch wieder neuen Anlauf – sehr erfolgreich, wie sich herausstellte.

Ansichten des Schädels der Wanderratte.

Oberschädel – Seitenansicht

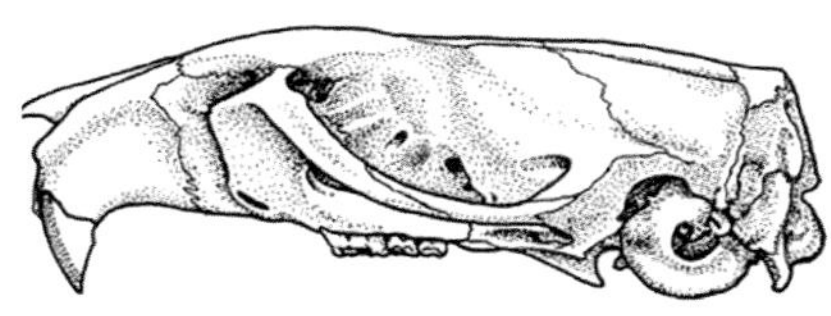

Oberschädel – Ansicht von oben

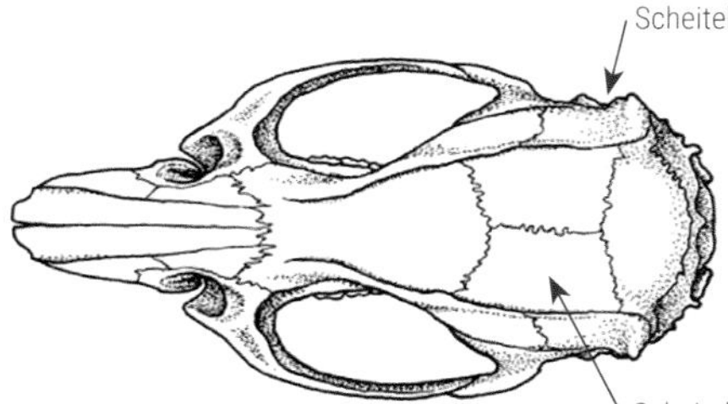

Linker Unterkiefer – Seitenansicht von außen

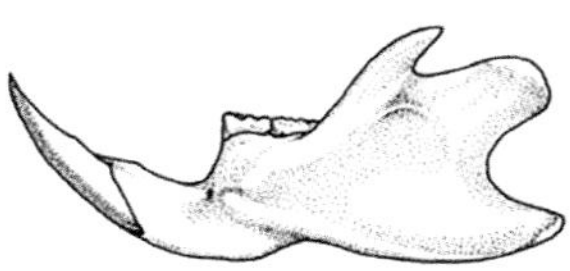

Oberschädel – Ansicht von unten

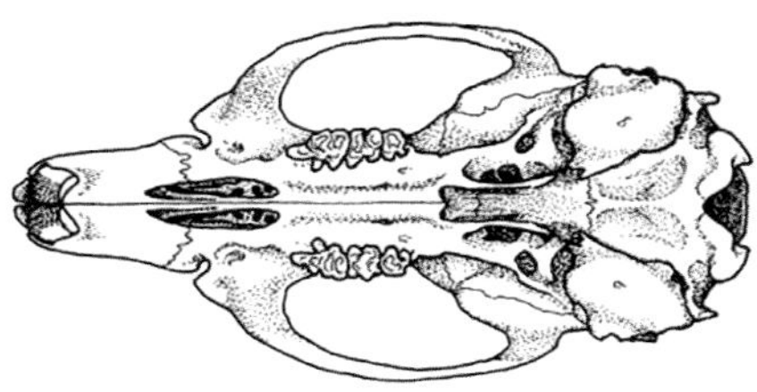

Flott unterwegs

Die Wanderratte ist ein Sohlengänger. Der Hinterfuß ist zwischen 35 und 43 Millimeter lang, wobei große Individuen auf größeren Füßen wandeln. Der Vorderfuß ist kleiner als der Hinterfuß. Sowohl Hinter- als auch Vorderfuß besitzen fünf Zehen, die mit Krallen besetzt sind. Die erste Zehe am Vorderfuß ist jedoch stark zurückgebildet und deren Kralle nur klein und flach. Die Vorderbeine der Wanderratte sind kürzer als ihre Hinterbeine. So ausgestattet, ist die Wanderratte in vielen Disziplinen talentiert. Zwar mag sie es gerne kleinräumig und huscht nur wenige Meter in ihrem Territorium umher, doch wurden in Studien auch Bewegungen von über 3 Kilometer pro Nacht registriert. Die Wanderratte kann Geschwindigkeiten von 1,47 Kilometer pro Stunde erreichen, doch meist bewegt sie sich mit durchschnittlich 0,46 bis 0,53 Kilometer pro Stunde durch das Unterholz[5]. Die Wanderratte ist unter dem Namen Kanalratte bekannt. Das entspricht ganz ihrem Naturell, denn sie hat eine Affinität für Gewässer und deren Uferbereich. Wanderratten sind exzellente Schwimmerinnen, die obendrein gut tauchen können. In einer Studie mit besenderten Wanderratten wurden offene Wasserflächen von mehr als 400 Metern aktiv überquert. Experimente mit wilden Wanderratten sowie Laborratten zeigten, dass die Tiere teilweise mehr als 60 Stunden im Wasser überleben können. Mit dieser Fähigkeit ist eine große Verdriftung in der freien Wildbahn möglich. Wie weit man als Ratte mit der Strömung weggetragen werden kann, zeigte eine Studie an Hausratten. Diese Art schwimmt weder gut noch lang, trotzdem verdrifteten sie über eine Distanz von mehr als einem Kilometer[13]. Die Wanderratte mit ihrer großen

Die Wanderratte ist eine hervorragende Schwimmerin.

Ausdauer wird diese Marge locker überflügeln. Eine Höhenakrobatin wie die Hausratte ist sie hingegen nicht. Die Wanderratte klettert zwar, ist aber eine bedächtigere, langsamere und vorsichtigere Kletterin als ihre kleinere und leichtere Verwandte[14]. Dünne Äste oder Überhänge vermeidet sie. Wo jedoch die Konditionen für sie stimmen und Nahrung lockt, kann sie locker Höhen von über 3 Metern erklimmen. So ein unstetes Leben lässt das Herz höherschlagen. Zwischen 320- bis 780-mal schlägt das Wanderrattenherz pro Minute.

— Tiefbaumeisterin par excellence

Einen Großteil ihres Lebens verbringt die Wanderratte unterirdisch. In der Natur baut sie sich mehr oder minder komplexe Höhlensysteme, und das mit ganzem Körpereinsatz. Die Wanderratte gräbt vor allem mit den Vorderpfoten, mal mit maulwurfartigen Bewegungen, mal wie ein Hund. Was nicht passend ist, wird mit den Zähnen passend gemacht: Wurzeln werden abgenagt, Steine mit den Zähnen herausgerupft. Die Erde stößt sie mit den Vorderpfoten unter dem Bauch durch und mit den Hinterpfoten weiter nach hinten. Nach einer Rattenlänge Bautätigkeit kehrt sich die Ratte um und stößt die angehäufte Erde mit den Vorderpfoten mithilfe des Kopfes in Richtung Ausgang[15]. Die Wanderratte belässt es jedoch nicht dabei; sie fabriziert keine Hügel wie die Schermaus, sondern verteilt die Erde explizit um den Ausgang. Dabei kickt sie die lose Erde mit ihren Hinterfüßen weg von der Höhle. Sie ist eine schnelle Baumeisterin, die komplexe Höhlensysteme innerhalb eines Tages

Einblick in das Eigenheim einer Wanderrattenfamilie.

entstehen lassen kann. Solche Höhlensysteme können von einer einzelnen Ratte zum Eigengebrauch, aber auch von einer ganzen Gruppe als Gemeinschaftswerk gebaut werden. Nur selten teilt man sich aber die Arbeitsabläufe im gleichen Tunnel, lieber beschäftigt man sich allein am Werk[16]. Man baut übrigens nicht nur für die Gemeinschaft und an Gemeinschaftsräumen: Wo sich Weibchen von liebestollen Männchen bedrängt fühlen, mauern sie kurzerhand auch mal einen Gang zu.

— Gut gepflegt

Eine Ratte ist mitnichten dreckig. Vielmehr sind es überaus reinliche Tiere, deren Fellpflege einen wichtigen Teil des Tagesgeschäfts einnimmt. Man wartet nicht, bis Dreck ins Fell gerät oder sich Ektoparasiten eingenistet haben. Bis zu 50 Prozent der Zeit, in der Ratten wach sind, verbringen sie mit der Fellpflege. Ein gepflegtes Fell ist weit mehr als gut geputzt: Es hilft bei der Thermoregulation, unterstützt die Verbreitung von Pheromonen, und nicht zuletzt wird die Fellpflege für den Stressabbau genutzt. Da sich Ratten oft putzen, haben Forscher genauer hingesehen und entdeckt, dass der Ablauf der gut 5 Sekunden langen Putzsequenz universal ist. Alle Ratten putzen sich so, unabhängig von Geschlecht, Alter und Art. Ja, die Fellpflege liegt den Nagetieren buchstäblich in den Genen. Über die kleinen Unterschiede der Abläufe in der Fellpflege lassen sich nämlich gar Rückschlüsse auf die genetische Distanz zur Verwandtschaft bei den Nagetieren ziehen[17]. Die Putzsequenz wird in 4 Phasen unterteilt. In Phase 1 wischt sich die Ratte bis zu neun Mal kreisförmig mit den Vorderpfoten über die Nase und die Vibrissen an der Schnauze. Insgesamt dauert Phase 1 etwa eine Sekunde. Phase 2 ist mit einer Viertelsekunde kurz. In dieser Phase werden kleine, asymmetrische kreisförmige Streichbewegungen gemacht, die immer größer werden, je näher die Pfoten den Ohren kommen. In der Phase 3 sind die Bewegungen deutlich langsamer, die Ratte streicht sich mit großen kreisförmigen Bewegungen über den Hinterkopf und die Ohren. Die letzte Phase umfasst dann den Rest des Körpers. Die Ratte setzt sich so hin, dass sie Rücken, Flanken, Beine und Schwanz lecken kann[18], ganz zum Schluss nimmt sie sich noch die Hinterbeine vor[19]. Ratten setzen sich mindestens 15-mal pro Stunde hin, um sich so das Fell zu pflegen. Dabei bleibt es mitnichten bei diesen sogenannten festgelegten Sequenzen. Für die flexible Fellpflege nimmt sie sich bis zu 20-mal mehr Zeit und putzt sich ausführlicher. Die Fellpflege sitzt der Ratte im Hirn. Bereits kleinste Hirnschädigungen können dazu führen, dass die festgelegten Sequenzen zwar noch begonnen, aber nicht mehr konsequent zu Ende geführt werden. Als Konsequenz wird das Fell struppig und ungepflegt. Manchmal ist auch die Hierarchie an einer Verwahrlosung schuld. Sozial rangniedere Tiere werden häufiger bei ihrer Fellpflege gestört, sodass sie sie weniger konzentriert ausüben können. Nicht immer ist diese Vernachlässigung der Fellpflege mit bloßem Auge erkennbar[18].

Die Fellpflege nimmt einen beträchtlichen Teil der «Rattenzeit» ein.

10 Die Wanderratte – Biologie und Ökologie

Die Wanderratte bevorzugt dunkle und kühle Orte, sodass manche Tiere zeitlebens nie die Sonne sehen. In Städten kann diese soziale Art buchstäblich unter unseren Füßen eine Parallelgesellschaft aufbauen, die wir nie zu Gesicht bekommen.

Sie folgt dem Menschen auf Schritt und Tritt – und darüber hinaus. Die Wanderratte ist eine der wenigen Tierarten, die weltweit verbreitet ist. Ursprünglich in Ostasien beheimatet, hat sie sich in den letzten 300 Jahren rasant ausgebreitet. Heute ist sie auf allen Kontinenten mit Ausnahme der Antarktis zu Hause. Man könnte sie auch «Inselratte» nennen, denn inzwischen hat sie ihre Pfoten auf über 80 Prozent aller Inseln weltweit gesetzt. Grundsätzlich scheint sie sich vor allem in besiedelten Gebieten, in Küstengebieten und entlang von großen Flüssen zu etablieren. Die Wanderratte ist eine kälteresistente Art und kann bei Temperaturen von –20 °C überleben[1]. Daher begegnet man der Wanderratte von Nome in Alaska bis nach Südgeorgien in der Subantarktis. Auch in Europa hat sich die Wanderratte etabliert. Wann sie hier aufgetaucht ist, ist Gegenstand wissenschaftlicher Debatten. Klar ist, dass die Wanderratte Mitte des 18. Jahrhunderts Europa im Eiltempo besiedelte. In Deutschland wurde sie zum ersten Mal im Jahr 1750 erwähnt, und auf etwa dieselbe Zeit wird ihre Ankunft in Österreich datiert[2,3]. In der Schweiz findet sich ein erster Eintrag zur Wanderratte im Jahr 1805.

Die Datierung der Ankunft der Wanderratte in Europa hat konkrete Auswirkungen auf den Schutzstatus. Tier- und Pflanzenarten, die nach dem Jahr 1500 auftauchen, gelten als gebietsfremd und werden in den nationalen Roten Listen normalerweise nicht berücksichtigt.

Die Wanderratte kommt in West- und Mitteleuropa flächendeckend vor. Sie bewegt sich vornehmlich in Tieflagen unter 800 Metern über Meer[4], höhere Lagen in den Alpen oder das Mittelgebirge in Deutschland werden weitgehend gemieden. Dafür hat sie in den letzten Jahren den hohen Norden definitiv erreicht. 2003 wurde sie zweimal unweit des Nordkaps beobachtet und macht damit ihrem Namen trotz der eigentlich irrtümlichen Namensgebung alle Ehre[5].

— Lebensraum

In ihrem ursprünglichen Verbreitungsgebiet bewohnen Wanderratten Wälder und buschreiches Gelände. Wasser scheint dabei ein Hauptkriterium zu sein[6]. Sie bevorzugt grundsätzlich feuchtere Lebensräume, fühlt sich jedoch auch in trockenen Gegenden überaus wohl. Diese Vielfältigkeit ist eine der Grundlagen für ihren Erfolg. Die Kombination der Anpassungsfähigkeit mit der kommensalischen Lebensweise, die sie an den Menschen bindet, hat sie zu einem globalen Player gemacht. Ihre Nähe zum Menschen ist geradezu legendär. In ländlichen Gebieten trifft man sie auf Bauernhöfen an, wo sie in Scheunen, Silos, Hühner- und anderen Tierställen genügend Nahrung und Unterschlupf findet. Ja, Tierzuchten haben es ihr besonders angetan. Die Wanderratte ist meist in der Nähe von Kompost- und Misthaufen oder Klärgruben zu finden, auch Getreidefelder meidet sie nicht. In Städten kann sie in Wohn-, Laden- und Industriegebäuden jeglicher Art, in Hinterhöfen, auf Müllhalden bis hin zu Schlachthöfen vorkommen. Grundsätzlich sind Städte und Siedlungen für Wanderratten ein gelobtes Land:

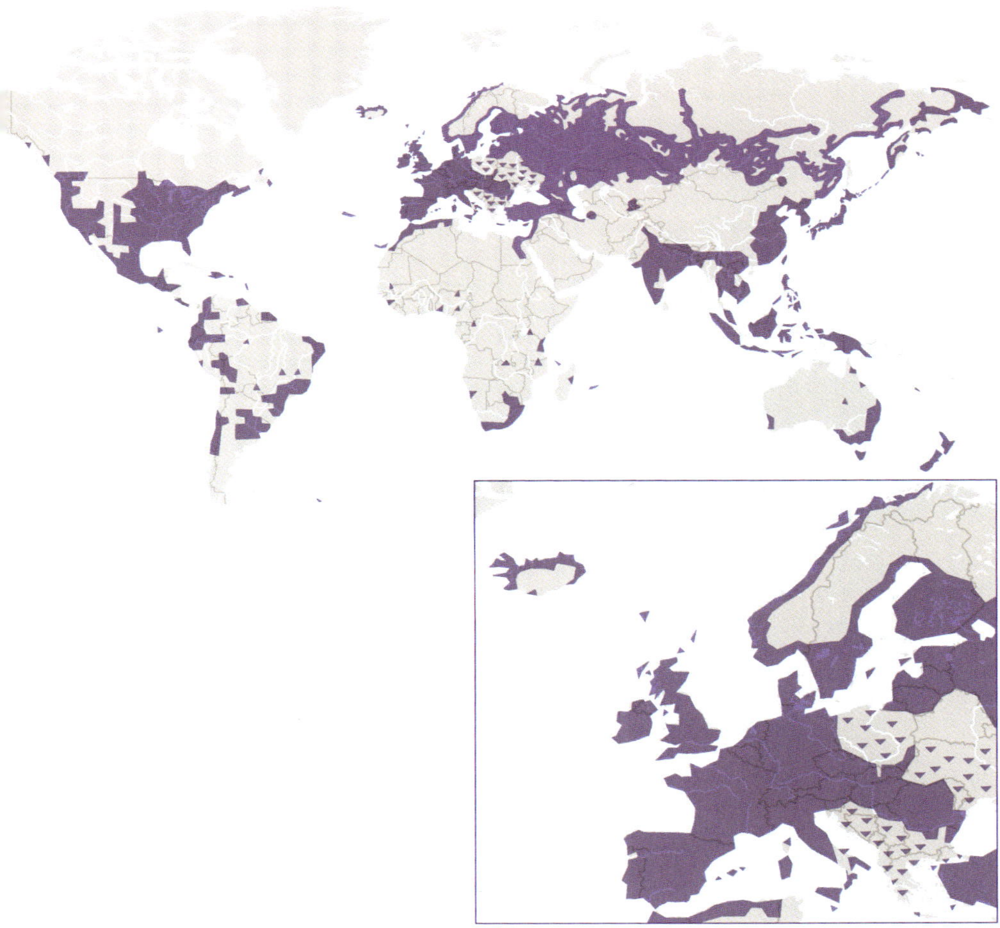

Konservative Schätzung der Verbreitung der Wanderratte.[a]

konstantes Futter, eine heterogene Landschaft mit Gärten und Versteckmöglichkeiten und eine übersichtliche Anzahl von Beutegreifern. Kühle und feuchte Standorte werden von der Wanderratte bevorzugt. So findet man sie meist in den Kellern und Untergeschossen von Gebäuden sowie in Abwasserkanälen, in unterirdisch geführten Rohren für Strom, Gas und Internet sowie in der U-Bahn und bei Kläranlagen. Die Urbanisierung und die Intensivierung der Landwirtschaft machten der Wanderratte nur bedingt etwas aus. In Städten trifft man sie jedoch eher in Gebäuden an, die vor 1960 gebauten wurden[7]. Ihre natürliche unterirdische Lebensweise half der Wanderratte ebenfalls, sie zog einfach ein Stockwerk tiefer in das Kanalisationssystem.

Nicht wenige urbane Wanderratten leben exklusiv unterirdisch und blinzeln ihr Leben lang nie in die Sonne[8]. Wobei Sonne nicht ganz stimmt, eher sollte man vom Mondlicht sprechen. Die Wanderratte gilt als nachtaktives Wesen mit einer erhöhten Aktivität zwei bis drei Stunden nach Sonnenuntergang und vor Sonnenaufgang. Die Männchen sind gut ein bis zwei Stunden früher unterwegs als die Weibchen. Gelegentlich können auch tagsüber Tiere beobachtet werden, allerdings scheinen sie die Mittagszeit zu meiden[9,10]. Oft handelt es sich dabei um rangniedere Tiere und Jungtiere, die für die Nahrungssuche den anderen Gruppenmitgliedern ausweichen. Obschon man die Wanderratte mit Wasser assoziiert, bleibt sie bei Regen gern zu Hause. Sie lebt von der menschengemachten Lebensmittelverschwendung und den unsachgerecht entsorgten Abfällen. Das lässt zwar ihre Bestände gedeihen, trotzdem kommt sie nicht überall und flächendeckend vor. Neben genügend Futter benötigt die Wanderratte sichere Tagesverstecke und Schutz vor Beutegreifern auf ihren Streifzügen durch die Nacht. Ein Minimum an Naturboden ist für die Wanderratte auch in vielen Städten wichtig. Daher sind die meisten Innenstädte mit ihrer hohen Versiegelung unattraktive Lebensräume. Ebenfalls gemieden werden gut gepflegte Park- und Gartenanlagen mit wenig naturnahen Strukturen und einem hohen Sauberkeitsstandard[11]. Und – egal wo sie ist, die Wanderratte benötigt Wasser. Man geht von einem täglichen Bedarf von 14 bis 28 Milliliter pro Tag aus[12]. In der Kanalisation findet sie Wasser zur Genüge, aber auf der Erdoberfläche kann das ihre Vorkommen begrenzen[13].

— Nahrung

Die Wanderratte ist eine Allesfresserin, und zu ihrer Nahrungspalette gehören vegetarische Kost, Insekten, Eier, Vögel und kleine Wirbeltiere. Bei der pflanzlichen Nahrung bevorzugt die Wanderratte Samen. Obwohl diese aufwendiger zu knacken sind, haben sie einen höheren Gehalt an Energie und Nährstoffen als Blätter oder andere Pflanzenteile[14]. Viel Aufmerksamkeit erhält die Wanderratte durch ihre Fleischeslust, denn sie verschmäht Aas nicht und wird gelegentlich selbst zur Jägerin. Sie macht dabei nicht vor Jungtieren anderer Kleinsäuger halt und erbeutet hier und da wohl eine junge Maus. Auf Inseln kann sie sich stark auf tierische Nahrung verlassen (siehe *Gefahr für die Biodiversität*, S. 119 ff.). In Tierzuchten scheint sie sich jedoch nur in seltenen Fällen an Jungtieren von Hühnern, Enten und Kaninchen zu vergreifen[15]. Lieber setzt sie sich beim Futtern dazu und frisst bereitwillig mit. Gern taucht sie mit hungrigem Bauch in Lagerstätten von Getreide auf und richtet sich dort häuslich ein. In Nahrungsanalysen wird gelegentlich Erde im Magen oder im Kot der Wanderratte nachgewiesen, dies ist jedoch ein Artefakt ihrer Bautätigkeit und stellt keine Ergänzung zur Nah-

rung dar[16]. In Städten ernährt sich die Wanderratte von dem, was die Umgebung hergibt. Oft sind das weggeworfene Lebensmittel, die unsachgerecht entsorgt oder in die Kanalisation gespült worden sind. Oder aber sie nagt sich selbst ein Loch in die nächste Abfalltonne oder den Abfallsack. Grundsätzlich darf es ernährungstechnisch nicht zu eintönig werden, und so stellt sie sich ihr Futter nach Möglichkeit vielfältig zusammen. Wanderratten fressen allerdings nicht alles. Solange es Alternativen gibt, rühren sie verdorbene Lebensmittel nicht an. Die individuelle Speisekarte einer Gruppe ist dabei jeweils ziemlich ähnlich und kann sich von einer benachbarten Gruppe massiv unterscheiden. Wie eine Studie zeigte, taucht am Fluss Po in Italien eine Gruppe Wanderratten regelmäßig, um Jagd auf Muscheln wie die Malermuschel *Unio picorum* zu machen, während die benachbarten Gruppen gar nicht tauchen[17].

Die Jagd ist geglückt: Wanderratte mit Fisch.

Insgesamt benötigt die Wanderratte etwa 28 Gramm Nahrung oder – so hat man errechnet – etwa 56 Kalorien auf 100 Gramm Ratte[18]. Ihre Körperkondition ist abhängig von guter Ernährung und einem tiefen Stresslevel. Kippt das eine oder andere, hat das unter anderem Folgen für die Fortpflanzung. In Städten wird ihr die gesunde Ernährung nicht immer leichtfallen. Studien zeigen, dass Ratten aufgrund der fettreichen Nahrung durchaus übergewichtig werden können[19]. Gelegentlich wird die Wanderratte als Horterin beschrieben, doch eine Nahrungssammlerin ist sie nur in ausgewiesenen Situationen. Man muss schon sehr hungrig sein, Ärger mit anderen Gruppenmitgliedern haben oder aber ein Weibchen mit kleinen Jungtieren sein, um zu horten. Alle anderen Tiere sammeln nichts, tun aber trotzdem so. Die Wanderratte mag es schlicht nicht, im offenen Raum und von überall beobachtbar zu fressen. Kleine Stücke verschlingt sie zwar ratzfatz vor Ort, lieber aber beschäftigt sie sich mit größeren Futterstücken. Ein solches schnappt sie sich geschwind und verschwindet umgehend in die Höhle oder an einen anderen sicheren Ort, wo sie sich dem Brocken ungestört widmen kann.

— Ein Leben in der Kolonie

Einsamkeit ist ihre Sache nicht. Die Wanderratte lebt in Gruppen, oft auch Kolonien genannt, die je nach Nahrungsangebot bis zu 200 Individuen umfassen können[20]. Nicht alle Mitglieder einer Kolonie interagieren gleich häufig miteinander. Vielmehr formieren sich die Mitglieder in Untergruppen und bilden Paare, Harems mit und ohne Nachwuchs, gleichgeschlechtliche Gruppen oder auch Einzeltiere beiderlei Geschlechts. Stabil sind diese Beziehungen selten, denn adulte Tiere pflegen keine längerfristigen Paarbindungen. Weibchen wie Männchen scheinen keine besonders engen sozialen Beziehungen zu einzelnen Artgenossen aufrechtzuerhalten. Dieses fast nonchalante Zusammenleben steht in starkem Kontrast zu vielen anderen sozialen Säugetieren, bei denen die Individuen enge Beziehungen zueinander pflegen und davon profitieren. Die Wanderratte regelt das anders: Sie lebt in einer Hierarchie. Diese sind geschlechtsspezifisch unterschiedlich stark ausgeprägt. Männchen etablieren stabile und deutliche Hierarchien durch Kämpfe, während die Hierarchie der Weibchen innerhalb derselben Kolonie temporär und durch den Hormonzyklus gesteuert wird[21]. Aber nur weil man keine lebenslangen Bindungen aufrechterhält, ist man nicht gleich asozial. Das Gegenteil ist der Fall, denn Wanderratten sind überaus soziale Tiere. Man pflegt einander gegenseitig das Fell, geht gemeinsam auf Erkundungsausflüge, und man teilt auch das gefundene Fressen miteinander. Gemeinsam zu leben, hat zudem weitere Vorteile: Jungtiere kuscheln sich gern aneinander, womöglich, weil sie dadurch weniger stark auskühlen. Der positive Effekt der Thermoregulation kann jedoch nicht der einzige Grund sein: Auch adulte Wanderratten schlafen sehr gern neben- oder gar übereinander, selbst wenn es behaglich warm in der Höhle ist und genügend Platz vorhanden wäre[22].

Das Leben in einer generationenübergreifenden Kolonie macht Wanderratten zu hochsozialen Lebewesen. Wer mit bis zu 200 anderen Artgenossen zusammenlebt, muss diese zumindest als solche erkennen. Tatsächlich können Wanderratten nicht nur zwischen Familienmitgliedern und fremden Artgenossen deutlich unterscheiden, sie sind auch fähig, zwischen näheren und weiter entfernten Verwandten zu differenzieren. Bei domestizierten Tieren konnte zudem nachgewiesen werden, dass sie Individuen an ihrem individuellen Geruch unterscheiden können, unabhängig von deren Familienzugehörigkeit. Die kognitiven Fähigkeiten von Wanderratten sind noch weiter ausgereift. In Versuchen zeigten domestizierte Wanderratten, dass sie den emotionalen Zustand von anderen Individuen wahrnehmen können. Das große Repertoire an Gesichtsmimik spielt dabei eine große Rolle, aber auch der Geruch des Urins, der durch Stress verändert wird. Wanderratten reagieren auf den emotionalen Zustand ihrer Artgenossen und verhalten sich dementsprechend. In Laborversuchen verzichten Wanderratten beispielsweise auf Belohnung, wenn sie bemerken, dass dadurch ein

anderes Tier Schmerz erfährt. Auch helfen sich Wanderratten gegenseitig und spannen unabhängig von Geschlecht, genetischer Abstammung und Verwandtschaftsgrad zusammen. In Experimenten mit domestizierten Tieren konnten diese auswählen, ob sie die Belohnung für sich alleine bekommen wollten oder ob ihr Partner ebenfalls eine Belohnung erhalten sollte. Im Gegensatz zu vielen anderen Tierarten – einschließlich Menschenaffen – entschieden sich Wanderratten konsequent für Letzteres[23].

Eine Wanderrattenkolonie ist äußerst territorial. Räumlich gesehen ist die Gruppe sehr genügsam: Studien zeigten, dass einer städtischen Kolonie ein Gebiet mit einem Radius von knapp 30 Metern genügen kann. Wer so wenig Platz braucht, hat es nicht weit zum Nachbarn. Manchmal sind das gerade mal 12 Meter. Diese kleinräumige Aufteilung ist dem Unwillen von Wanderratten geschuldet, offene Straßen oder Wege von etwas mehr als 2 Metern zu überqueren[18]. Die Kolonie vor fremden Artgenossen zu schützen, ist bei Wanderratten Aufgabe der Männchen. Es sind sie, die die Territoriumsgrenzen patrouillieren und allenfalls verteidigen. Daher sind Männchen öfter und weiter unterwegs als die Weibchen. Wird ein Fremdling entdeckt, wird er teilweise sehr rabiat von den Männchen vertrieben. Wo jedoch üppig Nahrung herrscht und Verstecke vorhanden sind, ist eine Immigration von fremden Artgenossen durchaus möglich. Und einmal angekommen, gestaltet sich das Zusammenleben innerhalb einer Gruppe ziemlich friedlich.

Wanderratten – ob alt oder jung – kuscheln gerne.

Ausgeklügeltes Tunnelsystem

Die Wanderratte verbringt einen Großteil ihrer Zeit in dunkler, kühler und unterirdischer Umgebung. In der Natur gräbt sich die Wanderratte eine Höhle mit Gängen und Kammern. Die Nähe zu Futter und Wasser sowie die Topografie und Bodeneigenheiten werden bei der Standortwahl des Verstecks berücksichtigt. Die Höhle wird selten bis mehr als 25 Zentimeter tief unter die Erdoberfläche gegraben, allerdings wurden auch Höhlen mit einer Grabtiefe von 150 Zentimetern entdeckt. Wo immer möglich, liegen die Eingänge zum Tunnelsystem in einer Hangneigung von mehr als 25 Grad[24]. Dadurch wird verhindert, dass Wasser in das System fließt[21]. Die Dimension reicht von einer einzigen Kammer bis zu einem ausgeklügelten Höhlensystem mit vielen Gängen und Schlaf- und Aufenthaltskammern. Eine Vorratskammer sucht man bei Wanderratten normalerweise vergebens, denn sie hat es nicht so mit Horten. Allerdings nimmt sie Futter gern mit nach Hause, wo sie die Beute in einer Kammer verzehrt, deren Boden dementsprechend mit den ungenießbaren Nahrungsresten übersät ist. Eine Toilettenkammer gibt es nicht. Im Gegenteil, für eine Wanderratte gehört Kot nicht in das Höhlensystem[16].

Grundsätzlich muss ein Bau viele Funktionen erfüllen. Die Wanderratte schläft dort, sie futtert und genießt die Gesellschaft ihrer Koloniemitglieder. Der Frieden wird übrigens im Bau hochgehalten; gekämpft wird hauptsächlich außerhalb des Baus. Wenn es mal zu Streitigkeiten im Bau kommt, jagt man den Kontrahenten kurzerhand ein bisschen durch die Gänge[25]. Die Kammern sind rund bis oval mit einem Durchmesser von 15 bis 40 Zentimetern. Der Boden von einigen Kammern liegt im Vergleich zu denen vom Tunnel erhöht, dies ist wahrscheinlich eine Absicherung gegen einlaufendes Wasser[16]. Die Schlafkammern werden mit Nistmaterial sorgsam ausgekleidet, das aus Materialien der Umgebung wie Gras, Riedstängeln, Papierstückchen, Karton, Textilien, aber auch Teilen von Plastiksäcken besteht[24]. Über Gänge sind die Kammern miteinander verbunden. Aneinander vorbeilaufen können die Ratten in diesen Gängen nicht, denn sie messen gerade mal 5 bis 7 Zentimeter im Durchmesser und bieten immer nur einer einzigen Ratte Platz. Meist ist eine Kammer an mehr als einen Ausgang angeschlossen, wovon einer meist nur als Notfallausgang genutzt wird. Lose Erde oder auch Vegetation tarnen diesen Ausgang[16]. An keinem Standort in einem Höhlensystem ist der nächste Ausgang weit entfernt. Durchschnittlich erreicht jede Ratte die Oberfläche in 30 Zentimetern. Zusätzlich baut die Wanderratte einzelne Gänge mit einer Länge von gerade mal 15 bis 27 Zentimetern, die in keine Kammer führen. Gut möglich, dass diese als eine Art Schutzbunker dienen, in die sich eine draußen herumtreibende Wanderratte bei Auftauchen eines Beutegreifers flüchten kann.

Kanalratte

Nicht überall gräbt die Wanderratte ihre Höhlen selbst. Sie baut ihre Nester auch an geschützten und trockenen Orten wie in Hohlräumen von

Je komplexer das Höhlensystem, desto mehr Eingänge sind vorhanden.

Die Sicherheit ist unterirdisch. Bei Gefahr flüchten Wanderratten in ihren Bau.

So könnte das Leben im Bau einer Rattengruppe aussehen.

Wänden, unter Abfallbergen oder in Röhren der unterirdischen Abwassersysteme. Trocken muss ihr Nest jedoch auch da sein[8]. In vielen Städten lebt ein Großteil der Wanderratten in der Kanalisation. Diese ist kein homogenes Gebilde, und genauso empfindet es die Wanderratte. Sie bevorzugt stillgelegte Abschnitte, Löcher und kaputte Rohre, in denen sich eine Gruppe gern einrichtet und von dort aus auf Nahrungssuche durch die Kanalisation zieht. Dabei scheint die Wanderratte die Abschnitte mit einem eher schmalen Durchmesser und langsam fließendem Wasser häufiger aufzusuchen. Kontrollschächte mit einem Durchmesser von bis zu 61 Zentimetern wiesen in einer Studie fast durchweg Rattenaktivität auf, die größeren Schächte jedoch nicht[26]. Aus Rattensicht ist die Kanalisation ein attraktives Habitat, um sich häuslich einzurichten. Die Temperatur ist im Sommer schön kühl und im Winter wunderbar warm verglichen mit den Außentemperaturen. Zudem wird permanent Essen vorbeigeschwemmt, das die Menschen in ihren Häusern die Toilette herabspülen oder in Abwasserschächte werfen. Ein weiteres Plus für die Wanderratte: Der Bereich ist frei von Beutegreifern. Kaum je verirrt sich eine Katze in die Kanalisation, und kein Uhu hat bislang diese Jagdgründe entdeckt. Das Leben in der Kanalisation ist für eine Wanderratte somit ein Paradies. Nur wenn der Bestand zu groß wird, muss ausgewandert werden. Und das kann schnell passieren, denn die konstanten Konditionen ermöglichen eine ganzjährige Fortpflanzung, mit gleichzeitig begrenztem Nahrungs- und Versteckangebot in-

Aufgetaucht! Eine Wanderratte aus der Kanalisation entdeckt die Erdoberfläche.

nerhalb des Territoriums der Kolonie. Wer auswandert, spaziert horizontal in andere Kanalabschnitte oder klettert nach oben. Insbesondere dann, wenn die Kanalisation Risse und Defekte aufweist, kann es passieren, dass die eine oder andere Wanderratte die Abenteuerlust packt und sie sich im nächsten Gebäude wiederfindet[27].

Streifgebiet und Alltagspfad

Wanderratten, so könnte man meinen, wandern gerne. Geschichten und Legenden ranken sich um Horden von Wanderratten, die auf ihrem Weg durch Städte und Landschaften eine Schneise der Verwüstung pflügen. So furchterregend die Massenwanderungen anmuten, so selten findet man echte Belege dafür. Wo genau hingeschaut und dokumentiert wird, kristallisiert sich ein komplett anderes Bild heraus: Wanderratten laufen nicht sehr gern – und schon gar nicht weit. Ihre Streifgebiete sind klein und deren Größe und Form abhängig vom Zugang zu Futter und der Lage des Verstecks, aber immer innerhalb der klar definierten Grenze der eigenen Kolonie. Urbane Tiere, die sich oberirdisch bewegen, können ihr gesamtes Leben in einem Umkreis von knapp 60 Metern verbringen. In ihrem Alltag bewegen sich Wanderratten gerade mal 10 bis 30 Meter um ihr Versteck, nur selten mehr als 100 Meter[18,24,28]. Ihre unterirdisch lebenden Artgenossen in den Abwassersystemen sind dagegen fast Langstreckenläuferinnen: Sie absolvieren täglich Distanzen von etwa 50 Metern, selten mal um die 200 Meter[8]. Noch extremer sind die ruralen Wanderratten: Auf dem Land kann ihr Aktionsradius zwischen 200 und 300 Metern betragen[29,30]. Diese Tiere bewegen sich dementsprechend weiter als ihre urbanen Kolleginnen. Nächtliche Bewegungen von bis zu 650 Metern sind aus Telemetriestudien bekannt[31]. Beeindruckend ist die nächtliche Wanderung eines Männchens, das mehr als einen Kilometer zurückgelegt hat, wohl auf der Suche nach einer neuen Futterquelle[29]. Das Geschlecht kann die Größe des Streifgebiets beeinflussen, muss aber nicht. Manchmal sind Streifgebiete von Männchen und Weibchen ungefähr gleich groß, anderswo sind die der Männchen bis zu fünfmal größer als die der Weibchen[28,32]. Doch ob im urbanen oder landwirtschaftlichen Lebensraum: Wo Futter rar wird oder Verstecke verschwinden, dehnt die Wanderratte ihr Streifgebiet aus. In der Stadt wird es aber auch dann kaum größer als 90 Meter im Durchmesser. Auf dem Land können die Territorien immerhin auf beeindruckende 400 Meter anwachsen. In dieser kleinen Welt findet die Wanderratte Nahrung, Verstecke und das Gegenüber für die Fortpflanzung. Hier kennt die Wanderratte jeden Busch, jeden Stein und jedes Versteck. Das Streifgebiet ist der beste Schutz vor Prädation. Wobei das Wort «Streifgebiet» zumindest im städtischen Umfeld nicht ganz zutreffend ist, denn in der Stadt bleibt die Wanderratte oft auf klar begrenzten, schmalen Pfaden, auf denen sie vom Versteck zum Futter hin- und herflitzt, meist immer schön in Deckung. Die Wege und Futterquellen teilt sie mit ihren Artgenossen aus derselben Kolonie, wobei dominante Tiere meist den Vortritt haben.

Fortpflanzung

Das Leben einer Wanderratte beginnt gut behütet und umsorgt. Wanderrattenbabys kommen in einer separaten Wurfkammer innerhalb der Kolonie zur Welt. Noch sind sie klein und blind. Ihre Augen öffnen sich erst nach etwa 15 Tagen. Obschon junge Wanderratten ab der dritten Woche feste Nahrung zu sich nehmen können, säugt das Weibchen seine Jungtiere etwa 40 Tage. Danach bleiben die Jungtiere noch ca. 2 Monate bei der Mutter. Zu diesem Zeitpunkt haben sie die Geschlechtsreife meist schon erreicht. Wanderratten können das ganze Jahr über trächtig werden, zeigen aber zumindest in den gemäßigten Breiten eine Saisonalität. Die meisten Jungtiere werden im Frühling und Herbst geboren. Auch scheint das Gewicht für eine erfolgreiche Fortpflanzung eine entscheidende Rolle zu spielen. In Nord- und Südamerika ist erst, wer mehr als 200 Gramm schwer ist, sexuell aktiv[33]. Anderswo sind die Tiere bei der ersten Paarung mit gut 180 Gramm leichter[8]. Nicht immer führt das gleich zu Nachwuchs, denn der soziale Status – der sich am Gewicht ablesen lässt – kann eine entscheidende Rolle bei der Fortpflanzung spielen. Der Östruszyklus von wilden Wanderrattenweibchen ist mit ein bis zwei Wochen kurz. Das Zeitfenster, in dem sie jeweils empfängnisbereit sind, dauert zwischen sechs und zwölf Stunden.

Bei Wanderratten hat man es nicht so mit der Zweierkiste. Beide Geschlechter sind promiskuitiv, das heißt, Weibchen und Männchen haben jeweils mehrere Fortpflanzungspartner. Ist ein Weibchen in einer Kolonie empfängnisbereit, kann es sich mit mehreren Männchen paaren. Das Paarungsverhalten verändert sich je nach Koloniegröße: Bei niedrigen Rattendichten kann ein einziges Rattenmännchen eine Gruppe von Weibchen für den (fast) exklusiven Geschlechtsverkehr dominieren[21], bei hohen Rattendichten verschiebt sich diese Territorialität zu einem despotischen System. Die Territorien lösen sich weitgehend auf, und eine Hierarchie der Männchen formt sich, normalerweise nach Alter[34]. In einem solchen System ist es für Männchen unmöglich, Weibchen gegenüber anderen Männchen zu verteidigen. Sie kämpfen daher kaum, wenngleich sich mehrere Männchen mit dem Weibchen paaren. Das Weibchen hingegen legt Wert darauf, dass es sich mit Männchen paart, die möglichst nicht mit ihm verwandt sind[35]. So werden Männchen aus den benachbarten Kolonien oder einzeln lebende Männchen von ihr bevorzugt[8,36]. Es ist oft der einzige Anlass im Leben von Wanderratten, um kurzfristig Exkursionen in andere Gebiete zu wagen. Packt einen die Lust, laufen die Tiere teilweise mehrere Hundert Meter weit[35]. All das führt dazu, dass die Jungen eines Wurfes Halbgeschwister mit bis zu sieben verschiedenen Vätern sein können, die obendrein aus ganz unterschiedlichen Kolonien stammen[35,36]. Wie viele andere Säugetiere kann auch das Wanderrattenweibchen kurz nach der Geburt wieder trächtig werden. Es ist ein kurzer Östrus von knapp 24 Stunden unmittelbar nach der Geburt der Jungen, mit einem enorm kurzen Zeitfenster der Empfängnisbereitschaft. Verstreicht dieser Moment ungenutzt, widmet sie sich die nächsten 25 bis 30 Tage ganz der Aufzucht. Wird sie hingegen umgehend wieder trächtig, führt sie ein anstrengendes Leben mit Doppelbelastung[37]. So kann ein Weibchen drei- bis viermal, in sehr rattenfreundlichen Stadtgebieten gar fünfmal pro Jahr Junge gebären[20,38].

— Interne Geburtenkontrolle

Man traut der Wanderratte viel zu. Die exponentielle Vermehrung gehört dazu. Die Hochrechnung über ein Rattenpaar, dessen Nachwuchs innerhalb eines Jahres zu einer Population von 1250 Tieren anwächst, mag mathematisch korrekt sein, entspricht jedoch nicht der Realität. Wanderrattenbestände wachsen nicht in den Himmel. Die soziale Kontrolle greift vorher ein – und das nicht zu knapp. Der Bestand wird über die Geburtenkontrolle und die Überlebensrate der Jungtiere

gelenkt[39]. Es sind die Weibchen, die die Grenzen setzen, und Stress ist der Auslöser. Wanderratten mögen stabile Verhältnisse. Futterengpässe, eine hohe Fluktuation der Koloniemitglieder und mehr Männchen als Weibchen in einer Kolonie erzeugen Stress. Das führt zu einer sozialen Hierarchie bei den Weibchen, in der die Weibchen mit hohem Status den Fortpflanzungserfolg derjenigen mit niedrigerem Status dominieren. In vielen Kolonien sind die Zyklen der Weibchen aufeinander abgestimmt, sie sind gleichzeitig empfängnisbereit. Wo sich jedoch aufgrund von Stress weibliche Hierarchien bilden, fällt dieser synchrone Zyklus auseinander. Das verändert die Überlebenschancen der Jungtiere massiv: Gerade mal 28 Prozent der Jungtiere aus asynchronen Geburten überleben die ersten zwei Monate, während es 80 Prozent bei synchronen Zyklen sind. Kaum überraschend, überleben hauptsächlich die Jungtiere der dominanten Weibchen[21]. Nicht immer aber trägt ein Weibchen seine Jungen aus. So absorbieren beispielsweise Laborratten die Embryos im ersten Drittel der Trächtigkeit, wenn sie Katzenurin in ihrem Nest vorfinden. Ob dies auch bei wilden Wanderratten der Fall ist, ist unklar.

Kein häufiges Fotosujet: die Paarung wilder Wanderratten.

In einem natürlichen und stabilen Umfeld bleibt die Größe einer Kolonie über Jahre gesehen konstant, auch wenn sie während des Jahres bis um ein Zehnfaches schwanken kann[8,20]. Ändern sich die äußeren Bedingungen, beispielsweise über ein reduziertes Nahrungsangebot, wirkt sich das umgehend auf den Bestand aus[40]. Intensive Bekämpfungskampagnen können daher zwar kurzfristig den Bestand beeinflussen, aber solange Futter und Verstecke gleich bleiben, kehrt die Rattenkolonie alsbald zur ursprünglichen Größe zurück[39,40].

— Auf zu neuen Ufern

Wo Versteck und Futter vorhanden sind, ist die Wanderratte überaus häuslich. Das beginnt schon bei der Abwanderung der Jungtiere. Gut 62 Meter Distanz zum Geburtsort reichen den meisten jungen Wanderratten bereits, während andere knapp 400 Meter ziehen und gar das Quartier oder die Häuserzeile wechseln. Nur selten werden Abwanderungen mit Distanzen von bis zu 11 Kilometern beobachtet[41]. Gut möglich, dass der Mensch dahintersteckt. Wo Lebensräume von Wanderratten zerstört werden, marschieren auch die adulten Tiere davon[42]. In Stein gemeißelt ist ein Streifgebiet einer Wanderratte nämlich nicht. Wenn die Konditionen nicht mehr stimmen, können sie Distanzen von bis zu 1,5 Kilometern unter die Pfoten nehmen[29]. Meist wandern Männchen ab, gelegentlich auch Weibchen[43]. Dabei können Gegenden mit wenig Nahrung und Versteckmöglichkeiten als Barriere wirken. Eine noch stärkere Barrierefunktion haben Straßen – je breiter und je mehr Verkehr darüber rollt, desto wirksamer[42,44]. Anderswo sind es Gletscher[45]. Wanderratten brauchen jedoch nicht zwingend festen Boden unter den Füßen. Sie wandern auch schwimmend ab. Tatsächlich ist die Wanderratte eine außerordentlich gute Schwimmerin mit Spitzengeschwindigkeiten von bis zu 2,6 Metern pro Minute, das entspricht 1,5 Kilometern pro Stunde[46]. Meist hingegen erreicht sie eine Geschwindigkeit von 0,75 Kilometern pro Stunde. Bei warmen Wassertemperaturen kann eine Wanderratte drei Tage im Wasser überleben[47]. Die Zeitspanne nimmt linear zur Wassertemperatur ab: Bei 9 °C überlebt eine Wanderratte lediglich ca. 9 Minuten. So oder so – mit diesen Fähigkeiten ausgestattet, erschließt sich die Wanderratte Inseln, die bis zu 1000 Meter voneinander entfernt sind[48].

Wanderratten sind durstig und daher bevorzugt in der Nähe von Gewässern zu finden.

11 Krankheit und Tod der Ratte

Wenn man an Ratten und Krankheiten denkt, denkt man in erster Linie an die Gefahr für Menschen und Haustiere. Daher ist es nicht weiter überraschend, dass nicht sehr viel über die Krankheiten und Todesursachen der wilden Haus- und Wanderratten bekannt ist.

Alt werden Ratten nicht. Fang-Wiederfang-Studien deuten darauf hin, dass der Großteil der Wanderratten durchschnittlich 4 Monate alt wird und nur ein Bruchteil das hohe Alter von knapp 2 Jahren erreicht[1]. Männchen sterben in der Regel früher als die Weibchen[2]. Insgesamt gesehen werden die meisten Wanderratten kein Jahr alt[3]. Ähnlich kurz ist das Leben einer Hausratte. Kaum 5 Prozent von ihnen wird älter als ein Jahr[4]. Das ist der Preis der Freiheit; Laborratten können über 3 Jahre alt werden[5]. Alleine das Leben in einer Kolonie ist anstrengend. Wanderrattenmännchen scheinen grundsätzlich unter Stress zu stehen. Wer auf der sozialen Leiter unten rangiert, ist permanent auf der Flucht. Beißwunden an Ohren, Schwanz und Rücken der rangniedrigen Männchen zeugen davon[6]. Wer oben steht, fürchtet um seinen Platz. Diesen Stress macht das Herz nicht immer mit. In einer Studie wiesen gut 1/3 aller untersuchten Tiere Herzmuskelentzündungen auf. Bei alten Männchen kamen Kardiomyopathien dazu. Da sind Ratten den Menschen ähnlich. Stress, Gewicht, Alter und Umwelt können Faktoren für Herzprobleme sein. Bei Ratten gilt das Credo «groß gleich dominant», und dominante Tiere erreichen ein höheres Alter. Diese alten und dominanten Tiere sind dadurch doppelt belastet und erleiden wohl häufiger Herzprobleme. Tödlich muss das nicht sein, aber der Abstieg auf der sozialen Leiter ist je nach Schweregrad der Erkrankung nicht aufzuhalten[7]. Wem die Puste früher ausgeht als seinem Gegner, der landet schlussendlich am Rand der Kolonie, wo das Leben nicht einfacher ist. Nahrungsengpass gilt als die häufigste natürliche Todesursache bei Ratten[8].

Wo Nahrung im Überfluss vorhanden ist, ist man gerne großzügig und tolerant gegenüber seinen Gruppenmitgliedern. Doch wehe, die Nahrung wird knapp. Dann wird das Futter aggressiv verteidigt oder buchstäblich aus dem Maul eines Artgenossen gestohlen[9]. Je weniger Nahrung für die einzelne Ratte vorhanden ist, desto härter wird der Kampf. Rangniedere Tiere spüren die Auswirkungen einer Nahrungsknappheit daher zuerst. Wird das Wetter obendrein noch garstig und kalt, akzentuiert sich die Situation. Kälte kurbelt den Stoffwechsel der Ratten an, bei –40 °C bis zum Sechsfachen des Grundumsatzes. Will man nicht verhungern, muss man daher auch bei widrigsten Konditionen auf Futtersuche gehen, und das hat seine Risiken. Erfrierungen sind bei sehr tiefen Temperaturen keine Seltenheit. Das reicht von leichten Erfrierungen an Ohren und Schwanz bis hin zu massiven Erfrierungen an den Extremitäten. Die Tiere verlieren Zehen, manchmal auch den ganzen Fuß und kurz darauf das Leben[10]. Es muss jedoch nicht zu Amputationen kommen und nicht sehr kalt werden. Viele Ratten überleben den Winter und andere Zeiten der Nahrungsknappheit nicht[11].

Die Hausratte ist kälteempfindlicher als die Wanderratte. Kein Wunder bei den großen Ohren und dem langen, dünnen Schwanz.

Insbesondere rangniedere Männchen weisen häufig Bisswunden auf.

— Prädatoren, Pathogene und Parasiten

Die Liste der Beutegreifer von Ratten ist lang, aber gesunde Ratten sind wehrhaft. Eine sehr hungrige oder eine gesundheitlich angeschlagene Ratte ist allerdings unvorsichtiger auf ihren nächtlichen Streifzügen und wird damit leichte Beute. Oft stecken Parasiten und Pathogene dahinter. Sie können Populationen von Tierarten genauso stark regulieren wie Prädatoren, indem sie beispielsweise die Nahrungssuche, soziale Interaktionen und Aktivitätsmuster des erkrankten Tieres verändern. Ratten sind von Parasitenbefall und Pathogenen nicht ausgenommen. Fies wird es, wenn der Befall eines Parasiten das Verhalten so steuert, dass sich die potenzielle Beute dem Beutegreifer auf dem Silbertablett präsentiert. *Toxoplasma gondii* ist ein Einzeller, der Katzen befällt. Er stellt sein langfristiges Überleben sicher, indem er dafür sorgt, dass die Jagd der Katze auf Ratten und andere Nagetiere möglichst erfolgreich ausfällt. Der Erreger wird über den Katzenkot in die Umwelt ausgeschieden und von der Ratte aufgenommen. Dort löst *Toxoplasma gondii* eine eindrückliche Verhaltensänderung aus: Der Geruch von Katzenurin wirkt auf die normalerweise furchtsame Ratte plötzlich nicht mehr abschreckend, sondern wird nun gezielt aufgesucht. Eine infizierte Ratte präsentiert sich dadurch als williges Opfer. Sie wird vom Katzenurin nicht nur angezogen, sie verweilt auch gerne länger dort und verlangsamt zudem ihre Bewegungen. Klarer kann man den Ausruf «Pick me!» wohl kaum ausdrücken[12]. Unabhängig davon kann ein Beutegreifer manch eine Ratte sehr gut hören, denn die Atmung fällt nicht allen wilden Ratten leicht. Viele Tiere haben Erkrankungen der Atemwege. Schnupfen, Kehlkopf- und Lungenentzündungen sowie Wucherungen in der Lunge sind keine Seltenheit. Praktisch alle Tiere kommen im Laufe ihres Lebens mit Pathogenen in Kontakt, die die Lungen befallen. Häufige Bewohner der Rattenlungen sind Pilze wie *Pneumocystis carinii* und *Pneumocystis wakefieldiae* oder Bakterien wie *Mycoplasma pulmonis* und *Bordetella bronchiseptica*[13]. Von der Lunge zum Ohr ist es nicht weit, zumindest findet das das Bakterium *Streptobacillus moniliformis*[14]. Eine Infektion mit diesem Bakterium beeinträchtigt die Ratte im Normalfall nicht, jedoch wurden schon wilde Wanderratten beobachtet, die ihren Kopf kontinuierlich schräg abgewinkelt hielten. Man vermutet, dass dahinter eine chronische Mittelohrentzündung steckte, ausgelöst durch *S. moniliformis*[14]. Die seltsame Kopfhaltung könnte allerdings auch vom Bakterium *Encephalitozoon cuniculi* stammen, das hauptsächlich Kaninchen befällt, aber auch in wilden Ratten nachgewiesen wurde[15]. Nicht zuletzt befallen Viren Rattenlungen. Der Rattencoronavirus und Seoul-Virus sind nur zwei davon. Manche dieser Infektionen stecken Ratten gut weg, andere weniger. Wie bei menschlichen Gesellschaften hilft es einer Rattengruppe, wenn viele Mitglieder Antikörper gegenüber einem Pathogen ausgebildet haben. Das schützt all jene, deren Körper den Erreger nicht kennen[16]. Gleichzeitig ist der relativ enge Kontakt der Gruppenmitglieder das Einfallstor für zahlreiche Parasiten. Die Tropische Rattenmilbe *Ornithonyssus bacoti* ist so ein Fall. Der Name steht dabei nur noch für die Herkunft, verbreitet ist die Milbe heute praktisch überall. Sie mag das Blut von Nagetieren, und das von Ratten besonders. Die Tropische Rattenmilbe passt sich der Ratte an. Wächst die Rattendichte an, vervielfachen sich auch die Rattenmilben. Ein einzelner Stich kann ganz schön jucken und mehrere sowieso. Ekzeme sind die Folge. Bei einem starken Befall wird die Lage für die Ratte jedoch erst richtig

ernst. Blutarmut, Müdigkeit und Unfruchtbarkeit kann die Tropische Milbe bei Ratten auslösen[17].

Ein Wurm kommt selten allein

Die Ratte ist ein wandelnder Zoo. Schon die Zahl der Wurmarten ist beachtlich. Im Durchschnitt sind es 2 Arten pro Ratte, manchmal ist sie auch Wirt von 5 Wurmarten gleichzeitig. Dabei gäbe es so viel mehr! Man kennt 164 parasitär lebende Wurmarten bei der Wanderratte, 156 bei der Hausratte. 65 davon kommen bei beiden Rattenarten vor. Fadenwürmer sind dabei häufig. *Strongyloides ratti* und der Ratten-Lungenwurm *Angiostrongylus cantonensis* gehören dazu. Sogar einen eigenen Bandwurm – *Hymenolepis diminuta* – haben sie, wobei sich auch der Zwergbandwurm *(H. nana)* im Rattengedärm niederlässt[18]. Übertragen werden diese beiden Bandwürmer über Flöhe[19]. Es wirkt wie ein Sammelhobby für Senioren: je älter die Ratte, desto mehr Bandwürmer[20]. Ähnlich ist es mit dem Haarwurm *Capillaria hepatica.* Dieser nistet sich in der Leber ein, wo er seine Eier ablegt. Und das können ganz schön viele sein: 11 270 bis 1 400 000 Eier wurden schon in Rattenlebern gezählt[3]. Und auch hier gilt: je älter die Ratte, desto mehr Eier. Das passt dem Wurm, weil er auf den Tod der Ratte hofft. Ein Übertragungsweg geht nämlich über den Leichenschmaus. Der Wurm beginnt mit seiner Arbeit schon früh. Über 80 Prozent einer Rattenpopulation können

Der Befall der Milbe *(Notoedres muris)* führt zu warzenähnlichen Veränderungen an den Ohrrändern.

C. hepatica aufweisen[21]. Für die Ratte sind Wurminfektionen ein ertragbares Übel. Allerdings ist Vorsicht geboten. Simultane Infektionen mit unterschiedlichen Parasiten, die einzeln tolerierbar sind, können eine Ratte in die Knie zwingen[22]. Dabei trifft es in einer Kolonie nicht alle Tiere gleich hart. In einer Studie machten 20 Prozent der untersuchten Tiere 60 Prozent aller pathologischen Befunde aus[17]. Es wurde allerdings bereits mehrmals der leise Verdacht geäußert, dass deutlich mehr kranke und schwache Tiere in die beköderten Fallen tappen könnten als die vor Gesundheit strotzenden Artgenossen. Hunger und Krankheit könnten eine geschwächte Ratte unvorsichtig werden lassen[23]. Es mag jedoch auch gerade umgekehrt sein: Dominante Tiere verdrängen rangniedere Gruppenmitglieder gern von beliebtem Futter und könnten sich daher einfacher mit beköderten Fallen fangen lassen. Da dominante Tiere oftmals ältere Tiere sind, ist ihre Parasitenlast in der Regel größer[24].

— Es hüpft und krabbelt von Art zu Art

Auf ihrer Reise durch die Welt haben Ratten allerhand Pathogene und Parasiten aufgesammelt. So viele, dass man unschlüssig ist, welche eigentlich die ursprünglichen Krankheitserreger der Haus- und Wanderratte sind. Ein Parasit aus der ehemaligen Heimat der Ratten mag der Orientalische Rattenfloh *Xenopsylla cheopis* sein. Er ist ein gefürchtetes Tier bei Mensch und Ratte, der die Erreger der Beulenpest *Yersinia pestis* und des Rattenfleckfiebers *Rickettsia typhi* übertragen kann (siehe *Gehupft wie gehustet,* S. 152 f.). Der Orientalische Rattenfloh ist bei Weitem nicht die einzige Flohart der Ratten. Insgesamt kennt man weltweit über 2570 Floharten, und ein Großteil hüpft auf Nagetieren herum. Wie viele Arten jedoch bevorzugt auf Haus- und Wanderratten leben, ist nicht klar, aber 16 Arten sind es mindestens[24]. Zwei davon sind europäischen Ursprungs: Der Nördliche Rattenfloh *Nosopsyllus fasciatus* mag es kühl und ist mit der Ratte um die Welt gereist. *Ctenophthalmus nobilis* hingegen ist in Westeuropa geblieben, mit einem einzigen kleinen Sprung auf die Faröer[26].

Die Artenvielfalt der Flöhe auf Ratten ist je nach Kontinent, Land und Standort unterschiedlich zusammengesetzt. Die Auswirkungen auf die Ratte sind jedoch überall dieselben. Denn obwohl Flöhe nur sehr wenig Blut entnehmen, erhöht sich der Energiebedarf der Ratte bei einem Flohbefall um mehr als 10 Prozent[27]. Weitere Ektoparasiten von Ratten sind Läuse, Milben und Zecken[28]. Kein Wunder, pflegen Ratten ihr Fell häufig und intensiv. So lässt sich ein Großteil der Plagegeister entfernen[29].

Ratten haben ihre Parasiten und Pathogene breit gestreut. Die Borreliose kam so beispielsweise nach Madeira. Gelegentlich integrieren sich die neu angekommenen Erreger langfristig in die dortige Fauna. Spillover nennt man den Prozess, bei dem ein Krankheitserreger auf eine neue Art überspringt. Ratten haben unter anderem Trypanosomen *(Trypanosoma lewisi)* zu den afrikanischen Nagetieren gebracht und Nematoden wie *Trichuris muris* zu Hirschmäusen auf den Channel Islands in Kalifornien[30]. Manchmal erhöht das die Mortalität der Tiere dort, manchmal scheint der neue Erreger sich kaum auszuwirken. Umgekehrt haben lokale Erreger die zugewanderte Ratte als Wirt entdeckt[31]. Auch den wohl bekanntesten Erreger, den Pesterreger *Yersinia pestis,* haben sie übernommen. Gerbils waren für diesen Erreger zwar die erste Wahl, aber die vorbeiwandernde Ratte bot eine aussichtsreiche Option. Für die Ratte war dieser Spillover hin-

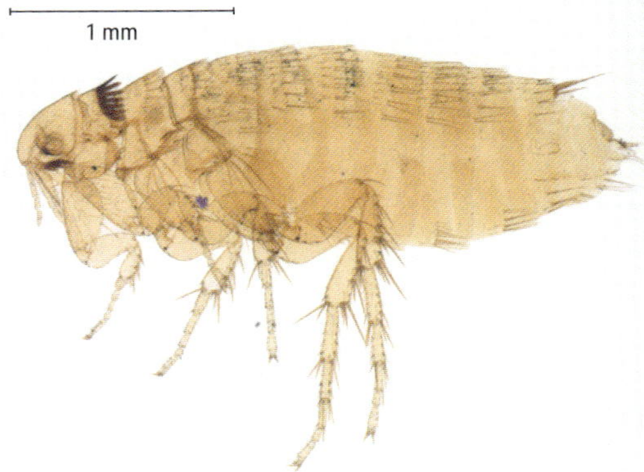

gegen nicht vorteilhaft. Entgegen gängigen Meinungen sind Ratten vor der Pest nicht gefeit. Gut 90 Prozent der Ratten sterben bei einer Erstinfektion[32]. Wer weit reist, sammelt viele Erinnerungen – oder Parasiten und andere Krankheitserreger. Das zeigt sich im Vergleich der bewanderten Ratten zu jenen, die in der alten Heimat geblieben sind. Die Artenvielfalt der Erreger auf und in Ratten in ihren Herkunftsregionen ist geringer als bei jenen, die ausgewandert sind[31]. In Europa hat man gezählt: Hier sind bei der Wanderratte mindestens 48 Erreger bekannt, bei der Hausratte gut 20[33].

Eine Zecke hat sich auf dem Ohr dieser Wanderratte eingenistet.

Klein und fein: Das Verbreitungsgebiet des Rattenflohs *Ctenophthalmus nobilis* beschränkt sich auf Westeuropa.

Die Krankheit nebenan

Lange schmiss man alle Ratten mitsamt ihren Parasiten in einen Topf. Zumindest in Städten ging man mehr oder minder davon aus, dass Pathogene und Parasiten der Ratten homogen über das gesamte Stadtgebiet verteilt waren. Die Grundlagenarbeiten in der Mitte des 20. Jahrhunderts waren wohl vorübergehend in Vergessenheit geraten. Vor ein paar Jahren hat man sich der Sache wieder angenommen. Man wollte mehr über die potenzielle Gefahr der Krankheitsübertragung von Ratte auf den Menschen wissen. Und siehe da: Der kleinräumige Lebensraum der Wanderratte widerspiegelt sich bei der Verbreitung der Parasiten. In den untersuchten Städten waren die Artenvielfalt und die Zusammensetzung der Parasiten auf Ratten zwischen Standorten fundamental unterschiedlich. Bereits kleine Distanzen zwischen den Rattenkolonien führten zu anderen Communitys der Parasiten und Pathogene[24]. Je weiter die Rattengruppen räumlich voneinander entfernt wohnten, desto stärker unterschieden sie sich in ihren Parasiten[34]. Ektopa-

rasiten werden durch den direkten Kontakt übertragen. Da überrascht es kaum, dass jede Gruppe ihre eigene Last daran trägt und diese nur durch körperkontaktreiche Exkursionen in andere Territorien oder durch Abwanderung in die nächste Gruppe trägt. Andere Krankheitserreger, die sich über Urin oder Kot übertragen und obendrein mehrere Monate lebensfähig bleiben, sind da etwas flexibler in ihrer Ausbreitung.

Körperkontakt zwischen Ratten ist wichtig für Ratte und Parasit. Ratten benötigen ihn für ein intaktes Sozialleben, bei einigen Parasiten ist es die Voraussetzung für eine Übertragung.

12 Methoden zur Erforschung wilder Ratten

Die Erforschung von wilden Ratten ist herausfordernd, denn die Tiere sind nachtaktiv und scheu. Die meisten Studien finden daher an toten Tieren statt. In den letzten Jahren haben sich jedoch neue Techniken etabliert, die Untersuchungen zu Vorkommen und Verhalten an lebenden Tieren vereinfachen.

Hierzulande werden Ratten kaum gezielt gesucht, geschweige denn untersucht. Es gibt sie, diese Information genügt. Wenn man bedenkt, welchen Schaden die Ratten in Haus und Flur anrichten können und welche Krankheiten sie übertragen können, ist diese Haltung sehr erstaunlich. Das Desinteresse gilt nicht nur der Wanderratte, sondern auch der Hausratte, die in weiten Teilen Europas selten geworden und auf den nationalen Roten Listen als «gefährdet» oder gar «vom Aussterben bedroht» gelistet ist. Eigentlich, so könnte man meinen, hätte zumindest die Hausratte eine gewisse Aufmerksamkeit verdient. Anders sieht die Situation auf Inseln aus, auf denen Hausratte und Wanderratte als invasive Arten die dort lebenden endemischen Tierarten empfindlich beeinträchtigen. Dort ist es relevant zu wissen, ob Ratten auf der Insel herumstrolchen und wie man sie wieder ausrotten kann. Das beginnt bereits vor einer Besiedlung durch Ratten, da eine frühzeitige Bekämpfung von einigen wenigen Tieren markant einfacher ist, als wenn sich eine Population erst mal etabliert hat. Genauso wichtig ist bei Ausrottungskampagnen zu wissen, ob auch das letzte Tier verschwunden ist. Die letzte Ratte auf der Insel entscheidet über Erfolg und Misserfolg einer solchen Kampagne. Feldforschungsmethoden zu Ratten werden aufgrund dieser Dringlichkeit oftmals auf Inseln entwickelt. Die Anwendung der Techniken hingegen beschränkt sich keineswegs nur auf diese Lebensräume. Sie werden auch auf dem Festland eingesetzt, wobei vor allem Aspekte der Raumnutzung in Städten untersucht werden. Die derzeit vielleicht größte Studie zu wilden Ratten wird seit 2010 in Vancouver durchgeführt. Wie die meisten Forschungen sind auch im «Vancouver Rat Project» die Verbreitung von Pathogenen und Parasiten sowie die Krankheitsübertragung von Ratte zum Menschen das Motiv, um die Ökologie der Ratten zu studieren. In Deutschland, Österreich und der Schweiz ist die Zahl der kürzlich publizierten Arbeiten über wilde Ratten hingegen überschaubar und konzentriert sich hauptsächlich auf die Bekämpfung.

— Nachweismethoden

Gibt es hier Ratten? Und wenn ja, welche? Diese Fragen lassen sich nicht ohne Sichtbeobachtung oder indirekte Methoden beantworten. Bei vielen Tierarten sind die Pfotenabdrücke, die sogenannten Trittsiegel, verräterisch. Das ist auch bei der Ratte so. Gute Trittsiegel finden sich in Schlamm und Schnee. Da nicht immer vorteilhafter Boden vorhanden ist, nutzen Forschende vielfach sogenannte Spurentunnel. Das sind Röhren, die an beiden Enden offen sind. In der Mitte der Röhre wird Tinte ausgelegt und zu beiden Öffnungen hin wird die Röhre mit einem Papier bestückt. Huscht ein Tier durch die Röhre, tritt es in die Tinte und hinterlässt seine Pfotenabdrücke auf dem Papier. Diese Trittsiegel lassen sich später in Ruhe studieren. Die Trittsiegel von Ratten sind charakteristisch für Nagetiere und lassen sich aufgrund

ihrer Größe schnell auf Gattungsebene einordnen. Die eindeutige Identifikation von Haus- und Wanderratte hingegen ist ziemlich schwierig (siehe *Maus, Ratte, Wanderratte*, S. 39 ff.). Alter und Geschlecht, aber auch allfällige körperliche Größenunterschiede der Tiere zwischen Standorten verunmöglichen manchmal eine eindeutige Bestimmung. Daher greift man gern auf Algorithmen zurück, die zwischenzeitlich entwickelt wurden und eine gute Trefferquote aufweisen[1].

Kamerafallen

Kamerafallen sind gute Instrumente, um Kleinsäuger nachzuweisen. Es ist eine überaus praktische Methode, da Kamerafallen relativ lange unbeaufsichtigt im Feld stehen gelassen werden können. Der Akku und das Speichermedium sind die limitierenden Faktoren. Die zeitlich lockere Kontrolle von Kamerafallen steht im starken Kontrast zu den Lebendfallen, bei denen eine engmaschige Überprüfung mehrmals am Tag nötig ist.

Spurentunnel mit Brett, Tinte und Papier.

Einsatz einer Kamerafalle.

Kamerafallen lohnen sich unter anderem bei Arten, die selten in Fallen tappen: entweder weil sie selten sind oder sich schlecht fangen lassen. Durch den Einsatz von Kamerafallen können außerdem nicht nur Arten bestimmt werden, es lassen sich auch Verhaltensweisen und Interaktionen durch Videoaufnahmen beobachten. Für die Artidentifikation von Haus- und Wanderratten haben sich strategisch gut ausgerichtete Kamerafallen bewährt. Zumindest Hausratten scheinen keine Berührungsängste mit Kamerafallen zu haben. In einer Studie auf Philipp Island bei Australien lag die nächtliche Wahrscheinlichkeit, dass eine Hausratte im Sensor der Kamerafalle auftauchte, zwischen 30 und 79 Prozent. Die Autoren schlossen daraus, dass mit gut platzierten und beköderten Kamerafallen die Besiedlung eines Standortes innerhalb von drei Tagen erfasst werden kann[2].

Der Einsatz von Hunden zum Aufspüren von Tierarten im Artenschutz hat in den letzten Jahren stetig Fahrt aufgenommen. Artenspürhunde decken ein breites Artenspektrum ab, man setzt sie bei Insekten, Reptilien und auch bei Säugetieren erfolgreich ein[3]. Auch Ratten gehören dazu. Eine der ersten Studien dazu fand im Jahr 2010 statt.

Man ließ Ratten in einem rattenfreien und gut abgeriegelten Gelände von 63 Hektar frei und machte sich anschließend mit ausgebildeten Artenspürhunden auf die Suche. Die Hunde spürten innerhalb kurzer Zeit 87 Prozent der Ratten auf und schnitten damit im Vergleich zu anderen Nachweismethoden sehr gut ab[4]. Schade nur, dass die Ausbildung der Hunde sehr kosten- und zeitintensiv ist[5]. Aus historischer Perspektive erscheint der Einsatz von Hunden für die Rattensuche nicht überraschend, denn einige Hunderassen werden seit Jahrhunderten für die Rattenjagd gezüchtet und haben gar eine eigene Bezeichnung: Rattler.

Bioakustik

Die Bioakustik als Methode für die Kartierung von Vorkommen und Verbreitung von Arten hat in den letzten Jahren ebenfalls Einzug in die Kleinsäugerszene gehalten. Während die Vorkommen von Fledermäusen und Walen seit Jahrzehnten mittels Bioakustik erfasst werden, hat es bei den kleinen Säugetieren etwas länger gedauert. Und dies, obwohl unzählige Studien zur Kommunikation bei Nagetieren in Labors durchgeführt wurden[6]. Durch die strenge menschengemachte genetische Selektion, der die Labortiere ausgesetzt sind, lassen sich leider nicht alle Resultate auf die wild lebenden Artgenossen übertragen. Bis jetzt wird das Vorkommen von Hausratte und Wanderratte akustisch nicht erfasst. Umgekehrt jedoch haben die Fledermausforscher gemerkt, dass der Ruf eines Großen Abendseglers *(Nyctalus noctula)* auf 22 kHz dem einer Wanderratte sehr ähnlich ist und sich hauptsächlich in der Ruflänge unterscheidet[7]. Die Rufe der Wanderratte und der Hausratte sind – soweit man es bis jetzt im Freiland erforscht hat – sehr ähnlich und überlappen größtenteils, was eine klare Artzuweisung erschwert. Doch kann bereits das heutige Wissen dazu beitragen, Rattenvorkommen mittels Bioakustik zu identifizieren. Insbesondere auf Inseln oder an Standorten wie in Lebensmittellagern, die zwingend rattenfrei bleiben sollten, kann ein akustisches Monitoring helfen, eine allfällige Besiedlung frühzeitig zu entdecken[8]. Ob in solchen Fällen die erfassten Rufe von einer Wanderratte oder einer Hausratte stammen, ist wahrscheinlich zweitrangig. Einige Forscher denken bereits weiter: Vielleicht lassen sich die Ratten gar mithilfe der Akustik einfacher fangen? Die Hoffnung ist berechtigt, denn zumindest Laborratten reagieren auf das Playback von Artgenossen[9].

— Raumnutzung und Überlebensrate

Im Wildtiermanagement reicht das Wissen über das Vorkommen einer Art nicht. Es ist dabei irrelevant, ob es sich um eine geschützte Art handelt oder ob sie bejagt werden soll. Entscheidungen im Wildtiermanagement basieren auf Informationen zu Vorkommen, der Populationsgröße, der Überlebensrate und der Raumnutzung. Eine einfache Methode, mehr über eine Art zu erfahren, ist die direkte Beobachtung. Bei den nachtaktiven und scheuen Ratten ist diese Methode nicht trivial. Die unterirdische Lebensweise der Wanderratte macht eine Feldstudie zu einer echten Herausforderung. Trotzdem gibt es einige Personen, die sich an die Erforschung der Ökologie von wilden Wanderratten gewagt haben. Unter anderem sind es die Arbeiten von David Davis, John Calhoun und Richard Lore, die noch heute wegweisend sind, obwohl sie vor 1980 durchgeführt wurden. Seither hat das Interesse an Wanderratten-Feldstudien mit direkter Beobachtung merklich nachgelassen. Bei der Hausratte sieht es nicht viel besser aus, hier sticht vor allem die Arbeit aus den späten 1960er-Jahren von Rosalie Ewer heraus, die «ihre» Hausrattenkolonie im Garten fest im Blick hatte[10]. Es geht jedoch auch indirekt – Trittsiegel und Kot werden immer wieder für Untersuchungen der Raumnutzung beigezogen. Ab und zu geben Spuren quer über eine Schneedecke Einblick in das Bewegungsmuster von Ratten[11]. Allerdings muss man das in Zeiten des Klimawandels wohl realistisch sehen. Viele Tage pro Jahr wird es zumindest in den tieferen Lagen Mitteleuropas nicht mehr geben, an denen man auf Rattenpirsch im Schnee gehen kann.

In der Bekämpfung werden zusätzliche Methoden angewandt, beispielsweise die etwas unübliche, aber effiziente Methode mit Ködern aus Wachs. An den Nagespuren am Wachsblock lässt sich erkennen, ob Ratten im Gebiet vorkommen. Gelegentlich wird das Wachs zusätzlich eingefärbt. Die Verteilung der farbigen Rattenköttel lässt anschließend das Territorium der Ratten im Gebiet eingrenzen[11].

Gefangen

Es ist bemerkenswert, wie oft der Aufbau einer Studie zu wilden Ratten auf Tottieren beruht. Man untersucht das Nahrungsspektrum, das Geschlechterverhältnis, den Fortpflanzungserfolg, den Parasitenbefall, das Raumverhalten, die Abwanderung sowie weitere Aspekte bevorzugt an toten Tieren. Diese werden dafür direkt aus der Umwelt abgefangen und getötet. Ob die Studien als Nebeneffekt aus einem Abfang entstehen oder ob der Wegfang der Tiere aus der Population ein netter Nebeneffekt einer Studie ist, erschließt sich selten. Trotzdem irritiert die Nonchalance, mit der man sich die Tiere für die Studie beschafft. Das Wort «Forschungsobjekt» trifft es im Zusammenhang mit der Rattenforschung leider oft ziemlich genau. Die Ratte, so scheint es gelegentlich, kann man beliebig behandeln. Als Schädling deklariert, foutiert man sich hin und wieder bei der Ratte um die Tierschutzrechte. Das ist erschreckend, denn die Ratte ist in erster Linie ein Lebewesen. Doch nicht überall wird kurzerhand tötend eingegriffen. Forschung kann und muss je nach Fragestellung mit wild lebenden Ratten gemacht werden. Effizient wirkt die Methode von Fang und Wiederfang, bei der man das gefangene Tier markiert. Da viele Studien sich über eine längere Zeitdauer erstrecken, muss die Markierung dementsprechend permanent sein. Die Wahl der Markierungsmethode umfasst die Implantierung von Microchips (PIT-Tags), Tattoos, Ohrmarken, Fellschnitte, Farbmarkierung oder man schneidet Zehen ab. Letzteres wird als die kostengünstigste Methode häufig eingesetzt. Glücklich jene Tiere, die nur eine Zehe verlieren.

Hierzulande unüblich: Die Methode «Spool & Line» wird für die kleinräumige Raumnutzung von Kleinsäugern angewandt.

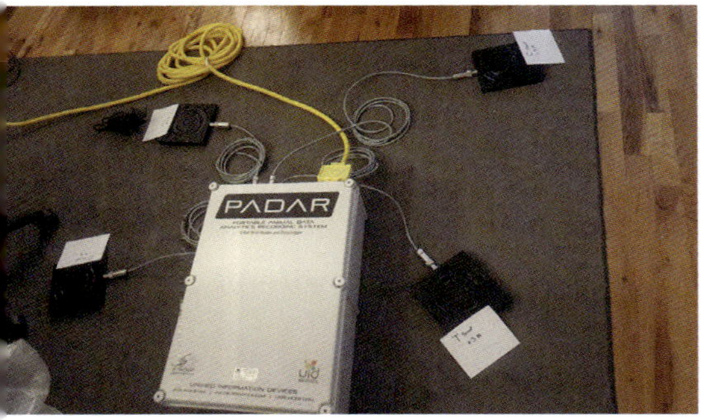

Auslegeordnung einer PIT-Tag-Station: Läuft eine gechipte Ratte über die Antenne, die in den schwarzen Platten installiert ist, wird ihre Nummer registriert.

So sieht Rattenforschung aus: Studie zur Raumnutzung von Ratten, die mit einem PIT-Tag gechipt wurden.

Je nachdem, wie viele Tiere gefangen werden, reicht eine verlorene Zehe nicht mehr zur eindeutigen Identifizierung. Manchmal sind es mehr als fünf. Zwar zeigen aktuellere Studien an Nagetieren keine Verminderung der Überlebensrate bei dieser Markierungsmethode[12], trotzdem findet in der Forschung langsam eine Abkehr davon statt[13]. Einmal markiert, werden die Tiere wieder an ihrem ursprünglichen Fangort freigelassen und später wieder eingefangen. Je nach Studienanordnung versucht man sie am selben Ort, in der Nähe oder weiter entfernt wieder zu erwischen. Manchmal bleibt es beim Versuch. Ratten sind notorisch misstrauisch gegenüber neuen Objekten und lassen sich selten fangen. An Standorten mit Rattenvorkommen kann man daher gelegentlich ziemlich lange warten, bis eine Ratte in die Falle tappt. Ja, man darf gar dankbar sein, wenn man innerhalb von 100 Nächten fünfmal eine Ratte fängt, denn meistens liegt die Fangquote deutlich darunter[14]. Einmal lässt sich eine wilde Ratte vielleicht noch fangen. Aber zweimal? Das geht selbst einer Ratte zu weit. Die Vorsicht der Ratten führt zu einer niedrigen Wiederfangrate und gelegentlich zu falschen Schlüssen.

PIT-Tags helfen da beispielsweise weiter. PIT steht für Passive Integrated Transponder und ist eine kleine Kapsel, in die ein Chip mit einer individuellen Nummer eingebaut ist, die dann von einem Gerät abgelesen werden kann. Es ist die gleiche Technologie, wie es Bibliotheken für ihre Bücher nutzen oder der Tierarzt Hund und Katze chipt. Im Vergleich zu anderen technischen Methoden wie Telemetrie sind PIT-Tags überaus kostenfreundlich und einfach in der Anwendung. Je nach Fragestellung entfällt zudem ein Wiederfang in einer Lebendfalle. Will man «nur» wissen, ob es die Ratte noch gibt oder wo sie sich aufhält, können Sensorstationen aufgestellt werden, die PIT-Tags lesen können. Passiert eine Ratte eine Station, wird der PIT-Tag des Tieres erfasst und gespeichert. Die Forschenden können die Daten anschließend entspannt dort abholen. Mit solchen PIT-Tags lassen sich viele Ratten aufs Mal studieren. Allerdings liefern die Stationen ein konservatives und fragmentiertes Bild des Bewegungsmusters. Wo man keine Station aufgebaut

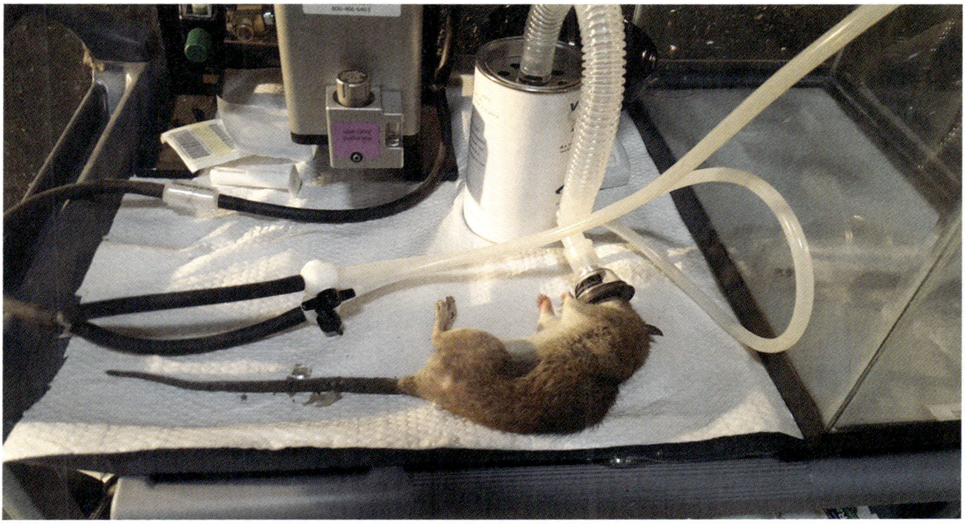

hat, bleibt die Rattenlandkarte von vornherein weiß[15].

Eine Mischung aus Beobachtung und Fang ist die Telemetrie. In den letzten Jahrzehnten ist diese Methode zu einem fast unverzichtbaren Instrument in der Wildtierbiologie geworden. Das Tier wird mit einem Sender ausgestattet, der in regelmäßigen Abständen ein Signal sendet. Mit einer Antenne kann dieses Signal empfangen und geortet werden. Wo früher vor allem Handarbeit mit VHF-Technologie, einer Handantenne und viel Fußarbeit betrieben wurde, kommen heute vor allem GPS-Technologien zum Zug. Beide Varianten führen zu hochaufgelösten Daten. Erst in den letzten Jahren jedoch hat diese Methode auch bei den Ratten Fahrt aufgenommen. Grund dafür ist die Beschränkung des Gewichts des Senders auf maximal 5 Prozent des Gewichts des Tiers. Trotzdem wird die Telemetrie nur gelegentlich eingesetzt, da sie kostenintensiv ist und die Funksignale in Städten durch Gebäude und andere Strukturen gestört werden können. Das erschwert die genaue Ortung der Ratte, und darauf hat man es eigentlich abgesehen[16]. Günstiger und einfacher in der Handhabung ist die Methode, die man «Spool & Line» nennt. Sie wurde zuerst an Schildkröten in den frühen 1920er-Jahren eingesetzt. Man klebte eine Fadenspule an den Panzer und befestigte das Ende an der Vegetation, wo man das Tier wieder freiließ. Später konnte man durch den abgewickelten Faden die Bewegungen des Tieres nachvollziehen. In den 1980er-Jahren adaptierte man die Methode für Kleinsäuger und klebte die Spule auf den unteren Rücken des Tieres. Zwar

Tierschutzkonforme Betäubung einer Wanderratte, um sie möglichst stressfrei zu vermessen und Proben zu nehmen.

erfährt man nur so viel, wie der Faden reicht, aber zumindest bei Ratten, die am Boden herumwuseln, scheint die Methode zu funktionieren[17].

Genetik

Nicht zuletzt werden Ratten für genetische Studien gefangen und beprobt[16,18–20]. Bei populationsgenetischen Studien werden die genetischen Unterschiede zwischen Individuen verglichen. Je geringer der Unterschied, desto näher sind die Tiere miteinander verwandt. Überlagert man nun zusätzlich die Standorte, wo die Tiere jeweils beprobt wurden, können Rückschlüsse auf das Abwanderungspotenzial, die Standorttreue oder auf die verwandtschaftliche Zusammensetzung von Gruppen gemacht werden. Seit einigen Jahren nimmt die Zahl populationsgenetischer Studien in der Erforschung wilder Ratten zu. Die Vorteile liegen auf der Hand: Aus einer Probe lassen sich viele Informationen gewinnen, und mit ein bisschen Glück können auch viele Tiere beprobt werden[21]. Manche der genetischen Studien arbeiten mit lebenden Tieren, andere holen sich Proben aus den Museen. Die Anwendungen reichen vom Studium der genetischen Verwandtschaft zwischen den Arten über die Aufschlüsselung der Unterarten bis hin zu den historischen Ausbreitungsrouten von Haus- und Wanderratten[22–24]. Die beiden Rattenarten haben der Forschung noch viel zu bieten.

13 Die Ratten im Ökosystem

In der Natur spielen kleine Säugetiere eine tragende Rolle. Allein als Nahrungsgrundlage sind sie für viele andere Tierarten wichtig. Bei der Ratte ist man sich nicht so sicher, welche Funktionen sie übernimmt. Sie überrascht jedoch auch da.

— Fette Beute

Obschon wehrhaft, ist jede Ratte aus Sicht eines hungrigen Beutegreifers eine fette Beute. In der Tat haben Haus- und Wanderratten viele Fressfeinde. Ja, sie sind von Feinden buchstäblich umzingelt, denn Vögel, Raubtiere und Reptilien mögen herzhaftes Rattenfleisch. Bei den Vögeln gehören Greifvögel zu den gefährlichsten Feinden der Ratte. Am Tag sind es Falken und Bussarde, nachts halten Uhu, Waldkauz und andere Eulen nach Ratten Ausschau. Eindrücklich wurde das bei Waldohreulen *(Asio otus)* in Norditalien beobachtet. Bei ihnen machen Wanderratten im Winter bis zu 80 Prozent der erbeuteten Biomasse aus[1]. Aber auch Mittelmeermöwen verspeisen gelegentlich Hausratten[2]. Am Boden stellen terrestrische Jäger den Ratten nach. Allerdings steht die Ratte nirgends als Hauptgericht zuoberst auf der Speisekarte. Füchse *(Vulpes vulpes)* können – müssen aber nicht – Ratten jagen. In England stammten gerade mal 2 Prozent der in Fuchslosungen enthaltenen Beutetiere von Ratten[3]. Ähnliches ist von Hermelinen *(Mustela erminea)* bekannt, die sich bevorzugt von Wühlmäusen ernähren und nur gelegentlich eine Ratte erbeuten[4]. Hauskatzen wiederum spezialisieren sich gelegentlich auf Ratten. In Neuseeland untersuchte man den Kot von verwilderten Hauskatzen auf die Überreste ihrer Beute. Hocherfreut wurde bemerkt, dass satte 40 bis 50 Prozent der Beute Hausratten waren. Im Rahmen eines Artenschutzprojekts schoss man die Katzen später ab und musste dann feststellen, dass der Rattenbestand daraufhin auf ein Vierfaches hochschnellte. Die Katzen hatten den dort ansässigen Hausrattenbestand in Schach gehalten[5]. Auch anderswo sind Hauskatzen der Schrecken der Ratten. Auf Bauernhöfen können Ratten bei den dort lebenden Katzen bis zu 78 Prozent der Nahrung ausmachen[6]. Meist werden junge und subadulte Ratten mit einem Gewicht von weniger als 200 Gramm erbeutet[7]. Erwachsene Ratten scheinen sich hingegen kaum vor Katzen fürchten zu müssen. Anders ist es bei Reptilien. Kleine Nagetiere sind bevorzugte Nahrung vieler Schlangen- und Echsenarten, und Ratten gehören dazu. Eine Spezialisierung auf Ratten scheint es bei Schlangen nicht zu geben. Jede frisst, was sie vors Maul kriegt[8]. Eine Limitation gibt es jedoch. Da die Schlange ihre Beute mit Haut und Haar herunterschlingt, muss vorab gut überlegt sein, ob die Beute auch geschluckt werden kann[9]. Bekannt sind daher größere Schlangenarten, wie die in Europa heimische Gelbgrüne Zornnatter *(Hierophis viridiflavus)* und die Westliche Eidechsennatter *(Malpolon monspessulanus)* im Mittelmeerraum, die sich an Ratten laben[2]. Bei den Echsen wird der in Südamerika lebende Schwarzweiße Teju *(Salvator merianae)* erwähnt, der die Ratte durch heftiges Schütteln oder gegen Steine schlagend tötet[10].

Ratten müssen sich sowohl am Tag als auch in der Nacht in Acht vor Beutegreifern nehmen. Hier eine Schleiereule mit Rattenbeute.

Eine Ratte zu fressen ist nicht jederschlanges Sache.

Unerwartete Dienstleisterin

Der Ratte billigt man wenig positive Auswirkungen im Ökosystem zu. Doch stimmt das? Die Forschung beschäftigt sich schon länger mit Ökosystemleistungen, die von Pflanzen, Pilzen und Tieren geleistet werden. Viele Pflanzenarten verlassen sich auf andere Lebewesen, um die Samen in der Welt zu verbreiten. Allein in den Tropen sind das 90 Prozent aller Baumarten[11]. Insekten, Vögel, Fische und Säugetiere verbreiten die Samen von Pflanzen.

Ratten blieben in diesen Szenarien lange außen vor. Es zeugt von viel Mut und unerschrockenem Entdeckergeist, sich gegen die landläufige Meinung zu stellen und mögliche Vorteile von Hausratte und Wanderratte in Ökosystemen zu erforschen. Einige wenige Forscher nahmen sich dem Thema «Samenverbreitung und Ratte» an, denn Ratten haben Samen zum Fressen gern. Diese Vorliebe kann sich unvorteilhaft für die Pflanze auswirken, wird doch aus einer zerknabberten Nuss nie ein Baum. Zwei Forschungsteams beschäftigten sich daher mit der Frage, wie die Samen beschaffen sein müssen, um den Verdauungstrakt einer Hausratte unbeschadet zu überstehen. Dazu fütterten die Forscher Hausratten mit Samen unterschiedlicher Größe und untersuchten anschließend den Rattenkot auf Samenreste. Dank diesen Arbeiten weiß man heute, dass Hausratten die Samen von weniger als 1,2 Millimeter Länge oder einem Gewicht von weniger als einem Milligramm nicht verdauen und diese vielmehr später unbeschadet ausscheiden[12,13]. Die Hausratte trägt damit zur Verbreitung dieser Pflanzen bei. Doch wehe, der Samen ist größer! Dann wandelt sich der Dienst in Sabotage, wobei diese Aussage nicht allgemeingültig ist. Hausratten und Wanderratten nehmen Samen gern mit, um sie an einer sicheren Stelle zu

fressen. Aus unterschiedlichen Gründen unterlässt die Ratte manchmal das Futtern. Abgelenkt durch Beutegreifer, ein fallendes Blatt oder einen Artgenossen hopst sie davon, den großen fettreichen Samen bereits vergessen[13]. So wandelt die Ratte auf einem sehr schmalen Grat, weil sie die Samen von einigen Pflanzen verbreitet und die Samen anderer zernagt. Es tritt zugegebenermaßen selten auf, doch die Vorliebe der Hausratte für große Samen kann auch ein ökologischer Segen sein. Auf dem Palmyra Atoll hielt die Hausratte dadurch die invasive Kokospalme in Schach (siehe *Gefahr für die Biodiversität*, S. 119 ff.).

In Australien wagten sich zwei Forscher an die Pilzfrage. Viele unterirdisch wachsende Pilze sind für die Verbreitung auf Säugetiere angewiesen, die an ihnen herumknabbern und über ihren Kot die Sporen verbreiten. Meistens handelt es

sich dabei um kleine Säugetiere. Nun sind in Australien in den letzten 200 Jahren mehrere Dutzend kleine Säugetierarten verschwunden oder deren Bestände stark zurückgegangen, was sich negativ auf die Pilze auswirken könnte. Die Forscher wählten ein isoliertes Waldstück, in dem die Hausratte das einzige Nagetier war. Sie untersuchten deren Kot auf Pilzsporen und verglichen ihre Ergebnisse mit dem Kot des Sumpfwallabys *(Wallabia bicolor)*, das sich ebenfalls gerne an Pilzen gütlich tut. Die Ergebnisse überraschten: Die Hausratte konsumierte mehr Pilzarten als das Wallaby und schien somit die effizientere Art bei deren Verbreitung zu sein. Die Forscher schlossen daraus, dass Hausratten an Standorten, wo die einheimische Fauna größtenteils verloren gegangen ist, diese verwaisten Nischen zumindest teilweise füllen kann[14].

Nicht immer gelingt Hausratten diese Kunst in vollem Umfang, wie eine andere australische Studie zeigte. Diese beschäftigte sich mit den Bestäubern von *Banksia ericifolia*, einer Pflanze der Gattung der Banksien. *B. ericifolia* wird von Säugetieren wie der Stuart-Breitfußbeutelmaus *(Antechinus stuartii)* und der Australischen Buschratte bestäubt. Wo diese fehlen, übernimmt die Hausratte die Bestäubung. Allerdings ist die Hausratte deutlich größer und schwerer als die ursprünglichen Bestäuberinnen und kann nur jene Blütenstände erreichen, die ihr Gewicht tragen können. Das sind längst nicht alle[15]. Zu einem ähnlichen Ergebnis kommt eine Studie aus Neuseeland, in der Hausratten ebenfalls als Ersatzbestäuberinnen von drei Pflanzenarten fungierten[16]. Mindestens die Hausratte kann in solchen Systemen sowohl schädlich für gewisse Arten sein und gleichzeitig für andere Arten eine zentrale Funktion einnehmen.

Noch weitgehend unerforscht ist zudem die Funktion der Ratte als Aasfresserin und dem damit verbundenen Nährstoffkreislauf.

Die Ratte als Bestäuberin: Die Pflanze *Banksia ericifolia* ist unter anderem auf die Australische Buschratte für die Bestäubung angewiesen.

14 Eine Gefahr für die Biodiversität

Wir leben in turbulenten Zeiten. Die derzeitige Aussterberate von Arten ist 700-mal höher als das normale «Hintergrundaussterben». Nach dem Meteoriteneinschlag vor 65 Millionen Jahren, der die Dinosaurier hart traf, verzeichnet die Welt derzeit das sechste Massenaussterben. Die Gründe dafür sind vielfältig – ein Grund sind invasive Arten, und Ratten gehören dazu.

Der Mensch ist ein rastloses Tier. Seit frühester Zeit ist er auf Wanderschaft. Zunächst zu Fuß, später hoch zu Ross, mit Schiff oder Wagen und seit einiger Zeit mit dem Flugzeug. Ob gewollt oder nicht, ist der Mensch auf seinen Handels- und Abenteuerreisen häufig nicht allein unterwegs. Viren, Pilze, Pflanzen, Fische, Vögel, Säugetiere – seit Urzeiten nimmt er Lebewesen mit. Manchmal verwildern sie am neuen Standort, und gelegentlich überleben sie dort nicht nur, sondern verdrängen die einheimischen Arten in großem Stil: Sie werden invasiv. Neben Lebensraumverlust und Übernutzung gelten invasive Arten als ein Hauptfaktor für den Verlust der Biodiversität[1]. Bei gut der Hälfte der Pflanzen- und Wirbeltierarten, die seit dem Jahr 1500 verschwunden sind, spielen sie eine Rolle. Bei mindestens einem Viertel davon sogar die Hauptrolle[2]. In den letzten 200 Jahren haben allein invasive Säugetierarten über 140 Vogel-, Reptilien- und Säugetierarten zum Verschwinden gebracht, weitere 600 Wirbeltierarten sind durch sie gefährdet[3]. Diesem Druck sind auch Pflanzen und Wirbellose wie Insekten, Spinnen, Schnecken und Würmer ausgesetzt[4]. Das Verschwinden einer Art ist dabei weit mehr als die Gesamtzahl der Arten minus eins. Jede Art ist Teil eines fein verwobenen Ökosystems, mit Abhängigkeiten und Wechselwirkungen. Verschwindet beispielsweise ein Bestäuber einer Pflanze, stirbt möglicherweise auch diese Pflanze aus. Ist sie wiederum die einzige Wirtspflanze für eine weitere Art, ist auch deren Fortbestehen gefährdet. Je nachdem welche Arten aussterben, kann ein ganzes System kollabieren.

Folgenreiche Mitbringsel

Zu den invasiven Säugetieren gehören mehrheitlich jene Arten, die der Mensch gern isst oder durch die er sich andere Arten vom Leib hält. Dazu zählen die Hausziege *(Capra hircus)*, das Hausschaf *(Ovis aries)*, das Meerschweinchen *(Cavia porcellus)* oder die Hauskatze *(Felis catus)* sowie jagdbare Arten wie das Wildkaninchen *(Oryctolagus cuniculus)* und das Wildschwein *(Sus scrofa)*. Und nicht zuletzt die Ratten der Gattung *Rattus*, die dem Menschen schon seit Jahrhunderten auf Schritt und Tritt folgen[2,5]. Diese und andere invasive Arten gefährden die Biodiversität als Prädatoren und Herbivoren, als Konkurrenten von Lebensraum und Ressourcen, als Träger von Krankheiten oder indem sie Wechselwirkungen unterbrechen. Wenn die Neuankömmlinge ihrerseits keine Prädatoren oder Parasiten vorfinden, die ihnen gefährlich werden können, werden sie nicht reguliert[6]. Die Auswirkungen von invasiven Arten in einem System sind vielfach sehr komplex und schwierig zu erfassen. Während sie zu Beginn die Artenvielfalt erhöhen – ja, eine Art mehr im System! –, verändern sie das Nahrungsnetz allein schon dadurch, dass sie fressen und gefressen werden. Gelegentlich setzen sie eine Kaskade in Gang, die ein ganzes Öko-

system verändert. Aus der Perspektive der Artenvielfalt muss das nicht immer negativ sein: Organismen, die Detritus verwerten, können ein Ökosystem langfristig artenreicher machen. Spezialisten wie Prädatoren und Herbivoren hingegen wirken sich eher negativ auf die Artenvielfalt aus[7]. Die Omnivoren stehen irgendwo dazwischen. Wer von vielem nascht, lässt vieles leben[8].

Inseln – Hotspot der Biodiversität

Die höchste Aussterberate wird auf Inseln verzeichnet. Gut 75 Prozent der 800 Arten, die weltweit in den letzten 200 Jahren verschwunden sind, waren auf Inseln zu Hause. Bei den ausgestorbenen Vögeln waren 90 Prozent Inselbewohner, bei den Säugetieren 80 Prozent und bei den Amphibien gut 25 Prozent[5]. Ein Grund ist die hohe insulare Artenvielfalt[6]. Obwohl Inseln nur knapp 7 Prozent der globalen Landfläche ausmachen, beherbergen sie rund 20 Prozent aller Arten weltweit. Viele Arten kommen nur auf einer oder wenigen benachbarten Inseln vor. Im Laufe der Zeit haben sich nur wenige Arten auf isolierte Inseln verirrt, und zwar solche, die die Distanzen mit dem Wind, auf Flügeln oder schwimmend überbrücken konnten. Das schloss terrestrische Säugetiere weitgehend aus. Einmal angekommen, kam man zudem nicht mehr so schnell weg, sondern richtete sich ein und spezialisierte sich auf diese oder jene Nahrung. Über Jahrtausende entwickelten sich auf der Insel aus der Ursprungsart eine neue oder gar mehrere Arten. Wo keine Prädatoren vorkamen, verlor man die Scheu vor den Mitbewohnern und gelegentlich gar die Lust am Fliegen. Viele einst flugfähige Insekten und Vögel leben heute ein endemisches Leben auf dem Boden einer isolierten Insel, so wie der Kakapo *(Strigops habroptilus)* in Neuseeland. Sie konnten ja nicht ahnen, dass früher oder später der Mensch vorbeikommen würde mit weiteren Arten im Schlepptau, die sich am neuen Ort im Schlaraffenland wähnen würden.

Hausziegen können Gebiete überweiden und dadurch Artenverlust verursachen.

Ob verwildert oder ein geliebtes Haustier: Die Katze ist eine effiziente Jägerin.

— Rattenparadies Insel

Ratten sind wahre Weltenbummler und haben Inseln als Destination entdeckt. Von der Subarktis über die Tropen bis in die Subantarktis – fast 90 Prozent aller Inseln sind von Ratten besiedelt[9]. Der Grund für ihren Erfolg liegt in ihrer Anpassungsfähigkeit, was Nahrung und Lebensraum angeht. Dass es auf vielen Inseln keine oder nur wenige andere kleine Nagetierarten gibt, ist ein Bonus. Inseln sind wahre Rattenparadiese. Lediglich die Kapazität des Lebensraums und allfällige Beutegreifer setzen ihnen Grenzen – oder andere Rattenarten[10]. Neben unseren zwei Rattenarten kommt hier und da noch eine weitere Art dazu. Die häufigste ist die Pazifische Ratte *(Rattus exulans)*, die als dritte invasive Rattenart vor allem im Pazifik unterwegs ist. Auch sie stammt von Asien, genauer gesagt von der Insel Flores in Südostasien. Zusammen mit den Lapita reiste sie vor über 2500 Jahren im Pazifik von Insel zu Insel. Man vermutet, dass sie als Nahrungsmittel für die Seefahrernation diente. Auf alle Fälle brach die Pazifische Ratte nicht selbst auf, denn sie schwimmt nicht gern. Es ist somit ein menschlicher Verdienst, dass sie heute die Rattenart ist, die auf mehr pazifischen Inseln zu finden ist als die Wander- und die Hausratte[11].

Alle drei Arten gehören zur Gattung *Rattus*, und doch sind sie verschieden. Die Pazifische Ratte ist die kleinste Art mit einem Gewicht von etwa 60 bis 80 Gramm. Die größte Art ist die Wanderratte, die durchschnittlich 270 Gramm auf die Waage bringt, und die Hausratte liegt dazwischen. Nicht immer sind alle drei Arten gemeinsam auf einer Insel zu finden. Sobald aber zwei Arten vorkommen, werden die Lebensräume aufgeteilt: Die Wanderratte ist besonders um menschliche Siedlungen und in der Landwirtschaft dominant. Sie bevorzugt die unterirdische Lebensweise und scheint die anderen beiden Arten auf die Bäume zu verdrängen. Obendrein ist sie die beste Schwimmerin und erschließt sich aus eigener Muskelkraft neue Inseln. Die Hausratte hingegen klettert gern herum und kommt in Wäldern, Mangroven und Buschsteppen, aber auch auf Inseln mit minimaler Vegetation vor. Die Pazifische Ratte weicht den anderen Arten grundsätzlich eher aus, dafür ist sie im Gegensatz zu den anderen beiden häufiger am Tag unterwegs[12]. Außerdem war sie um Jahrhunderte früher da, was ihr viel Zeit gab, die Welt zu verändern. Man vermutet, dass sie beim Aussterben vieler Inselarten ihre Pfoten im

So kann eine Neubesiedlung beginnen: Schiffbruch mit Hausratte vor einer Insel.

Spiel hatte – Arten, die bei der Ankunft der Europäer schon längst verschwunden waren.

Ratten gehörten zu den ersten und zählen heute zu den am meistverbreiteten invasiven Arten auf Inseln. Durch ihr breites Nahrungsspektrum sind sie als Prädatoren, als Herbivoren und als Samenfresserinnen gefürchtet. Im Gegensatz zu Spezialisten sterben Allesfresser nicht aus, wenn eine Nahrungsgrundlage verschwindet. Sie weichen dann einfach auf andere Ressourcen aus.

Ratten machen es den Forschenden schwer, ihren Einfluss auf andere Arten und das Ökosystem zu bemessen. Wer nachtaktiv ist und unterirdisch herumhuscht, lässt sich selten bei seinen Taten beobachten. Aus gutem Grund wird auf Feldversuche verzichtet, bei denen Ratten auf rattenfreien Inseln freigelassen werden. Da auf vielen Inseln die Ratten schon vor Jahrzehnten angekommen sind, muss man sich auf Indizien verlassen. Oft vergleicht man die Zahl der Arten vor und nach der Ankunft der Ratte. Beispiele gefällig? Im Jahr 1918 huschten Hausratten auf Lord Howe Island, nachdem das Dampfschiff S.S. Makambo gestrandet war. In den nächsten 5 Jahren verschwanden 5 der 11 endemischen Waldvogelarten. Schneller ging es auf Midway Island im Jahr 1943. Innerhalb von 18 Monaten, nachdem die Hausratte an Land gekommen war, verschwanden 2 Vogelarten[9]. Und auf dem Midway Atoll brachen die Bestände des dort brütenden Bonin-Sturmvogels *(Pterodroma hypoleuca)* zusammen. Vom ursprünglich auf 500 000 Individuen geschätzten Bestand blieben 1980 gerade mal 5000 Tiere übrig[13]. Nach einer erfolgreichen Rattenausrottungskampagne kletterte die Zahl der Sturmvögel wieder auf 300 000.

Heute ist die Tuatara nur noch auf wenigen neuseeländischen Inseln zu Hause, die meisten davon rattenfrei.

Nicht immer trifft es Vögel. Im Jahr 1962 setzten Hausratten ihre Pfoten auf Big South Cape Island. Daraufhin verschwanden 6 Vogelarten, 2 Fledermausarten und ein Rüsselkäfer. Eine Fledermaus- und eine Vogelart kamen nur dort vor, für sie war es das endgültige Aus. Auch Reptilien sind vor Ratten nicht gefeit. Die Tuatara *(Sphenodon punctatus)* ist eine endemische Echse in Neuseeland. Sie gilt als lebendes Fossil und ist spektakulär anzuschauen. Der Bestand gilt derzeit als nicht gefährdet, auch wenn die Art nur noch auf wenigen kleinen Inseln lebt. Wo Ratten und Tuatara gemeinsam vorkommen, zieht Letztere meistens den Kürzeren. So geschehen im Jahr 1982, als Wanderratten die Insel Whenuakura erreichten. Innerhalb kurzer Zeit war die gesamte Population der Tuatara ausgelöscht. Da fragt man sich schon: Wie um aller Welt schafft die Ratte so etwas?

— Rattus destructor

Ratten haben Pflanzen zum Fressen gern. Leckere Früchte, weiche Rinden, Nektar und frische Triebe sind für die Feinschmeckerinnen unwiderstehlich. Da hat man schon seine Lieblingsspeisen. Im Pazifik mögen Ratten die Steinfrüchte von Pflanzenarten aus den Familien der Arecaceae, der Apocynaceae, der Santalaceae, der Sapotaceae und der Oleaceae besonders[14]. Diese Vorliebe wirkt sich auf den Fortpflanzungserfolg dieser Pflanzen aus. Wo die Samen weggefressen werden, entwickelt sich kein Nachwuchs. Meist hält sich der Samendiebstahl in Grenzen, aber gelegentlich schlagen die Ratten über die Stränge. Wie auf dem Palmyra-Atoll im Pazifik, wo *Pisonia grandis* wächst, eine Baumart aus der Familie der Wunderblumengewächse (Nyctaginaceae).

Auf pazifischen Inseln ist dieser Baum ein wichtiger Brutplatz für Seevögel und Heimat für Geckos und Insekten. Auf dem Palmyra-Atoll fehlte es jedoch seit Jahren an Jungpflanzen. Ob die Hausratte Schuld daran trug, indem sie die Samen vertilgte? Mit viel Aufwand rottete man die Ratte auf der Insel aus. Und siehe da! Kaum verschwunden, sprossen bereits die ersten *Pisonia*-Schösslinge aus dem Boden. Ende gut, alles gut? Nicht ganz. Nach ein paar Jahren sank die Zahl der Schösslinge bereits. Gleichzeitig nahm die Zahl der Landkrabben zu, die sich wiederum gütlich an den Samen taten. Zusätzlich vermehrte

Palmyra-Atoll liegt im Pazifischen Ozean und besteht aus 25 unbewohnten Inseln. Die Hausratte hat das Ökosystem des Atolls gehörig verändert.

sich die nicht heimische Kokospalme und begann, die einheimischen Bäume zu verdrängen. So hatte man sich das nicht vorgestellt! Zwar hatte die Hausratte *Pisonia* heftig drangsaliert, aber sie hatte auch die Landkrabben und die Kokospalme in Schach gehalten[15]. Die Ausrottung der Hausratte zog weitere Kreise, denn mit der Hausratte verschwand auch die Asiatische Tigermücke *(Aedes albopictus)*, die zusammen mit einer anderen Mückenart auf dem Atoll herumgesurrt war. Während letztere bis heute auf dem Atoll den Vögeln Blut abzapft, stellten die Forschenden bald nach der Ausrottungskampagne verdutzt fest, dass man unbeabsichtigt auch die Tigermücke ausgerottet hatte. Für die Tigermücke war die Hausratte auf dem Atoll buchstäblich überlebenswichtig gewesen[16].

Auch Bäume werden von der Ratte angeknabbert, vor allem Sträucher und Bäume mit weicher Rinde. Man vermutet, dass die Rinde Feuchtigkeit enthält, die die Ratte benötigt. Auffällig ist nämlich, dass die Ratten vor allem während der Trockenzeiten an den Rinden nagen[12]. Durch diese Fraß- und Nagetätigkeit beeinflussen Ratten ihre Umwelt. Wer Samen, Bestäuber und Samenverbreiter von einheimischen Arten frisst, obendrein die wenigen übrig gebliebenen Schösslinge anknabbert und zu guter Letzt noch die Samen von invasiven Arten verbreitet, kann die Pflanzenzusammensetzung oder zumindest die Individuenzahl bestimmter Pflanzenarten empfindlich verändern. Ratten sind jedoch zu weitaus mehr fähig. Der Archäologe Stephan Athens untersuchte Pollen auf einer Ebene im Tiefland von O'ahu, einer der acht Hauptinseln Hawaiis. Zu seinem großen Erstaunen fand er heraus, dass dort, wo heute nur Gras und Büsche wachsen, einst Palmwälder standen. Zugegeben, es waren nicht sehr artenreiche Wälder, aber es waren Wälder. Der Zeitpunkt des Verschwindens dieser Wälder fiel auf die Ankunft der Polynesier auf Hawaii. Stephan Athens vermutete großflächige Brandrodung. Nur fehlten als Beweis die Kohle und der Nachweis von menschlichen Tätigkeiten. Irgendwann fiel sein Blick auf die Pazifische Ratte. Heute nimmt man an, dass die Pazifische Ratte als Mitreisende der Polynesier nach O'ahu kam und dort den Menschen voraus in die Palmenwälder eilte, wo sie sich dergestalt an den Palmen gütlich tat, dass innerhalb weniger Dekaden keine einzige Palme mehr stand. Die Ratte, dieses kleine Tier, hatte einen ganzen Wald verschwinden lassen[17].

Jägerin Ratte

Ratten mögen Fleisch in jeglicher Form, sei es Vogel, Insekt, Schnecke oder kleine Säugetiere. Mal ist es Kadaververwertung, mal wird aktiv gejagt. Auf dem Festland und auf den meisten größeren Inseln sind Ratten Mesoprädatoren. Das bedeutet, sie sind Jäger und Gejagte. Auf einigen Inseln hingegen sind sie die einzigen Beutegreifer und somit Topprädatoren. In beiden Funktionen können sie ziemliches Unheil anrichten. Gut untersucht ist das bei den Vögeln. Die Farbenpracht, die Gesänge und die im Gegensatz zu anderen Artengruppen relativ einfache Artbestimmung macht die Vogelwelt zu der am besten bekannten taxonomischen Ordnung, und ihr Rückgang wird dementsprechend gut dokumentiert. Je nach Lesart sind über 123 Arten und mindestens 77 Unterarten seit 1500 verschwunden[18]. Das Aussterben geschah jeweils innerhalb eines Jahrhunderts nach dem Auftreten des Menschen. Überbejagung, nicht nachhaltige landwirtschaftliche Praktiken und die berüchtigten invasiven Arten sind die Hauptgründe für das Verschwinden. Werden Vögel von invasiven Arten

Auf frischer Tat ertappt: Eine Wanderratte raubt das Nest einer Küstenseeschwalbe aus.

bedroht, handelt es sich in über drei Viertel der Fälle um Säugetiere. Die Hälfte davon sind Ratten, wobei die Hausratte den Großteil ausmacht[19]. Heikel ist die Brutzeit, weil es Ratten zumeist auf Ei und Jungvogel abgesehen haben. Kleine Vogelarten und solche, die am Boden oder gar unterirdisch brüten, sind am stärksten gefährdet. Seevögel gelten als besonders verletzlich. Auf den Halligen und Inseln im Wattenmeer und der Nordsee zerstören Wanderratten regelmäßig die Gelege von Austernfischern, Küstenseeschwalben, Brandseeschwalben und Möwen[20]. Und das kann fix gehen: Eine hartnäckige Wanderratte kann innert wenigen Stunden ein Austernfischernest komplett leerräumen. Es gibt Jahre, da ist der Fraßdruck auf die Eier so immens, dass kaum Küken schlüpfen[21].

Konstant bleibt dieser Prädationsdruck über die Jahre nicht. Überschwemmungen während der Winterstürme und kalte Winter können die Wanderrattenbestände auf den Inseln und Halligen drastisch reduzieren oder gar auslöschen. Untersuchungen sind bis heute selten, obwohl das Problem entlang der Nordseeküste seit Jahren bekannt ist. Weitaus die meisten Forschungen wurden an Seevogelkolonien in den Tropen und in den hohen Breitengraden durchgeführt, wo Seevogelarten bevorzugt in Erdhöhlen brüten. Für diese Arten ist das unterirdische Brutgeschäft eine erfolgreiche Antiprädatorstrategie gegen Beutegreifer aus der Luft. Allerdings wirkt die Strategie nur, wenn terrestrische Räuber fehlen[22]. Diese jedoch unterläuft die Ratte. Einen gewissen Schutz bietet die wehrhafte Abwehr der Altvögel[23], aber auch die Größe des Eis. Hausratten können unversehrte Eier ab einer Größe von mehr als 35 Millimetern nicht knacken. Eine kleine Kerbe im Ei genügt jedoch, damit der Rattenzahn unbarmherzig zuschlagen kann[24]. Innerhalb einer großen Seevogelkolonie können Hausratten auf diese Weise einen ordentlichen Schaden anrichten. Bei den unterirdisch brütenden Vögeln wird die Eierprädation selten untersucht, denn der Tatort ist unterirdisch und die Tatzeit liegt in der Nacht. Beim Bonin-Sturmvogel hat man es versucht: Diese nachtaktive Art brütet in einer Erdhöhle, und der Brutvogel sitzt am Ende des Tunnels auf seinem etwa 37 Millimeter großen Ei. Für die Studie suchte man sich zwei Standorte innerhalb einer Kolonie aus und grub bei jeweils mehr als 20 Höhlen einen Zugang mit direkter Sicht auf das Nest. An einem Standort wurden fast alle Eier von Ratten gefressen, beim

anderen hingegen wurden praktisch alle Eier ausgebrütet. Vielleicht hatten die Eier an einem Standort viele Kerben, oder aber die Ratten hatten dort gelernt, diese Eier durch Bewegung am Boden zu verletzen[25]. Doch egal, ob man in einem großen oder kleinen Ei ausgebrütet wurde: Einmal geschlüpft, sind Jungvögel für Ratten einfach zu erbeuten. Das Nest wird dann nicht mehr durchgehend von den Altvögeln bewacht, wodurch die Chancen für Nesträuber steigen[26].

Auch vor Alttieren machen Ratten nicht halt. Wer weniger als 300 Gramm wiegt, ist buchstäblich leichte Beute[22]. Meist sind es kleinere Vogelarten wie die Küstenseeschwalbe, die Lachmöwe[27] oder der Zwergalk *(Aethia pusilla)*. Dieser Seevogel ist gerade mal 15 Zentimeter groß und wiegt etwa 85 Gramm. Er brütet in Felsspalten in nördlichen Gefilden und in enger Nachbarschaft mit vielen Artgenossen. Eine der größten Kolonien liegt auf Kiska Island in den Aleuten. Das Ungemach ereilte die Vogelinsel im Zweiten Weltkrieg, als die Wanderratte zusammen mit dem Militär auftauchte. Seither ist es für den Zwergalk schwierig geworden, denn hungrige Wanderratten erwarten die Ankunft der kleinen Vögel ab Mitte Mai am Brutplatz. Der vergangene Winter war für die Wanderratte hart und das Futter knapp. Die kleinen Vögel sind für sie ein Geschenk des Himmels, und zumindest in den ersten Wochen machen die Wanderratten kurzen

Horterin. Ein ausgehobenes Vorratslager mit der dazugehörigen Wanderratte.

Prozess. Sie töten mehr, als sie fressen können. Der Rest wird gelagert, und zwar in rauen Mengen: Man fand Lager mit mehr als 100 Zwergalkleichen[28]. Insbesondere dann, wenn die Tiere unterernährt oder die Temperaturen niedrig sind, legen Wanderratten Futtervorräte an[29]. Da die Erstankömmlinge der Zwergalke wohl ältere Tiere sind, die mehr Erfahrung und Erfolg im Brutgeschäft aufweisen, wirkt sich die Prädation der Wanderratten weit über den Verlust des einzelnen Vogels aus. Der Bruterfolg der gesamten Kolonie sinkt, wenn die Tiere fehlen, die erfolgreicher bei der Aufzucht sind als der Rest[30]. Nicht überall führen Ratten die Vogelwelt direkt ins Verderben. Wo schon länger Landräuber unterwegs sind, haben einige Arten Abwehrstrategien entwickelt, die sie mehr oder weniger erfolgreich bei Ratten anwenden. Man vermutet, dass dort, wo räuberische Landkrabben oder andere Rattenarten natürlicherweise vorkommen, die Seevögel etwas weniger stark durch invasive Rattenarten gefährdet sind.

Betroffen sind aber nicht nur Seevögel, auch Singvögel gehören ins Rattenbeuteschema. Vogelarten, die auf dem Festland brüten, haben sich mit den einheimischen Prädatoren weitgehend arrangiert. Man passt die Größe des Geleges an, investiert mehr oder weniger in die Aufzucht oder wird wählerischer bei der Wahl des Neststandortes. Auf Mittelmeerinseln mit Hausrattenvorkommen zieht sich der Fahlsegler *(Apus pallidus)* auf möglichst hohe, schlecht zu erreichende Felswände zurück, während er sein Nest auf rattenfreien Inseln manchmal fast auf Bodennähe einrichtet[31]. Dieses Muster wiederholt sich am anderen Ende der Welt: Der Oahu Elapaios *(Chasiempis ibidis)*, eine Vogelart aus der Familie der Monarchen auf Hawaii, passte sich ebenfalls den Gegebenheiten an und baut seine Nester seit der Ankunft der Ratte in immer größerer Höhe[32].

Schuppe um Schuppe

Der Fokus auf den Schutz der Vögel ließ andere Tiergruppen etwas in den Hintergrund treten. Auf ihren Wegen über die Inseln begegnen Ratten aber nicht nur Vögeln, sondern auch endemischen Reptilien. Viele Umweltschützer nahmen bis vor Kurzem an, dass sich die Ratten vornehmlich an Pflanzen, Insekten und Vögeln laben. Der Einfluss der Ratten auf die Reptilienwelt, so der Grundtenor, sei weitgehend irrelevant. Allerdings wurden schon länger Rückgänge von insularen Reptilienbeständen mit der Hausratte in Verbindung gebracht. Man vermutete, dass die Ratten Eier, Jungtiere und gar die adulten Tiere von kleineren Arten fressen[33]. Da gut 20 Prozent aller Reptilienarten gefährdet sind, lohnt sich ein genauer Blick auf alle Fälle. Die meisten der gefährdeten Reptilienarten leben auf Inseln[34]. Die ca. 40 Zentimeter große Getüpfelte Kanareneidechse *(Gallotia intermedia)* ist so ein Fall. Sie gilt als eine der am stärksten bedrohten Reptilienarten Europas und kommt nur noch auf zwei Klippen auf Teneriffa vor. Auch die Hausratte huscht dort herum. Man sammelte den Kot der Hausratten und untersuchte ihn genetisch. In mehr als 14 Prozent der Losungen fand man DNA der Getüpfelten Kanareneidechse. Es ist jedoch nicht klar, ob die Hausratte die Eidechse aktiv erbeutet oder sich auf tote Tiere stürzt[35]. Allerdings lassen Beobachtungen aus anderen Weltgegenden Ungutes erahnen, denn weder Riesenschildkröten noch Meeresschildkröten sind vor Hausratten sicher. Wenn die Brutsaison der Seevögel auf Surprise Island vorbei ist, suchen sich die Hausratten kurzerhand eine neue Nahrungsquelle und nehmen sich die frisch geschlüpften Jungtiere der Grünen Meeresschildkröte *(Chelonia mydas)* vor[23]. Auf Buck Island Reef National Monument gingen die Hausratten sogar noch weiter. Sie fraßen nicht nur die Schlüpflinge der Echten Karettschildkröte *(Eretmochelys imbricata)*, sondern raubten auch 10 bis 20 Prozent der Nester aus. Warten war ihre Sache nicht. Die Hausratten wurden dabei beobachtet, wie sie Eier direkt unter dem Muttertier während des Legens stahlen[36]. Dasselbe gilt für die Wanderratte, die mithilfe ihres exzellenten Geruchssinns die Brutkammern von Meeresschildkröten findet und Ei und Schlüpfling gleichermaßen frisst[37].

Doch nicht für alles kann man die Ratten verantwortlich machen. Der Mensch greift wiederholt ein und manchmal komplett daneben. Die biologische Rattenbekämpfung durch den Goldstaubmungo *(Urva auropunctata)* kann als katastrophale Falscheinschätzung eingestuft werden. Dieses hübsche Tier aus der Familie der Mangusten hat ein vielfältiges Nahrungsspektrum und findet Ratten weniger appetitlich als Reptilien. Anstelle einer Erleichterung für die Reptilien sitzen nun zwei Beutegreifer mit hohen Erwartungen auf der Insel. Interessant ist die Erkenntnis, dass manche gebietsfremde Reptilienart, die ebenfalls auf Inseln verschleppt wird, den Umgang mit Ratten besser beherrscht und sich dadurch gegenüber den einheimischen Reptilien behaupten kann. Das kann dazu führen, dass auf Inseln mit Ratten die Artenvielfalt von eingeschleppten Reptilienarten höher ist als auf rattenfreien Inseln[33].

Lust auf Fledermaus

Erwähnenswert ist die Fähigkeit von Ratten, Fledermäuse zu erbeuten und deren Bestände zu dezimieren. Es ist selten, aber möglich. Auf Inseln im Golf von Kalifornien kommt das Fischfressende Mausohr *(Myotis vivesi)* vor. Diese Art übertagt gut geschützt in Schotterhängen und unter flachen Steinen, wo die Fledermäuse leichte Beute für die findige Hausratte sind. Man geht davon aus, dass der Rückgang des Fischfressenden Mausohrs neben Habitatverlust vor allem durch Ratten und Katzen verursacht wird[38]. In Neuseeland erlitten die Fledermäuse vor ein paar Jahrzehnten einen herben Schlag. Ursprünglich mit drei Fledermausarten gesegnet, gibt es heute nur noch zwei im Land. Die Große Neuseelandfledermaus *(Mystacina robusta)* war Teil dieses Trios, das nur in Neuseeland vorkommt. Schon mit der Ankunft der Pazifischen Ratte weit vor der Einreise der anderen beiden Rattenarten begann für die Fledermäuse eine harte Zeit. Mitte des 20. Jahrhunderts kam die Große Neuseelandfledermaus nur noch auf South Cape Island vor. Das änderte sich im Jahr 1963, als die Hausratte Fuß auf diese Insel setzte. Nicht sehr hilfreich war, dass man zu diesem Zeitpunkt die Große

Sie hatte keine Chance: Frisch geschlüpfte Meeresschildkröten sind auf dem Land den Ratten wehrlos ausgesetzt.

Neuseelandfledermaus als Unterart der Kleinen Neuseelandfledermaus *(Mystacina tuberculata)* betrachtete[39]. Der Hausratte war die Seltenheit der Art egal, und sie erwischte wohl die eine oder andere Fledermaus. Beweise dafür gibt es nicht, allerdings wurden Bestandsrückgänge der anderen zwei Fledermausarten auf Inseln beobachtet, nachdem die Hausratte dort angekommen war. Die letzte Beobachtung der Großen Neuseelandfledermaus stammt aus dem Jahr 1965[40]. Posthum – im Jahr 1985 – erhielt sie den Status einer eigenen Art.

Vernachlässigte Wirbellose und Parasiten

Wirbellose machen einen großen Teil unserer Artenvielfalt aus und spielen Schlüsselrollen in ihren unterschiedlichen Funktionen im Ökosystem. Fehlen diese Mitspieler, kann sich das auf das Ökosystem auswirken. Trotzdem wird erstaunlich wenig über ihre Gefährdung durch Ratten geforscht. Dieser Mangel an Interesse sticht heraus, da Wirbellose einen substanziellen Teil des Speiseplans von Ratten ausmachen können[41]. Insbesondere flugunfähige nachtaktive Arten, die an der Erdoberfläche leben, gehören ins Beuteschema der Ratten. Studien deuten darauf hin, dass vor allem Käfer, Heuschrecken und Schnecken zu den durch Ratten gefährdeten Arten zählen. Größere Arten werden bevorzugt, wie ein Nahrungsexperiment mit Schnecken zeigte. Alle Tiere mit einem Gehäuse von mehr als 11,5 Millimetern wurden gefressen. Bei den kleineren Arten lohnte sich der Suchaufwand nicht[42,43]. Diese Vorliebe für größere Individuen kann für Schnecken fatal sein. Wenn Individuen erbeutet werden, bevor sie die Fortpflanzungsgröße erreichen, bleibt der Nachwuchs aus.

Nur selten kann der Einfluss von Ratten auf Wirbellose gemessen werden, denn die Vorgänge sind zu komplex. Eine Ausnahme bildet eine Untersuchung, die auf Anijima, einer weitgehend unberührten Insel der Ogasawara Islands im Westpazifik, durchgeführt wurde. 32 Schneckenarten leben auf dem Eiland, das sie mit verwilderten Hausziegen und Hauskatzen sowie Hausratten teilten. Um das Jahr 2006 wurden die Hausziegen eingefangen, die Katzen geschossen und die Schneckenfauna kartiert. 2009 wiederholte man die Schneckenkartierung und stellte eine signifikante Veränderung in der Artenzusammensetzung fest: Waren im Jahr 2006 die Schneckenarten in der Überzahl, die an Bäumen und in der oberen Laubschicht leben, fanden sich 2009 vor allem Schnecken in der tieferen Laubschicht und am Boden. Zudem hatte sich die Zahl der Schneckenhäuser mit Spuren von Prädation von ehemals 14 Prozent auf satte 40 Prozent erhöht. Am stärksten war der Verlust bei den größeren Schnecken, deren leere Gehäuse teilweise bis zu 70 Prozent Spuren von Prädation aufwiesen[44]. Die Verursacherin konnte nur die Hausratte sein. Ohne Kontrolle durch die Katzen und durch ein erhöhtes vegetarisches Nahrungsangebot durch den Wegfall der Ziegen war ihr Bestand angestiegen und damit der Prädationsdruck auf die Schnecken.

Invertebraten werden auch häufig in Mitleidenschaft gezogen, wenn Ratten ihre vegetarischen Gelüste zu sehr an einer einzigen Pflanzenart ausleben. Viele Insekten sind hochspezialisiert, was ihre Wirtspflanze betrifft. Auch der Rüsselkäfer *Hadramphus stilbocarpae* auf Big South Cape Island bei Neuseeland hatte sich auf eine Wirtspflanze spezialisiert, nämlich auf *Stilbocarpa lyelli.* Noch im Jahr 1955 war der Rüsselkäfer überaus häufig anzutreffen, was sich mit der Ankunft der Hausratte auf der Insel radikal änderte. Die Hausratte entwickelte eine Vorliebe für die Pflanze und verputzte sie mit Kraut und Stiel. Bereits 1968

konnte der Rüsselkäfer nicht mehr auf der Insel nachgewiesen werden: Die Hausratte hatte ihm seine Lebensgrundlage weitgehend weggefressen[45]. Es geht aber auch komplexer. Seevögel bringen durch Kot, Federn, Kadaver, Eier und Futter für die Jungvögel Nährstoffe auf die karge Insel. Wo Seevögel aufgrund von Ratten rar werden, vermindert sich der Nährstoffeintrag, und dementsprechend verändert sich die Bodenbeschaffenheit. Die Zahl der Nematoden, Ringelwürmer, Landschnecken und Kleinstlebewesen wie Rädertierchen und Springschwänze im Boden nimmt ab[46]. Auch Parasiten verschwinden. Das ist folgenreicher, als man gemeinhin annimmt, denn Parasiten sind imminent wichtig in den Lebensgemeinschaften[47]. Wie Prädatoren nehmen auch Parasiten Einfluss auf die Bestände anderer Arten in ihrem Lebensraum. Das wirkt sich vom Nährstoffkreislauf über die Pflanzenarten bis zur Häufigkeit der Prädatoren an der Nahrungsspitze aus. Sie sind für einen Großteil der Verbindungen in Nahrungsnetzen verantwortlich und verrichten wertvolle Ökosystemleistungen[48]. So gilt es, auch die parasitären Arten im Blick zu halten, die durch Ratten verschwinden könnten.

Nicht zu unterschätzen: die Ratte als Schneckenliebhaberin.

Warum macht sie das?

Die Ratte ernährt sich zum Großteil vegetarisch und futtert sich trotzdem durch die halbe Tierwelt. Warum tut sie das? Man geht davon aus, dass die Ratte zu Ei und Fleisch umschwenkt, wenn die Vegetation nicht genügend Nährstoffe liefert. Die Erkenntnisse von Robert Fleet von Kure Island widerspiegeln sich in vielen Studiengebieten, obwohl «seine» Ratte die Pazifische Ratte war. Auf Kure Island ernährt sich die Pazifische Ratte hauptsächlich von den Beeren der *Scaevola taccadae* und den Samen der *Boerhavia dijjusa*. Das reichhaltige Futter lässt die Rattenpopulation über den Sommer von geschätzten 3000 Tieren auf sagenhafte 11 000 Individuen anwachsen[12]. Im Herbst erreicht der Bestand das Maximum, gleichzeitig geht die Vegetationsperiode zu Ende, und das große Rattensterben beginnt. Die Überlebenden schlagen sich so durch und nagen die Vegetation kurz und klein, bis im Frühjahr die Seeschwalben und Sturmvögel auf die Insel zurückkehren. Nun erbeuten die Ratten Ei und Nestling und fressen die Überreste der Nahrung, die die Altvögel für ihre Jungtiere auswürgen. Sobald aber die Vegetation nachgewachsen ist, wechseln die Ratten wieder zurück auf ein mehrheitlich vegetarisches Leben und die Lage beruhigt sich[49]. Vom Wechsel zu Fleisch bei einem Mangel an vegetarischer Nahrung wird auch aus anderen Studien berichtet[9]. An Standorten, wo die Vegetation während Trockenzeiten dürr wird, weichen Ratten möglicherweise auf Eier aus, um ihren Flüssigkeitsbedarf zu stillen. Doch nicht überall, wo Ratten jagen, sind die essbaren Pflanzen knapp. Man vermutet, dass insbesondere trächtige und laktierende Rattenweibchen dann auf Fleisch aus sind, wenn ihr erhöhter Bedarf an Proteinen nicht durch die vorhandene Vegetation gedeckt werden kann[50].

Wo das pflanzliche Nahrungsangebot stimmt, isst die Ratte mehrheitlich vegetarisch.

Platz da!

Jede Art benötigt Nahrung und sichere Schlafplätze. Arten, die an einem Standort schon länger gemeinsam vorkommen, unterscheiden sich in ihrer Ökologie mehr oder weniger stark. Die eine Art jagt am Tag, die andere in der Nacht. Die eine Art lebt über der Erde, die andere darunter. So teilt man sich den Lebensraum auf. Ist eine Ressource, die von zwei Arten genutzt wird, limitiert, spricht man von indirekter Konkurrenz. Wer die limitierte Ressource besser nutzen kann, ist konkurrenzstärker. Konkurrenz kann jedoch auch sehr direkt sein, indem sich eine Art aggressiv gegenüber einer anderen verhält oder Territorien etabliert und vehement auch intraspezifisch verteidigt. Konkurrenz führt dazu, dass Tiere der unterlegenen Art ausweichen. Je nach Bedeutung der Ressource wirkt sich das bei diesen Tieren in einer Verminderung von Körpergewicht, der Fortpflanzungs- oder Überlebensrate aus. Konkurrenz kann ganz schön hart sein. So hart, dass manche Tierarten deswegen verschwinden. Vielerorts, wo die Hausratte auftaucht, gehen die Bestände von ansässigen Nagetierbeständen zurück. Verlust und Zerstörung von Lebensraum durch den Menschen, der Einfluss anderer Arten, das Wetter – vieles spielt neben einer möglichen Konkurrenzsituation mit. Manchmal ist die Sachlage auch klar. So wurde in Feldstudien in Australien festgestellt, dass die Hausratte die Australische Buschratte stark bedrängt. Fängt man die Hausratten ab, erholen sich die Bestände der Australischen Buschratte innerhalb von wenigen Wochen[51]. Auf den Galapagos-Inseln erregte die Santiago-Galapagosratte *(Nesoryzomys swarthi)* die Aufmerksamkeit der Forscher. Diese Art wurde im Jahr 1906 beschrieben, 1938 als ausgestorben erklärt und 1997 wiederentdeckt. Sie lebt ausschließlich auf Santiago Island, wo sie als einzige der vier noch existierenden Galapagosratten die Insel mit der Hausratte teilt. Allerdings hat das ihren Preis: Die Hausratten verhalten sich aggressiv gegenüber den Weibchen der Santiago-Galapagosratte, unabhängig vom Nahrungsangebot. Wer die ganze Zeit gestresst wird, pflanzt sich weniger erfolgreich fort. Genau das scheint bei der Santiago-Galapagosratte zuzutreffen[52].

Man muss jedoch nicht um den Globus reisen, um die Auswirkung von Ratten auf andere Tierarten zu erforschen. Im Rahmen einer Ausrottungskampagne der Wanderratte zum Schutz von Vögeln auf bretonischen Inseln interessierte man sich auch für die Spitzmäuse. Innerhalb von wenigen Jahren nach der erfolgreichen Kampagne vervielfachten sich die Bestände der Gartenspitzmaus *(Crocidura suaveolens)* und der Hausspitzmaus *(Crocidura russula)*. Die Spitzmäuse nahmen den rattenfrei gewordenen Lebensraum zudem dankbar an. Waren sie während der Herrschaft der Wanderratten auf felsiges Habitat beschränkt, sausten sie danach über die ganzen Inseln und insbesondere dorthin, wo die Wanderrattendichte vormals hoch war[53]. Die Konkurrenz beschränkt sich aber bei Weitem nicht auf Säugetiere, auch Vögel sind betroffen. Man geht davon aus, dass viele Vogelarten, die sich von Samen, Früchten und großen Arthropoden ernähren, in Konkurrenz mit den Ratten stehen. Nur selten wird diese Nahrungskonkurrenz jedoch als Hauptgrund für den Rückgang einer Vogelart detailliert erwähnt. Beim Tuamotuliest *(Todiramphus gambieri)* sind es die großen Arthropoden und die Eidechsen, die der Eisvogel mit den Ratten teilen muss und dabei meist den Kürzeren zieht[54]. Insgesamt sind Studien selten, die die Konkurrenz von Haus- und Wanderratten mit anderen Arten untersuchen. Da es sich bei den konkurrenzschwachen Arten meistens um kleinere Säugetiere handelt, fällt ihr Verschwinden womöglich lange nicht auf.

Angriff aufs Immunsystem

Ratten kommen oft nicht allein. Sie schleppen Krankheitsträger mit sich herum, für die die einheimische Fauna nicht gewappnet ist. Das Verschwinden von Rattenarten der Gattung *Nesoryzomys* auf den Galapagosinseln und das Aussterben aller Kleinsäuger auf der Weihnachtsinsel werden mit Krankheitserregern, die die Hausratte in sich trug, in Verbindung gebracht[55]. Je nach Erreger, der Übertragungsrate und dem Immunsystem der heimischen Art geht der Artenwechsel rasch. Auf der Weihnachtsinsel beispielsweise dauerte es kein Jahrzehnt. Die Hausratte setzte hier im Jahr 1899 auf und brachte in ihrem Blut Trypanosomen *(Trypanosoma lewisi)* mit. Auf diesen Erreger hatte das Immunsystem der endemischen Kleinsäuger keine Antwort. Innerhalb von fünf Jahren waren die MacLear-Ratte *(Rattus macleari)*, eine schlanke, kletterfreudige Art, und die unterirdisch lebende Weihnachtsinsel-Ratte *(Rattus nativitatis)* verschwunden[56]. Auch der Bestand der Weihnachtsinsel-Spitzmaus *(Crocidura trichura)* nahm rapide ab und galt ab 1908 als ausgestorben. Die Freude über die Wiederentdeckung im Jahr 1985 währte nur kurz, denn seither fehlt von ihr wieder jede Spur[57].

Die Pest ist ebenfalls eine der Krankheiten, die die Ratten in die Welt hinausgetragen haben (siehe *Der schwarze Tod*, S. 151 f.). Der Ausbruch der Pest bei den endemischen Nagetieren in Madagaskar wird mit der Hausratte in Verbindung gebracht[58]. Eindrücklich ist auch der Ratten-Lungenwurm. Dieser Parasit lebt in der Lunge der Haus- und Wanderratte. Sein Lebenszyklus geht vom Hauptwirt, der Ratte, über Kot in den Zwischenwirt, die Schnecken. Sobald eine andere Ratte eine infizierte Schnecke frisst, schließt sich der Kreis. Doch auch andere Tiere haben Schnecken zum Fressen gern. Es kommt, wie es kommen muss: Das Tier infiziert sich. Erbrechen, Lähmungserscheinungen und Tod sind häufige Folgen. Im Gefolge der reisenden Ratten wandert der Ratten-Lungenwurm seit wenigen Jahrzehnten über den Globus und zieht zahlreiche Tierarten in Mitleidenschaft[59]. Gelegentlich bleibt der Erreger vor Ort, auch wenn die Ratte schon längst wieder ausgerottet ist[60].

Die Hoffnung stirbt zuletzt. Das Konterfei der Weihnachtsinsel-Spitzmaus auf einer australischen Briefmarke im Jahr 2011.

Störungen gelten als einer der Hauptgründe für den Rückgang vieler Arten. Dazu gehört auch die Jagd für das beste Foto ohne Rücksicht auf Verluste.

Alles ganz anders

Die Faktenlage scheint klar: Die Ratte ist der Horror auf vier Pfoten. Nicht immer aber ist dem so. Ein ganzer Berg an Studien zeigt keinen oder nur begrenzten Einfluss der Ratte auf andere Arten. Es sind Studien, die eine überraschende Koexistenz der Ratte mit Seevögeln zeigen, entgegen dem allgemeinen Narrativ. Auf einigen Mittelmeerinseln gehen Hausratten dem Mittelmeer-Sturmtaucher *(Puffinus yelkouan)* gezielt aus dem Weg, obwohl sie im Gebiet der Kolonie herumspazieren[61]. Auf New Island, einer Falklandinsel, nagen die Ratten bevorzugt an *Parodiochloa Xabellata*, einem büschelbildenden Gras, in dem sie auch gern wohnen. Für den Belcher-Sturmvogel *(Pachyptila belcheri)*, der auf der Insel mit eindrücklichen 2 Millionen Brutpaaren nistet, interessieren sich die Ratten nur am Rand und womöglich gar nur für tote Tiere[62]. Anderswo interessieren sich die Hausratten sehr wohl für die Gelege, sind aber nicht die Hauptprädatoren. Katze, Wildschwein und Manguste spielen vielfach eine, wenn nicht gar bedeutendere Rolle. Und dann sind da noch die einheimischen Beutegreifer, die es auf die Nester einheimischer Vogelarten abgesehen haben. Auf Inseln sind das nicht selten andere Vogelarten, gelegentlich auch Landkrabben[63–65].

Warum auf einigen Inseln eine Koexistenz der dort heimischen Arten und der Ratte möglich ist und auf anderen nicht, hat viele Gründe. Allein die Rattendichte kann einen entscheidenden Unterschied für ein gemeinsames Leben auf der Insel machen[66]. An Standorten, an denen Pflanzen und Invertebraten den Nahrungs-, Nährstoff- und Wasserbedarf der Ratten abdecken, bleibt der Fraßdruck auf die Brutvögel tief[67]. Beutegreifer wirken ebenfalls mit, denn wo Ratten um ihr Leben fürchten müssen, ändert sich ihre Vorliebe für den Lebensraum. Plötzlich wird die Deckung in dichter Vegetation überlebenswichtig, sodass

die offene und karge Fläche einer Seevogelkolonie seltener von Ratten aufgesucht wird. Viele Aspekte in diesen komplexen Systemen verstehen wir bis jetzt nicht oder sie sind schlecht untersucht. Allein die Schätzung, wie viele gesunde Eier und lebende Jungvögel von Ratten auf einer Insel – oder auf dem Festland – erbeutet werden, ist mit vielen Unsicherheiten behaftet. Gelege werden von den Altvögeln auch ohne Ratten verlassen, die Nester überflutet, und Jungvögel sterben an Unterkühlung, Überhitzung oder verhungern[62]. Nicht zu unterschätzen ist obendrein die Störung durch andere Tiere und Menschen, inklusive Forschende, die Vögel dazu bringen, ihr Gelege aufzugeben. Nicht selten haben Störungen erhebliche Auswirkungen auf die Ausfallrate bei Vögeln[49], und die Ratte kann bei solchen Fällen als Profiteurin auftreten. Nicht zu vernachlässigen ist die grundsätzliche Rolle des Menschen. Er hat die Ratte mitgebracht, und wo heute Ratten vorkommen, ist der Mensch oft nicht weit. Lebensraumveränderungen, Übernutzung und Überfischung, Verschmutzung durch Plastik und Pestizide, nächtliches Kunstlicht und Lärm sowie die Klimaerwärmung mit all ihren Auswirkungen sind Faktoren, die viele Arten gefährden. Hinter den Ursachen beim jetzigen Rückgang der Artenvielfalt steht vor allem der Mensch.

Eine seltene Begegnung: Eine Wanderratte und ein Gimpelweibchen haben es auf dieselben schmackhaften Beeren abgesehen.

15 Unwesen auf dem Land und in der Stadt

Ratten sind Widersacher des Menschen. Sie futtern und verschmutzen Getreide und Tierfutter, nagen an Kabeln und Isolationsmaterial herum, verursachen Brände und bringen ganze Städte durch Stromausfälle zum Erliegen.

Nichts tut mehr weh wie der Verlust von Nahrung. 735 Millionen Menschen waren im Jahr 2022 unterernährt[1]. Gründe dafür gibt es viele: Klimawandel, Wassermangel, verzerrter Welthandel, Armut, Politik und Ressourcenverschwendung. Hinzu kommt der Verlust an landwirtschaftlich genutzten Flächen. Allein zwischen 2020 und 2021 gingen weltweit über 86 Millionen Hektar Landwirtschaftsflächen verloren. Und wo gesät, gepflanzt und geerntet wird, sind Schädlinge nicht weit. Es wird geschätzt, dass weltweit mindestens 30 Prozent der Getreideproduktion Schadorganismen zum Opfer fallen[2]. Etwa je ein Drittel entfällt auf Krankheiten, Unkräuter und Schädlinge aus der Tierwelt[3]. Bei den tierischen Übeltätern sind Arthropoden in der Mehrheit. Es gibt ja auch viele davon; rund 3500 Insekten- und Milbenarten werden als problematisch für die Nahrungsproduktion eingestuft[4]. Nagetiere mischen ebenfalls mit. Man nimmt an, dass die Natal-Vielzitzenmaus *(Mastomys natalensis)* in Tansania 5 bis 15 Prozent des angebauten Mais verschlingt. Umgerechnet sind das 400 000 Tonnen und Nahrung für 2,3 Millionen Menschen für ein ganzes Jahr[5]. In Asien wird der Verlust beim Reis durch Nagetiere konservativ auf 5 Prozent geschätzt. Das entspricht etwa 30 Millionen Tonnen Reis, die fast 180 Millionen Menschen ernähren könnten[6].

Das sind astronomische Zahlen, und dennoch verblasst der Einfluss der Nagetiere im Vergleich zur Wegwerfmentalität der Wohlstandsgesellschaft. In den USA, Kanada und Europa werden 40 Prozent der Nahrung weggeworfen. Umgerechnet könnte damit die gesamte Bevölkerung in der Subsahara verpflegt werden. Alleine der Nahrungsmittelabfall Italiens entspricht dem Nahrungsbedarf Äthiopiens. Trotzdem lassen sich diese Verluste der Nahrung nur bedingt vergleichen. Der Verlust und die Verschwendung sind aufgrund der hohen Industrialisierung und Globalisierung räumlich klar getrennt. Die Konsumenten und Konsumentinnen befinden sich weit weg von der Ackerscholle, die sie ernährt; für sie scheint Lebensmittelverschwendung keine besondere finanzielle Belastung darzustellen. Landwirte hingegen bauen ihre Existenz auf der Produktion von Nahrung auf. Sie sind abhängig von erfolgreichen Ernten und spüren den Verlust durch Schädlinge direkt, da ihre Nahrungsgrundlage und das Einkommen eingeschränkt werden. In Ländern, in denen Armut herrscht, akzentuiert sich die Situation. Wo viele Faktoren gleichzeitig zusammentreffen, resultiert im schlimmsten Fall Hunger.

— Einige wenige

Obschon Nagetiere global gesehen nur für einen Bruchteil des Verlustes an Nahrung verantwortlich sind, ist ihr Beitrag ernst zu nehmen. Nicht alle Nagetiere machen sich jedoch über Mais, Weizen und Gemüse her. Von den rund 2600 bekannten Nagetierarten gelten rund 10 Prozent als Schädlinge. Die Arten und die Artenzusammensetzung sind dabei auf den Kontinenten wie auch regional verschieden. In Afrika sind es unter anderem Arten der Gattung *Mastomys* und *Arvicanthis*, in Nordamerika fressen sich Arten der

Gattungen *Microtus*, *Geomys* und *Spermophilus* durch das bestellte Feld. In Europa fallen vor allem Arten der Gattungen *Apodemus*, *Microtus* und *Arvicola* auf. Letztere kennen nicht nur die Landwirte; die Hügel der Schermäuse *(Arvicola terrestris)* auf den Feldern sind markant und können zahlreich auftreten. Auf den Wiesen bilden diese Erdhügel mühsame Hindernisse beim Mähen und können das Grünfutter für die Kuh im Stall verschmutzen. Schermäuse sind gefürchtete Wesen in Obstgärten, Baumschulen und Gemüseflächen, da sie gern an Wurzeln von Bäumen und Gemüse knabbern und dabei nicht unerhebliche Schäden verursachen. Eine einzige Schermaus kann auf Heuwiesen Kosten von bis zu 3 Euro verursachen. Was nicht nach viel tönt, macht die Masse aus, denn eine Wühlmaus kommt selten allein[7]. Der Schaden an einzelnen Obstbäumen, der durch Schermäuse und andere Wühlmäuse entsteht, wird auf 20 bis 120 Euro beziffert[8]. Je mehr Tiere, desto größer ist der Schaden. Das gilt auch für die Ratte. Tiere der Gattung *Rattus* werden vor allem in Asien und Australien als Schädlinge wahrgenommen. Nicht immer handelt es sich um die Hausratte oder die Wanderratte. In den Reisfeldern Asiens ist die Reisfeldratte *(Rattus argentiventer)* der gefürchtete Schädling. Es ist eine mittelgroße Ratte, die der Wanderratte stark ähnelt. Sie bevorzugt Lebensräume, die regelmäßig von Wasser überflutet

Die Reisfeldratte ist ein gefürchtetes Nagetier bei den Reisbauern. Mit Elektrozäunen versuchen sie, die Tiere von den Feldern fernzuhalten.

werden, und wie ihr Name andeutet, gehören Reisfelder dazu. Die Reisfeldratte passt ihre Fortpflanzung an die Reisbewirtschaftung an. Mit fortschreitendem Reiswachstum wächst auch die Reisfeldrattenpopulation[9], was zu hohen Beständen führen kann. Da viele Reisbauern sehr kleine Felder bewirtschaften, sind für einzelne Landwirte komplette Ernteausfälle durch die Reisfeldratte möglich[6]. Die jährlichen Verluste einer Region sind jedoch schwer zu schätzen, geschweige denn zu messen. Ein lokaler Nagetierbestand schwankt nicht nur während des Jahres, sondern auch über die Jahre hinweg. In Australien untersuchte man über mehrere Jahre die Schwankungen eines Bestandes der Hausmaus *(Mus domesticus)* und dessen Schaden in Weizenfeldern. Bei Dichten von über 100 Individuen pro Hektar futterte die Hausmaus mehr als 5 Prozent des Weizens weg. Allerdings blieb der Bestand in den meisten Jahren weit darunter[10]. Solche Zahlen helfen bei der Einschätzung, doch darf man sie nicht einfach auf eine ganze Region hochrechnen. Nagetiere kommen nicht flächendeckend und in gleichmäßigen Dichten vor. Bestandsschwankungen sind regional und manchmal gar von Parzelle zu Parzelle verschieden, wie der Schermausradar der Arbeitsgemeinschaft zur Förderung des Futterbaues (AGFF) in der Schweiz verdeutlicht.

— Wachsende Gelüste

Man kann den Einfluss von Schädlingen in der Lebensmittelproduktion in zwei Phasen einteilen: die des Wachstums draußen auf den Feldern und die des Trocknens und der Lagerung. Hausratte und Wanderratte sind nicht die Nagetierarten, die den größten Schaden während der Wachstumsphase von Nahrungsmitteln verursachen. Unterschätzen darf man sie trotzdem nicht. Ärger macht die Hausratte beispielsweise in der Kokospalmenplantage, wo sie 10 bis 60 Prozent der erwarteten Ernte zerstören kann[11]. Wie bei Ratten üblich, ist nicht alles so, wie es auf den ersten Blick scheint. Hausratten nagen bevorzugt an den unreifen Nüssen der Kokospalme, wenn die Schale noch weich und die Flüssigkeit schon vorhanden ist. Man nimmt an, dass die Tiere durch diese Flüssigkeit ihren Wasserbedarf stillen. Angenagte Nüsse fallen wenige Tage später zu Boden und lassen sich leicht zählen. Der Schaden ist somit einfach zu beziffern. Meint man. Die Rechnung, dass die angenagten Nüsse den Ertrag dementsprechend schmälern, ist jedoch falsch. Denn die Kokospalme rechnet mit Verlust und produziert schon vorsorglich zu viele Blüten. Sie wirft gar selbst Nüsse ab, wenn es ihr zu viel wird ob ihrer eigenen Vermehrungswut – und das in rauen Mengen. Man schätzt, dass auch ohne Fressfeinde nur 25 Prozent der sich entwickelnden Kokosnüsse bis zur vollständigen Reife heranwachsen[12]. Dieser sogenannte kompensatorische Effekt wird von den Produzenten meist stark unterschätzt und der tatsächliche Schaden stark überschätzt. Studien dazu gibt es überraschend wenige.

Die Macadamia-Nuss ist ein weiteres Beispiel. Sie ist schmack- und nahrhaft und gehört aufgrund ihrer Anbaubedingungen zu den teureren Nüssen im Handel. Gute Bedingungen findet die ursprünglich australische Nuss auf Hawaii, wo sie in großem Stil angebaut wird. Die Macadamia-Plantagen sind für Hausratten das gelobte Land: wunderbares Klima und ein konstantes Futterangebot. Von der Blüte bis zur reifen Macadamia-Nuss dauert es gut 210 Tage. Hausratten bevorzugen die jungen Nüsse, ehe diese nach 135 bis 165 Tagen ihre harte Schale bilden. Da man die Anzahl der von Ratten angefressenen jungen Nüsse zählen kann, rechnete man das lange direkt in Verlustzahlen um. Der Schaden von Haus-

ratten auf die Ernte wurde auf 5 bis 10 Prozent geschätzt. Mark Tobin und seine Kollegen wollten das genauer wissen und simulierten den Schaden von Hausratten an 84 Bäumen in den Plantagen. Die Forscher pflückten 10 bis 30 Prozent der noch weichen Nüsse im Alter von jeweils 90, 120 und 150 Tagen nach der Bestäubung. Das Resultat wird wohl heute noch unter den Plantagenbesitzern diskutiert. Macadamia-Bäume trugen nur dann markant weniger Nüsse, wenn 30 Prozent aller Nüsse erst am Tag 150 entfernt wurden, sonst war der Ertrag gleich hoch[13].

Nicht nur auf Nüsse haben es Ratten abgesehen, auch Mais mögen sie sehr gern. In einer frühen Wachstumsphase können die Tiere die Pflanzen komplett abfressen. Ein Ausfall von 28 Prozent der Pflanzen durch Wanderratten war jedoch auch hier nicht gleichbedeutend wie 28 Prozent Ernteverlust, wie eine Studie zeigte. Die überlebenden Pflanzen nutzten die forcierte Lichtung zu ihrem Vorteil und produzierten mehr Kolben mit hochwertigerem Mais. Der Verlust belief sich schlussendlich auf 8 Prozent. Das ist nicht unerheblich, aber deutlich weniger, als was man unmittelbar nach dem Schaden befürchtet hatte[14].

Mais ist ein Schmaus, auch für diese junge Wanderratte.

Viel ist über die Reaktion von Lebensmittelpflanzen auf Fraßschaden durch Ratten nicht bekannt. Die Resultate der wenigen Studien zeigen allerdings alle in eine ähnliche Richtung, und die Forschenden betonen, dass der Zeitpunkt des Schadens eine zentrale Rolle spielt. Einige Pflanzen können gar große Ausfälle gut abfedern. Reis beispielsweise gleicht einen Fraßschaden von 50 Prozent bei junge Reispflanzen praktisch komplett aus. In späteren Reifestadien nimmt die kompensatorische Fähigkeit allerdings ab und der Schaden zu[15].

— Das Buffet in der Lagerhalle

Wenn die Ernte eingefahren ist, fahren die Nagetiere auf. Der Schaden in der Lagerhalle ist einfacher zu messen als während der Wachstumsphase. Was geerntet ist, wächst nicht mehr weiter. Durchschnittlich gehen etwa 14 Prozent der eingefahrenen Ernte während des Trocknens und Lagerns verloren. Bei Getreide liegt der Verlust bei 10 bis 20 Prozent. Bei Gemüse und Früchten kann der Ausfall gar bis zu 50 Prozent betragen. Nässe und Insektenbefall sind verantwortlich für gut die Hälfte dieses Verlusts, Nagetiere für ca. 15 Prozent. Es kann jedoch auch bedeutend weniger sein[16]. Wie schon auf dem Feld sind auch in der Lagerhalle viele Nagetierarten beteiligt. Die Hausmaus, die Hausratte und die Wanderratte machen diesmal aber einen substanziellen Teil dieser Ernteräubergruppe aus[17]. Man hat schon früh versucht, den Schaden zu beziffern. James Wright beschäftigte sich im 18. Jahrhundert mit dem Problem und fing kurzerhand eine halbwüchsige wilde Ratte, um ihren Weizenkonsum während einer Woche zu messen. Die 28 Gramm, die das Tier täglich futterte, rechnete James Wright mit der Rattenfangquote eines Landwirtes hoch. Über ein paar mathematische Kniffe kam er auf über 428 000 Tonnen Getreide, die dem Königreich jedes Jahr durch die gefräßigen Ratten verloren ging[18]. Das Wegfressen von Mais, Reis und Weizen ist jedoch nur die Spitze des Eisbergs. Der Großteil des Rattenschadens erfolgt durch die Verschmutzung der Lebensmittel durch Kot, Urin und Haare. Im Jahr 1951 untersuchte Samuel Barnett den Verlust von gelagertem Weizen durch Ratten. Er setzte je 10 Ratten in drei getrennten, rattensicheren Räumen aus. In jeden Raum brachte er eine Tonne Weizen, hübsch verpackt in den handelsüblichen Säcken. Er gab den Ratten allwöchentlich zu trinken und maß nach 28 Wochen das, was vom Weizen übrig geblieben war. Es war eine Menge, auch wenn die Rattenpopulationen in den einzelnen Räumen zwischenzeitlich auf fast das Dreifache angewachsen waren. Gerade mal 4 Prozent des Weizens hatten die Tiere in dem halben Jahr weggefressen. Verheerender war aber die Verschmutzung: 70 Prozent des Weizens war durch Kot verschmutzt. Man zählte durchschnittlich 172 Kotbällchen und 320 Rattenhaare in einem Kilo Weizen. Die Schlussbemerkung dieser Studie lässt daher aufhorchen. Weil sich der Weizen von Hand gut von Kot und Haaren habe reinigen lassen, habe man das Getreide anschließend zur Mühle gebracht. Der monetäre Verlust, so der Autor, sei vor allem in den zernagten Säcken zu sehen[19]. Diese legere Haltung in Bezug auf Hygiene ist heute weitgehend passé. In vielen Ländern herrscht diesbezüglich heute eine Nulltoleranz. Kein einziges Rattenhaar, geschweige denn Kot dürfe in Lebensmitteln zu finden sein. Wie realistisch diese Haltung ist, ist allerdings fraglich. Denn nicht einmal angeblich rattensichere Silos halten jede Ratte davon ab, in ihr erklärtes Schlaraffenland einzudringen. Haben Ratten den Weg in ein Silo gefunden, wird das Getreide – je nach Aufbau des Silos – vor allem auf den Förderbändern kontaminiert. Förderbänder sind perfekte Wege für Ratten durch das Bauwerk. Und Ratten markieren ihre Wege gern und häufig mit Urin und Kot. Nimmt das Förderband Fahrt auf, mischt sich zumindest die erste Getreideladung mit dem Rattenkot[20]. Ein paar Länder haben daher eine pragmatische Haltung in Bezug auf

Lebensmittelverschmutzung entwickelt. Die US Food and Drug Administration deklariert offen, dass es ökonomisch unmöglich ist, Lebensmittel ohne ungewollte tierische Partikel zu produzieren. 30 Rattenhaare pro 100 Gramm Erdnussbutter und bis zu 9 Kotbällchen von Nagetieren pro Kilo Weizen sind für sie daher passabel[21].

Ein Huhn ist wehrhaft und hat vor der Ratte wenig zu befürchten. Anders sieht es für Küken aus. Meist aber begnügt sich die Ratte mit Hühnerfutter.

— Die Ratte im Hühnerstall

Hühner sind aus Rattenperspektive wunderbare Wesen. Insbesondere dann, wenn die Vögel in hohen Dichten gehalten werden. Futter à gogo und ab und zu ein Huhn, so stellt sich die Ratte das Paradies vor. Diese Vorstellung steht ziemlich diametral der des Produzenten gegenüber. Ratten knabbern an der Infrastruktur herum, zerstören Kabel und kontaminieren das Tierfutter mit Urin und Kot. Durch ihre Höhlenbautätigkeit untergraben Wanderratten zudem den Boden und bringen Strukturen ins Wanken. Ratten bedienen sich an den Futterspendern, holen sich ein Ei oder erbeuten gar Küken. Dabei können sie ganz schön wählerisch sein: In einer Studie töteten Hausratten bis zu 25 Prozent der Küken, fraßen aber nur den Kopf[22]. Ratten kommen nicht nur in Hühnerställen vor, sie tauchen in praktisch allen Tierzuchten auf. Wo Stroh und andere Versteckmöglichkeiten vorhanden sind und das Futterangebot am Schweinetrog stimmt, finden sie den Weg dahin[23]. Und gelegentlich bringen sie Krankheiten mit (siehe *Von Beulenpest und Fleckfieber,* S. 147 ff.). Für den Ausbruch des Q-Fiebers in den Niederlanden zwischen 2007 und 2010 ist die Ratte wohl nicht verantwortlich. Trotzdem trägt sie womöglich dazu bei, dass die Krankheit kaum aus den Tierzuchten verschwindet. Das Bakterium *Coxiella burnetii* zirkuliert in Europa vor allem in Schafen, ferner auch in Kühen und Ziegen. Durch Kot, Urin und die Nachgeburt gelangt das Bakterium in die Umwelt und hüpft so von Tier zu Tier. Insbesondere während der Lammzeit ist die Übertragungsrate hoch. Der Mensch hingegen infiziert sich hauptsächlich über den Verzehr von kontaminierter Nahrung und Milch. Das Bakterium hat ein beachtliches Verbreitungspotenzial, denn auch über Aerosole ist eine Übertragung möglich, und das bis zu 5 Kilometer weit. Bei Ausbrüchen werden daher Puffer dieser Größe um den Ausbruchsherd gezogen. Und da kommt die Ratte ins Spiel. Von beiden Rattenarten scheint sich hauptsächlich die Wanderratte mit *C. burnetii* infizieren zu können. Alles deutet darauf hin, dass sie gar ein permanentes Reservoir für den Erreger sein kann[24]. In einer Tierzucht kann sie daher den Ausbruch verlängern sowie die Übertragung zwischen Tierzuchten ermöglichen. Die Wanderratte wandert zwar nicht gern, aber ab und zu spaziert sie eben doch davon. Dabei schert sie sich nicht um Sicherheitszonen und bringt womöglich einen Erreger mit. Vieles ist jedoch noch nicht bekannt. So bleibt es derzeit bei den Vermutungen, dass Ratten auch für die Erreger der Schweinepest und der Maul- und Klauenseuche empfänglich sind und die Viren über längere Zeit im Kot ausscheiden könnten.

— Boomtown Rats

Ratten machen vor den Toren der Städte nicht halt. Im Gegenteil: Wo es Lebensmittel in Reichweite gibt, sind sie zu finden. Insbesondere da, wo Menschen die Essensreste achtlos fortwerfen oder Nahrungsmittel unsachgemäß lagern, können Ratten auftauchen. Für die liebevollen Fütterungen von Haus- und Wildtieren interessieren sie sich auch. Das Schälchen Katzenfutter vor der Haustür, die Getreidekörner im Hühnerhof oder das prall gefüllte Vogelhäuschen im Winter werden auch von Ratten dankbar angenommen[25]. Ratten sind kommensal – mitessend – im wahrsten Sinne des Wortes. Ideal für Ratten sind Orte, die in der Nacht selten von Menschen aufgesucht werden: Parks, Hinterhöfe, Ruderalflächen, Naherholungsgebiete oder Bahnhöfe[26]. Wo es ihnen möglich ist, dringen sie ohne viel Federlesen in Privatgebäude, Bäckereien, Kantinen, Restaurants, Schlachthöfe und Abwasserreinigungsanlagen ein. Dabei sind sie nicht sehr wählerisch. Zwar gibt es klare Unterschiede der Präferenz für Lebensräume von Haus- und Wanderratte, doch Gebäude gehören beiden. Die Hausratte klettert von oben durch Löcher im Dach und in Ritzen in Hauswänden in das Gebäude hinein, die Wanderratte betritt das Haus durch Abwasserrohre und Risse im Fundament. Ein großes Einfallstor brauchen sie nicht. Junge Ratten können sich durch Öffnungen von gerade mal 25 Millimetern durchquetschen. Beide Arten scheinen zwar verlassene Gebäude zu bevorzugen, doch beziehen sie gelegentlich auch bewohnte Gebäude. Trotz allem ist das Risiko von Ratten im Haus überschaubar, denn lieber bleiben sie an der frischen Luft. Gemäß einer Umfrage im Jahr 2001 in England wiesen gerade mal 0,3 Prozent von rund 16 700 Wohnhäusern einen Rattenbefall im Haus auf[27].

Aus menschlicher Sicht sind Ratten schlechte Mitbewohnerinnen. Wanderratten sind bekannt für das notorische Anknabbern von Kabeln[28]. Das Resultat sind Kurzschlüsse und Kabelbrände. Der von einer Ratte ausgelöste Kurzschluss kann je nach Kabel weitreichende Auswirkungen haben und den Ausfall von Zügen, das Grounding von Flugzeugen, Stromausfall in Haushalten und Brände aller Art verursachen. Meist ist die Reichweite gering, doch kann eine einzelne Ratte mit einem strategisch gut platzierten Biss ein ganzes Stadtquartier lahmlegen, wie 2024 in Bern geschehen. Wo sie nicht nagen, können Ratten mit Kot und Urin weiteren Schaden anrichten. Da machen sie auch vor Wissen nicht halt, wie die Stuttgarter Universitätsbibliothek im Jahr 2018 bei über 7800 Büchern feststellen musste. Dort zeigten die Tiere eine Vorliebe für sozial-, wirtschafts- und rechtswissenschaftliche Literatur aus den 1960er- und 1980er-Jahren. Günstig waren die Nager nicht: Auf 200 000 Euro wurde der Schaden beziffert.

Wanderratten sind erfinderisch und teamfähig, wenn es darum geht, an einen Leckerbissen zu kommen.

Ein Rattenbesuch kann lange nachhallen. Der Reputationsschaden eines Restaurants oder einer Bäckerei kann wirtschaftliche Konsequenzen mit sich bringen und die Geschäfte durchaus in den Ruin treiben. Stärker betroffen sind oft Standorte in ärmeren Quartieren. Die Zunahme von Ratten in einem Quartier ist vielfach ein Anzeiger der Vernachlässigung der öffentlichen und privaten Infrastrukturen. Verfällt ein lebendiges Quartier, schnuppern Ratten Morgenluft. Es ist ein zusätzlicher Stressfaktor für Menschen, die in finanziell prekären Verhältnissen leben müssen.

Essensreste à discrétion ist die menschengemachte Grundlage für eine prosperierende Rattenpopulation.

16 Von Beulenpest und Fleckfieber

Nagetiere tragen es in sich, buchstäblich. Es sind etliche Krankheitserreger bekannt, die von Nagetieren auf den Menschen übertragen werden und bei uns einen mehr oder weniger großen Schaden anrichten können. Ein besonderes Augenmerk gilt dabei den Ratten.

Gesund zu sein, ist die Ausnahme. Über 1400 Krankheitserreger sind derzeit bekannt, die Menschen infizieren können[1]. Es sind Viren, Bakterien, Pilze und Parasiten, die dem Menschen zu Leibe rücken. Gut 75 Prozent dieser Infektionskrankheiten sind tierischen Ursprungs[2]. Sie gelten als Zoonosen, also Krankheiten, die vom Tier auf den Menschen oder umgekehrt übertragen werden können. Und da mischen auch die Ratten mit: Borreliose, Toxoplasmose, Fleckfieber und Pest – die Liste der Zoonosen, bei denen Ratten mehr oder weniger direkt beteiligt sind, ist beeindruckend [3]. Mehr als 60 Krankheitserreger können von der Ratte auf den Menschen übertragen werden. Die meisten dieser Erreger zirkulieren mal hier und mal da, mal mehr und mal weniger in den Rattenbeständen – und gelegentlich hüpft ein Erreger auf einen Menschen über. Spillover nennt man diesen Prozess, wenn eine Krankheit von einer Art auf eine andere Art überspringt. Allerdings kann man der Ratte nicht alles in die Schuhe schieben, denn viele der über 60 Krankheitserreger werden auch von anderen Tierarten übertragen. Die Wege der Infektion sind obendrein mannigfaltig: Krankheitserreger werden unter anderem durch Bisse, Berührungen, über Aerosole oder durch die Einnahme von kontaminierten Nahrungsmitteln und Kontakt mit verunreinigtem Wasser oder Erde übertragen. Nicht selten spielen Parasiten eine Doppelrolle, indem sie ihren Wirt nicht nur selbst schädigen, sondern obendrein als sogenannte Vektoren Krankheitserreger von einem Lebewesen zu einem anderen mitbringen. Vektoren in der Rattenwelt sind meist illustre Gestalten aus der Welt der blutsaugenden Ektoparasiten, namentlich Flöhe und Zecken.

— Das Problem der Nähe

Die Gefahr der Krankheitsübertragung ist ein häufiger Grund für eine Rattenbekämpfung. Nicht überall ist die Gefahr einer Infektion durch Ratten jedoch gleich groß. Ektoparasiten sind für eine Übertragung auf die unmittelbare Nähe zu einem neuen Opfer angewiesen. Man muss der Ratte schon sehr nahe kommen, damit der Sprung des Flohs nicht im Nichts endet. Andere Pathogene probieren ihr Glück beim Wirtswechsel über den Kot und Urin in der Umwelt. Weit kommt man damit ebenfalls nicht. Und wenn das Tier, auf dem man lebt, ebenfalls kleinräumig unterwegs ist und obendrein eine vehemente Territorialität auslebt, dann ist das Ausbreitungspotenzial ziemlich beschränkt. Mit dieser Zukunftsperspektive müssen Krankheitserreger auf urbanen Ratten leben. In einer Stadt unterscheidet sich die Artenvielfalt und Zusammensetzung der Pathogene zwischen Rattengruppen daher stark. Bereits Gruppen, die in benachbarten Häuserzeilen leben, können andere Krankheiten mit sich herumschleppen[4]. So engt schon die Wohnadresse ein, welchen Erregern die dort wohnhaften Personen durch Ratten potenziell ausgesetzt sind. Nicht zuletzt spielt die Umgebung eine Rolle. In urbanen Gegenden kommen Ratten häufiger in grünen Bereichen, entlang von Gewässern und in den armen Quartieren vor. In Letzteren findet die Ratte verlassene Häuser, vernachlässigte Parks und genügend Futter im Abfall, der sich aufgrund von mangelndem Service Public türmt[5]. Auch ist in armen Quartieren die Menschendichte höher als in den Quartieren der gediegenen Einfamilienhäuser. Mit der Zunahme der Menschen- und Rattendichte auf einem beschränkten Raum erhöht sich die Wahrscheinlichkeit eines Spillovers. Extremfälle sind Slums. Heute leben weltweit gut 1,1 Milliarden Menschen in Armutsvierteln, und jährlich werden es mehr. Die Zahl der Ratten steigt dementsprechend. Schon länger warnt die WHO vor sogenannten «Emerging Infectious Diseases», also Infektionskrankheiten, die entweder neu hinzukommen oder die seit einiger Zeit gehäuft auftreten. Mit einem Auge blickt die WHO sorgenvoll auf die Slums. Doch neu auftretende Infektionskrankheiten sind bei Weitem nicht auf Siedlungen beschränkt, in denen Menschen dicht gedrängt auf engem Raum leben. Durch die intensive Landwirtschaft reduziert sich die Artenvielfalt, und als Schädlinge wahrgenommene Arten legen zu. Man rodet Wälder, baut Straßen und Häuser und dringt dadurch immer mehr in die Natur ein, wo Pathogene zirkulieren, die wir Menschen nicht kennen. Diese Nähe birgt Potenzial für zahlreiche Erreger, sich neue Wirtsarten zu erschließen. Die Ratte ist eine der zahlreichen möglichen Überbringerinnen neuer Krankheiten, da sie sich dem Menschen bei der Welteroberung anschließt und gleichzeitig mit den Wildtieren und deren Erregern in der Umgebung in Kontakt kommen kann[2]. Obwohl man bei solchen Szenarien vor allem an tropische Gegenden denkt, sollte man das in westlichen Ländern nicht auf die leichte Schulter nehmen, denn die Gefahr ist hier genauso real.

Kleine gefährliche Welt

Gelegentlich findet ein Krankheitserreger den Weg in die Jahreshitparade. *Blastocystis* war der Einzeller des Jahres 2022 der Gesellschaft für Eukaryotische Mikrobiologie. Er lebt im Darm und wird gelegentlich als häufigster darmbewohnender Einzeller bezeichnet. Man schätzt, dass gut eine Milliarde Menschen *Blastocystis* mit sich herumtragen. In Europa sind es immerhin 30 Prozent der Bevölkerung[6]. *Blastocytis* findet über

In engen und ärmlichen Wohnverhältnissen tauchen gern auch Ratten auf.

verunreinigtes Trinkwasser oder kontaminierte Lebensmittel den Weg von Mensch zu Mensch und Tier. Der Erreger ist nicht sehr heikel und besiedelt wahllos Arten. Der Darm der Ratte gehört ebenfalls in sein Lebensraumspektrum. Der Mensch merkt meistens nichts vom Befall, manchmal aber löst *Blastocytis* Durchfall aus. In Barcelona hat man sich des Themas Einzeller bei den Wanderratten angenommen: Rund 83 Prozent der in der Kanalisation gefangenen Wanderratten wiesen *Blastocystis* auf. Man rechnete ein bisschen und kam auf über 218 000 infizierte Wanderratten im Kanalsystem Barcelonas. Auch andere Einzeller, die beim Menschen Unfug treiben können und durch Kontakt mit verunreinigtem Wasser übertragen werden, waren gut vertreten. Lamblien *(Giardia intestinalis)* und Kryptosporidien (*Cryptosporidium* spp.) wurden jeweils bei 37 Prozent der beprobten Wanderratten nachgewiesen[7]. Kryptosporidien verursachen weltweit die meisten Fälle von Diarrhöe und werden mit Wachstumsstörungen und kognitiven Einschränkungen bei Kindern in Entwicklungsländern in Verbindung gebracht[8]. In Industrienationen können sie zu einer hohen Mortalität bei Kälbern führen. Es sind durchaus ernst zu nehmende Krankheitserreger, die da zwischen Menschen und Tieren pendeln. Weil die Infektion meistens über kontaminiertes Wasser geschieht, ist die Wanderratte mit ihrer Vorliebe für Gewässer stark exponiert und kann ihrerseits die Zahl der Erreger im Gewässer erhöhen. Doch so genau weiß man es nicht. Auch bei der Leptospirose ist ihre Nähe zum Wasser Grund zur Sorge. Die Leptospirose ist eine bakterielle Krankheit, die von Leptospiren verursacht wird. Leptospirose gilt als eine der «Emerging Infectious Diseases». Sie hat bisher vor allem in den Armutsvierteln des globalen Südens große Epidemien ausgelöst. Die grippeähnliche Krankheit verläuft normalerweise weitgehend harmlos, aber eben nicht immer: Aus einer Infektion kann sich eine Hirnhautentzündung oder eine Gelbsucht entwickeln. Gut eine Million Menschen werden weltweit jährlich mit Leptospiren infiziert, 60 000 Personen sterben daran[9]. Zwar werden die meisten Erkrankungen in den Tropen und Subtropen registriert, aber die Krankheit ist bei Weitem nicht auf diese Regionen begrenzt. In Europa werden rund 24 000 Personen jedes Jahr mit Leptospirose diagnostiziert[10]. Übertragen wird die Krankheit meist durch Kontakt der Schleimhäute oder durch Hautverletzungen mit Wasser oder Erde, die mit dem Urin von infizierten Tieren kontaminiert sind. Tierische Wirte gibt es genügend; infizieren können sich Haus- und Nutztiere wie Hund, Kuh und Schwein und jede Menge Wildtiere. Natürlich sind auch die Nagetiere, die vor allem für *Leptospira interrogans* als Reservoir gelten, am Start. Bei uns sind mehrheitlich Personen gefährdet, die in Häfen und mit Abwasser arbeiten und dadurch mit kontaminiertem Wasser in Kontakt kommen. Aber auch Wassersportler sind gegen Leptospirose nicht gefeit, wie die Zunahme an Fällen in den letzten Jahren zeigt. Wie stark die Wanderratte da mitwirkt, ist allerdings noch nicht bekannt. Hingegen kann man regelrecht im Liveticker zuschauen, wie schnell sich eine Krankheit verbreiten kann, wenn der Wirt die abenteuerfreudige Ratte ist. Im Jahr 1980 wurde in Südkorea der Seoul-Virus aus der Gruppe der Hantaviren entdeckt. Seither reist der Virus bevorzugt mit Wander- und Hausratten quer über den Glo-

So sieht der Kopf des Zwergbandwurms durch ein Mikroskop aus.

Der Zwergbandwurm wird gerade mal 4 cm lang. Gefährlich wird er dann, wenn er in Massen auftritt.

bus. Durch den Kontakt mit infizierten Tieren, durch das Einatmen von kontaminiertem Staub oder auch über Bisse erkranken unterdessen jedes Jahr weltweit etwa 100 000 Personen daran, derzeit hauptsächlich in Asien und Europa[11].

Auf dem Radar der zu beobachtenden Krankheiten der WHO tauchen zudem Toxoplasmose und Bandwürmer auf, von denen auch die Ratte betroffen ist. Erstere ist hauptsächlich eine Katzenkrankheit, bei der der Erreger *Toxoplasma gondii* seinen Lebenszyklus zwischen Nagetier und Katze absolviert (siehe *Krankheit und Tod der Ratte*, S. 99 ff.). Bei Letzteren handelt es sich unter anderem um den Zwergbandwurm und den Rattenbandwurm. Der Zwergbandwurm gehört zu den häufigeren Bandwurmarten, die den Menschen befallen können. Er kann den Darm schädigen und Nekrosen auslösen, außerdem sondert er Stoffwechselprodukte ab, die zu Allergien sowie Kopf- und Bauchschmerzen führen können. Die Infektionsrate des Rattenbandwurms für den Menschen ist bedeutend kleiner, aber die Auswirkungen sind nicht minder unangenehm. Hierzulande hat man die Bandwürmer etwas aus den Augen verloren, nicht so aber die WHO, die die beiden Bandwürmer unter den schändlich vernachlässigten Krankheitserregern auflistet. Mit den Bandwürmern hört es jedoch nicht auf, auch andere Würmer können mithilfe von Ratten übertragen werden. Es sind Krankheiten wie die Trichinellose oder die Echinokokkose, die vor allem über den Verzehr vom Fleisch erkrankter Nutztiere in den Menschen gelangen.

Der Schwarze Tod

Die wohl berühmteste Krankheit im Zusammenhang mit Ratten ist die Pest. Vor allem der Ausbruch im Mittelalter – der Schwarze Tod – ist unvergessen. Man schreibt das Jahr 1347. Im Oktober fährt ein Schiff aus Kaffa, beladen mit Weizen, den Hafen von Messina in Sizilien an. Die Fracht wird Europa in den nächsten Jahren stark beschäftigen. An Bord ist die Pest, die ihren Anfang im Jahr 1338 irgendwo beim kirgisischen Yssykköl-See nahm. Von Messina breitet sich die Seuche rasch aus. Die Schweiz erreicht die Pest Ende 1347, kurz darauf taucht sie auch in Deutschland auf und bald in ganz Europa. Die Lage ist verheerend. Innerhalb von 5 Jahren sterben 20 bis 50 Millionen Menschen in Europa an der Pest. Mehr als 500 Jahre lang schwappt die Krankheit in Wellen über das Land und flammt mal hier, mal da auf. Der Tod kommt schnell. Schmerzhaft geschwollene Lymphknoten in der Leiste, den Achselhöhlen und am Hals, die sich schwarz färben, dazu Fieber, Übelkeit und Erbrechen. Innert

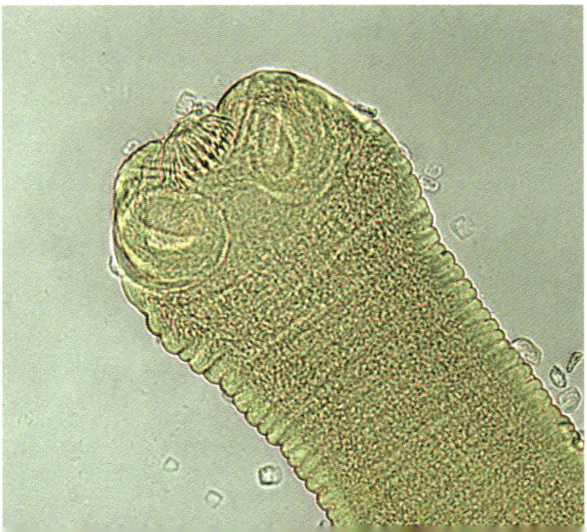

Tagen oder weniger Wochen ist man tot. Manchmal beginnt es mit einem Husten, und dann dauert es manchmal nur ein paar Stunden, bis der Tod an die Türe klopft. Ein Heilmittel kennt man nicht. Lediglich etwa 20 Prozent der Infizierten überleben die Krankheit. Diese Menschen sind fortan weitgehend immun. Das ist ein Tropfen auf dem heißen Stein, denn die Pest verbreitet Angst und Schrecken, löst Hungersnöte aus und bringt das Sozialgefüge durcheinander. Viele glauben an eine Strafe Gottes, suchen Schuldige, geißeln sich oder töten Unschuldige. Wissenschaftler hingegen vermuten pesterzeugende Stoffe in der Luft oder «giftfähige Waren», die von Mensch zu Mensch übertragen werden. Aber wie? Man probiert Heilmittel aus, sucht hektisch nach Prophylaxen und erfindet die Quarantäne. Doch auch nachdem die Pest in Europa gegen Ende des 17. Jahrhunderts abebbt, tappt man in Bezug auf die Ursache und die Übertragung immer noch im Dunkeln.

Gehupft wie gehustet

Das Geheimnis um die Pest lüftete Alexandre Yersin. Der Schweizer Arzt entdeckte im Jahr 1894 das Bakterium, das die Pest auslöst. Man gab dem Bakterium ihm zu Ehren den Namen *Yersinia pestis*. *Yersinia pestis* nutzt mehr als 200 Säugetieren als Reservoir, davon viele Nagetiere, aber auch Hundeartige, Katzenartige und Kamele[12]. Zwei Infektionswege kennt man heute. So kann sich der Mensch durch den direkten Kontakt mit einem infizierten Tier anstecken, indem er es isst oder gebissen wird. Der andere Weg ist indirekt: Der Mensch infiziert sich durch Ektoparasiten, die den Erreger über das Blut von einem erkrankten Lebewesen aufgenommen haben. Meistens sind das Flöhe. 80 Floharten sind als Vektor bekannt, doch die effizienteste Flohart der Pest ist der Orientalische Rattenfloh *Xenopsylla cheopis*. Sein Wirt ist die Ratte. Man ist sich nicht ganz sicher, welche Rattenart der Orientalische Rattenfloh bevorzugt, vermutet aber eine Präferenz für Hausratten[13]. Die Hausratte wiederum sucht die Nähe des Menschen, und das macht sie in Bezug auf Zoonosen gefährlich. Das Resultat der Übertragung des Pesterregers von Tier auf den Menschen ist bekannt. Es ist die Beulenpest, die in Tier- und Menschenwelt eine Spur der Ver-

Ein Floh mit immenser Geschichte: der Orientalische Rattenfloh.

Pestzyklus.

wüstung hinter sich lässt. *Yersinia pestis* ist grausam, auch zum Floh. Drei Tage nachdem das Bakterium mit der Blutmahlzeit in den Floh gekommen ist, verstopft es dessen Magen[14]. Der verhungernde Rattenfloh ändert dementsprechend seine Taktik. Immer verzweifelter hüpft er herum – das kann er immerhin über 1000-mal pro Stunde[15] – und sticht wahllos zu, um endlich wieder zu futtern. Aber erfolglos, und das ist ganz im Sinne von *Yersinia pestis*, denn mit jedem Stich überträgt der Floh den Erreger über seinen Speichel in sein Opfer. Das ist wiederum schlecht für die Ratte. Ratten, die noch nie mit dem Erreger in Verbindung gekommen sind, sterben meist innert 5 Tagen an der Pest. Und wie die Ratte das sinkende Schiff verlässt auch der Floh umgehend das tote Wirtstier. Am liebsten zu einer anderen Ratte. Die Flohdichte auf den überlebenden Ratten steigt in der Folge massiv an, und das hält selbst die stärkste Ratte nicht aus. Bald sind keine überlebenden Ratten mehr da. Nun stürzen sich die Rattenflöhe in ihrer Verzweiflung auf den nächstbesten Warmblüter, also auf ein anderes Nagetier, auf Katze, Hund, Mensch, egal. Der Spillover ist geschafft.

Ein Pestausbruch kann unheimlich schnell vonstattengehen. Eine Erstinfektion in einer Rattenkolonie kann innerhalb von wenigen Wochen zum Ausbruch der Pest beim Menschen führen[16]. Einmal im Menschen angekommen, kann *Yersinia pestis* auch über Aerosole übertragen werden. Nistet sich der Erreger in der Lunge ein, manifestiert sich das als Lungenpest.

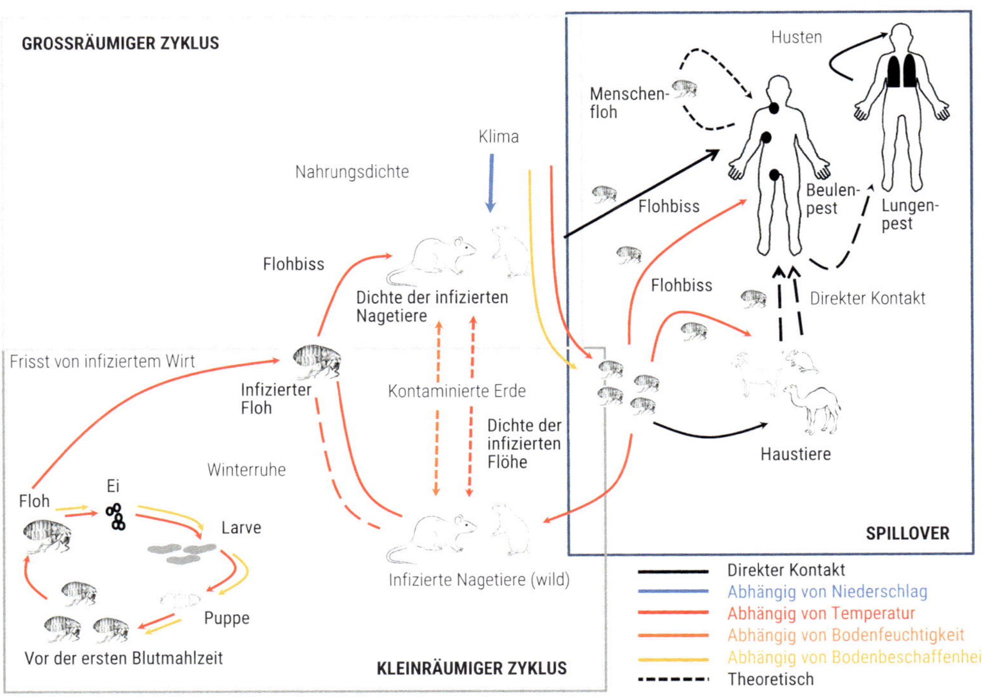

Menschenfloh und Kleiderlaus

Man hat der Ratte die Schuld an der Pest gegeben, allerdings nicht ganz zu Recht. Die Geschwindigkeit der Ausbreitung der Pest sowie das Aufflackern der Krankheit im Mittelalter passt nicht überall mit dem Vorkommen der Hausratte zusammen. So war die Hausratte im nördlichen Europa nur in Hafenstädten anzutreffen[17], obwohl die Pest quer durch Skandinavien zog. Manchmal wütete die Pest auch in der kalten Jahreszeit, während der die Aktivität des Rattenflohs eigentlich merklich zurückgeht. Hier und da wird der klassische, auffällige Auftakt der Pest in den zeitgenössischen Berichten nicht erwähnt, bei dem die Ratten zuhauf blutspuckend und sterbend aus ihren Verstecken taumeln, bevor die Pest den Menschen erwischt. So fehlt diese Beobachtung auch bei der großen Pestepidemie in Südengland, die zwischen 1665 und 1666 über 100 000 Menschen tötete. 70 000 Personen wurden allein in London dahingerafft, was gut einem Fünftel der damaligen Bevölkerung entsprach. Neuere Studien deuten darauf hin, dass zwei andere Parasiten bei der Übertragung von Mensch zu Mensch mitwirken, namentlich der Menschenfloh *Pulex irritans* und die Kopf- und Kleiderlaus *Pediculus humanus*[18]. Während die Kopflaus direkt auf dem Menschen lebt, nistet sich die Kleiderlaus in den Textilien ein, von wo sie ihre Beutezüge auf Menschenblut macht. Die engen Verhältnisse in den Städten und die hygienischen Bedingungen waren in früheren Zeiten fruchtbare Böden für Floh und Laus. Man brachte die Plagegeister wohl kaum weg. Die Reinigung von Kleidern und Bettwäsche bei 60 °C, die der Kleiderlaus den Garaus macht, war damals wohl ein Luxus, den sich kaum jemand leisten konnte.

Die Gefahr der Pest ist heute bei Weitem nicht gebannt, auch wenn sie behandelt werden kann. Sie ist weltweit verbreitet und tritt derzeit vor allem in Nord- und Südamerika, Asien und Afrika auf[12]. Zwischen 2000 und 2018 meldeten 21 Länder insgesamt über 26 000 Fälle von Pest, 10 Prozent davon verliefen tödlich. In Europa ist es hingegen still geworden um die Pest. Der letzte bekannte Ausbruch fand hier im Jahr 1945 in Taranto, Italien, statt. 30 Personen infizierten sich, 15 starben. Kommuniziert wurde das damals nicht, wohl aus militärischen Gründen[19].

— Spillback

Während Spillover den Sprung eines Krankheitserregers auf den Menschen beschreibt, können Krankheiten auch vom Menschen auf das Tier übertragen werden. Man spricht dann von einem Spillback. Meistens sind Tierarten betroffen, die sich in der unmittelbaren Umgebung der Menschen befinden: Nutz- und Haustiere, aber auch Wildtiere wie Mäuse und Ratten. Nehmen wir die Salmonellen. Über Nahrungsmittel aufgenommen, lösen diese Bakterien Durchfall aus. Es sind widerstandsfähige Erreger, die extreme Temperaturen aushalten und obendrein wochenlang außerhalb eines Körpers überleben können. Während man Mensch und Nutztiere bei einem Befall behandeln kann, verliert man bei Nagetierpopulationen, die sich in Hühner- oder Schweineställen herumtreiben, alsbald die Kontrolle. Ein Teufelskreis beginnt, bei der infizierte Nagetiere den Erreger zurück in den Stall, ins Haus und oftmals gar in den Nahrungsmittelkreislauf bringen[20]. Salmonellose ist ein ernsthaftes Problem mit geschätzt 93 Millionen Fällen weltweit pro Jahr, wovon 155 000 tödlich enden. Die Gesundheitskosten, die von Salmonellen verursacht werden, sind enorm: Die Kosten für die medizinische Versorgung und den Arbeitsausfall werden auf 1,4 Milliarden US-Dollar geschätzt.

Ein Spillback wird auch bei der Bilharziose, auch Schistosomiasis genannt, befürchtet. Nach Malaria ist Bilharziose die häufigste Infektionskrankheit weltweit. Gemäß WHO sind weltweit über 240 Millionen Menschen damit infiziert. Die Krankheit wird von parasitären Würmern der Gattung *Schistosoma* verursacht. Beim Menschen tritt *Schistosoma haematobium* auf, bei den Rindern *S. bovis*, bei den Nagern hauptsächlich *S. mansoni*. Ratten sind empfänglich für Würmer jeglicher Art[21]. Die wiederholten Ausbrüche von Bilharziose auf Korsika seit 2013 wurden auf einen Hybrid von *S. haematobium* und *S. bovis* zurückgeführt – und in den dortigen Hausratten gefunden. Da sich die Würmer in den Ratten nicht zu vermehren scheinen, wird eine Übertragung derzeit angezweifelt[22].

Wo Krankheiten auftauchen, ist der Griff zu Antibiotika oft nicht fern. Vorbeugen statt heilen ist allerdings bei Antibiotika die falsche Vorgehensweise. Schon die Menge an Antibiotika, die den Nutztieren weltweit präventiv verabreicht wird, ist enorm und trägt zu den stets häufiger werdenden Antibiotikaresistenzen maßgeblich bei. Eine heimliche und möglicherweise unterschätzte Mitspielerin ist die Ratte. Werden Nutztiere mit Antibiotika im Tierfutter behandelt, frisst die Ratte häufig mit und es können sich Resistenzen entwickeln. Schon vor einigen Jahren wurden antibiotikaresistente Staphylokokken bei Hausratten in niederländischen und belgischen Schweinezuchten nachgewiesen[23]. Die resistenten Bakterien gibt die Ratte umgehend ihren Stallgenossen zurück. Von da ist der Weg zum Menschen nicht weit. Der Tatort muss übrigens nicht im Stall liegen. Die Antibiotika, die in Städten über das Wasser in die

Rechtskonforme Hühnermast. Krankheiten werden mit präventiv verabreichten Antibiotika bekämpft. Nicht absehbar sind die Konsequenzen von den daraus entstehenden Resistenzen.

Kanalisation gelangen, werden den dort lebenden Wanderratten praktisch ins Maul gespült. In Europa wurden Antibiotikaresistenzen an Berliner und Wiener Wanderratten bereits bestätigt[24,25]. Der Teufelskreis, der das Gesundheitssystem und uns Menschen in Zukunft stark beschäftigen wird, hat sich schon längst in Bewegung gesetzt.

— Biss am Ende der Nacht

Ratten beißen. Nicht oft, aber sie beißen gelegentlich zu. Jährlich werden etwa 40 000 Rattenbisse weltweit gemeldet, das sind weniger als ein Prozent aller Tierbisse. Zum Vergleich: In den USA werden jährlich 250 000 Menschenbisse gezählt, überflügelt von 400 000 Katzenbissen und sagenhaften 4,7 Millionen Hundebissen[26]. In Europa ist das Verhältnis wahrscheinlich ähnlich. Ratten beißen vor allem zu, wenn sie provoziert und in die Enge getrieben werden. Aber nicht ausschließlich, denn Menschen werden auch im Schlaf von einer Ratte gebissen[27]. Oft sind es Kinder unter 5 Jahren[28]. In den meisten Fällen ist der Biss ein Ärgernis ohne gröbere Auswirkungen. Bei 2 Prozent aller Rattenbisse entsteht eine Infektion, die behandelt werden muss. Man kann sich unter anderem das Rattenbissfieber einfangen, und auf die leichte Schulter darf man diese Infektion nicht nehmen. Sie wird von den zwei Bakterien *Spirillum minus* und *Streptobacillus moniliformis* ausgelöst und äußert sich in Hautausschlag und Fieber. Unbehandelt führt eine Infektion mit dem Rattenbissfieber in etwa 10 Prozent der Fälle zum Tod. Für Rattenbissfieber und andere Krankheiten muss übrigens nicht zwingend eine wilde Ratte zubeißen. Labor- und Farbratten können Träger von Pathogenen sein und diese auf die üblichen Infektionswege übertragen. Die Konsequenzen eines Rattenbisses können – müssen aber nicht – massiv sein. Wer in England wegen eines Rattenbisses ins Spital eingeliefert wird, bleibt dort für durchschnittlich 11 Tage. Es ist daher nicht überraschend, dass sich die Anwesenheit von Ratten auf die psychische Gesundheit auswirken kann. Vor allem dort, wo Ratten wiederholt in Gärten oder gar Häuser eindringen, können sie chronischen Stress und Angstzustände auslösen[29].

Vorsicht! Ratten – ob wild oder zahm – können zubeißen.

17 Kostenpunkt Ratte

Eine Ratte kann ganz schön teuer werden. Sie verursacht Schäden in der Nahrungsproduktion, an Infrastrukturen und im Gesundheitswesen und wird deshalb bekämpft. Auch das kostet eine ganze Stange Geld.

Die finanziellen Verluste, die Nagetiere in der Menschenwelt auszulösen vermögen, sind immens[1]. Ja, Ratten kosten Geld. Sie sind allerdings nicht allein. Wühlmäuse tragen ihren Teil dazu bei, Hausmäuse machen mit, und zahlreiche andere Nagetiere hauen in die gleiche Kerbe. Das macht es schwierig, die ökonomischen Auswirkungen von Haus- und Wanderratten zu schätzen. Ihre vielfältigen Aktivitäten lassen jedoch Schlimmes erahnen. Ratten futtern und verschmutzen Getreide und Tierfutter, nagen an Kabeln und Isolationsmaterial herum, verursachen Brände und bringen Krankheiten in Haus und Stall. Dazu kommen die Kosten, um Gebäude, Lager und Handel möglichst rattenfrei zu halten. Da läppert sich einiges zusammen, im Kleinen wie im Großen. In Asien fressen Nagetiere den gelagerten Reis den Kleinbauern unter der Nase weg und verursachen dadurch einen jährlichen Verlust von mindestens 30 bis 40 Dollar für eine Kleinbauernfamilie[2]. Das ist bei einem Monatseinkommen von durchschnittlich 230 Dollar nicht unerheblich. In den Palmölplantagen Malaysias wurde vor über 15 Jahren mit einem jährlichen Ertragsverlust von 32 Millionen US-Dollar durch Hausratten gerechnet[3]. Diese Zahl wird sich inzwischen erhöht haben, denn die Flächen der Plantagen sind zwischen 2005 und 2025 von 4,1 Millionen Hektar auf 5,6 Millionen gestiegen. Mehr Monokultur, mehr Ratten, mehr Schaden.

In Europa und Amerika fehlen hochaufgelöste Daten, und man bleibt im Reich der vagen Schätzungen. Die Kosten, die Ratten in der EU-Landwirtschaft verursachen, werden jährlich auf sagenhafte 3,35 Milliarden Euro beziffert[4]. In den USA kam eine Hochrechnung auf wirtschaftliche Schäden in der Höhe von 27 Milliarden Dollar pro Jahr[5]. Diese Berechnungen sind mit einer gewissen Vorsicht zu genießen, denn wissenschaftliche Erhebungen dazu sind Mangelware. InvaCost ist eine Datenbank, die sich der Dokumentation und Erforschung der Kosten von invasiven Arten verschrieben hat. Eine Auswertung der vorhandenen Daten zwischen 1960 und 2020 kam zu dem Schluss, dass die Wanderratte Europa in diesem Zeitraum «nur» rund 5,5 Milliarden Euro gekostet hat. Das entspricht etwa 16 Millionen Euro pro Jahr[6]. Der Betrag aus der Studie, die sich auf die publizierten Daten stützt, ist somit bedeutend geringer als jene Annahmen der EU-Landwirtschaft. Die Realität wird wohl irgendwo dazwischen liegen und die Kosten sich je nach Rattenbestand mal nach oben, mal nach unten bewegen. In einem Punkt sind sich hingegen alle einig: Die Kosten werden kontinuierlich ansteigen.

Nagen an Infrastruktur und Gesundheitssystem

Wie teuer Ratten den Städten zu stehen kommen, wird selten berechnet. Das beginnt schon mit der Herausforderung, die Ursache eines Fehlers oder Schadens korrekt zu identifizieren. In Großbritannien vermutet man, dass etwa 10 Prozent von Abwasserstörungen, die mit kaputten oder fehlerhaften Rohren und Kanälen zusammenhängen, von Ratten verursacht oder durch Ratten verstärkt werden. Für England und Wales ergibt

das jährlich Kosten in Höhe von mindestens 2 bis 7 Millionen Euro[7]. Zählt man zudem die geschätzten Schäden an Kabel, Gebäuden und Infrastrukturen zusammen, kommt man in Großbritannien auf Kosten zwischen 74 und 250 Millionen Euro jährlich[8]. Allerdings fehlen konkrete Datengrundlagen, um genauere Schätzungen zu machen. Man hat schlicht und einfach keine Ahnung, was Ratten verursachen.

Nicht besser sieht es bei den Gesundheitskosten für Mensch, Nutz- und Haustier aus. Ratten belasten die nationalen Gesundheitssysteme rund um den Globus, weil sie Krankheiten übertragen können. Einer geradlinigen Berechnung darf man aber auch da nicht vertrauen, obschon solche überaus gern gemacht werden. Krankheiten, die von Ratten übertragen werden können, sind mitnichten ausschließliche Rattenkrankheiten. Viele andere Tierarten, insbesondere Haus- und Nutztierarten, spielen bei der Übertragung derselben Krankheiten auf den Menschen mindestens ebenso tragende Rollen. Die Wanderratte kann daher kaum als einzige Tierart für die weltweit jährlichen Kosten von mindestens 5 Millionen Dollar bei der Infektion mit Leptospirosen verantwortlich gemacht werden[9].

Wo Schaden entstanden ist, folgt der Ruf nach Vergeltung. Das hat in den letzten Jahrhunderten einen weltweiten und überaus finanzstarken Wirtschaftszweig generiert. Und das Geschäft

Ratten kosten nicht nur, sondern futtern Essensreste und räumen mit Kadavern auf. Diese Wanderratte labt sich an einer Nutria.

läuft. Von der Forschung über die Methodenentwicklung bis hin zu den hoch spezialisierten Agenturen für Schädlingsbekämpfung in der Stadt und auf dem Land wird viel Geld in die Hand genommen. Eine sehr konservative Berechnung kommt auf einen Betrag von mindestens 500 Millionen Euro pro Jahr, der weltweit jedes Jahr für die Rattenbekämpfung ausgegeben wird[9]. Dieser Betrag wird aber wahrscheinlich schon allein von den Städten in der EU überboten. Die Stadt Berlin rief im Jahr 2022 für 8000 Fälle den Kammerjäger. Rechnet man mit einem konservativen Ansatz von 300 Euro pro Einsatz, gab die Stadt in dem Jahr rund 2,4 Millionen Euro für die Rattenbekämpfung aus. Da sind die Aufträge der Privathaushalte noch gar nicht mitgezählt. Wenige werden es nicht sein, wie ein Blick nach Wien zeigt, wo über 70 Firmen angemeldet sind, die sich auf Schädlingsbekämpfung spezialisiert haben. Obschon das Auftragsspektrum von Kammerjägern neben Ratten auch Bettwanzen, Mäuse und Kakerlaken umfasst, gibt diese Zahl der Firmen einen ersten Hinweis zum ökonomischen Wert der Rattenbekämpfung. Wahrscheinlich kann man mit gutem Gewissen behaupten, dass das weltweite Finanzvolumen der Rattenbekämpfung eher Milliarden statt Millionen von Dollar umfasst. Da keine gesicherten Zahlen in dieser Branche vorliegen, versucht man gelegentlich, die Kosten von der Ratte her zu berechnen. Eine Ratte, so eine Aussage, soll umgerechnet Kosten in der Höhe von mindestens 15 Dollar verursachen[8]. Da fragt man sich natürlich umgehend: Wie viele Ratten gibt es denn überhaupt?

In vielerlei Hinsicht ist die Ratte kaum fassbar – auch nicht ökonomisch.

Rattenhorden

Um die Zahl der Ratten ranken sich Legenden. Es wird kolportiert, dass kein Mensch mehr als wenige Meter von der nächsten Hausratte oder Wanderratte entfernt ist. In unseren Gefilden denkt man dabei meist an die Wanderratte, denn die Hausratte ist vielerorts zu selten geworden. Verlässliche Daten zu Rattendichten im urbanen Lebensraum Westeuropas gibt es nicht. Während man in den USA von ca. einer Ratte pro Einwohner ausgeht, kalkuliert man in Westeuropa mit einer Ratte pro 10 Einwohner, gelegentlich auch mit einer Ratte pro 100 Personen. Konkretere Daten erhält man durch den Einsatz unterschiedlicher Methoden (siehe *Methoden zur Erforschung wilder Ratten*, S. 107 ff.). In einer Fangstudie in Vancouver wurden Fallen entlang von 43 Gebäudezeilen mit je einer Fläche von 1,2 Hektar ausgelegt. Der Fangerfolg schwankte von Häuserzeile zu Häuserzeile enorm, und mancherorts konnte gar kein Tier gefangen werden[10]. Eine ebenso unregelmäßige Verteilung von Wanderratten fanden Forscherinnen in Salzburg, wo an lediglich rund 30 Prozent der in der Stadt ausgelegten Fallen Wanderratten gefangen werden konnten. Bei stehenden Gewässern wurde die Rattendichte auf durchschnittlich 10 Tiere pro Uferkilometer geschätzt, entlang von Fließgewässern lag der Median bei 32 Tieren. Doch wie in Vancouver war auch in Salzburg der Standort ausschlaggebend. Je nachdem, wo man fing, schwankte die Rattendichte zwischen 16 und 113 Tieren[11]. Von dieser ungleichen Verteilung in der Stadt mit mosaikartigem Vorkommen der Ratten berichten auch andere Studien. Dasselbe gilt für die Hausratte[12]. Wanderratten und Hausratten kommen demzufolge nicht flächendeckend und in homogenen Dichten über das gesamte Stadtgebiet vor.

Blickt man unter die Erde, zeigt sich ein ähnliches Bild. Wanderratten sind nicht durchgängig im ganzen Kanalisationssystem unterwegs. Das zeigte eine englische Studie zum Vorkommen der Wanderratte in drei Abwassersystemen mit den Größen von 250 km^2, 340 km^2 und 66 km^2. Zwar kamen Wanderratten in allen drei Systemen vor, sie konnten aber längst nicht an allen Standorten innerhalb des jeweiligen Systems nachgewiesen werden[13]. Daran sieht man, dass auch Kanalratten ihre Präferenzen haben. Insbesondere dort, wo viel Futter in die Kanalisation geschwemmt wird, ist die Rattendichte höher[14]. Wie ihre Artgenossen auf der Erdoberfläche sind die Wanderratten in der Kanalisation kleinräumig unterwegs. Ein Straßenkanal oder gar nur ein Abschnitt davon reicht einer Gruppe als Territorium. Die Aussage, dass man sich in einer Stadt überall in der Nähe von Ratten befindet, kann daher nicht ganz stimmen.

Konkrete Zahlen zu den Bestandsgrößen sind ebenfalls schwierig, denn der Zeitpunkt der Zählung ist ausschlaggebend. Die meisten Rattenbestände schwanken über das Jahr hinweg stark. Das gilt nicht nur für die oberirdischen Ratten, sondern auch für die Tiere in der Kanalisation, die jahrein, jahraus unter konstanten Umweltkonditionen leben. In einer Studie in Dänemark untersuchte man die Bestandsgrößen von zwei benachbarten Rattengruppen, die in miteinander verbundenen Straßenkanälen lebten. Während 3 Jahren fing man wiederholt Tiere in diesen 2 Straßenkanälen, die ein Länge von 800 bis 1400 Metern aufwiesen. Die Berechnungen ergaben Schwankungen zwischen 2 und 44 Tieren in der einen Gruppe und zwischen 3 und 43 Tieren in der anderen[15]. Diese Resultate zeigen, dass eine Bestandsschätzung von einem Standort innerhalb eines Quartiers sich nicht auf das gesamte Quartier hochrechnen lässt, geschweige

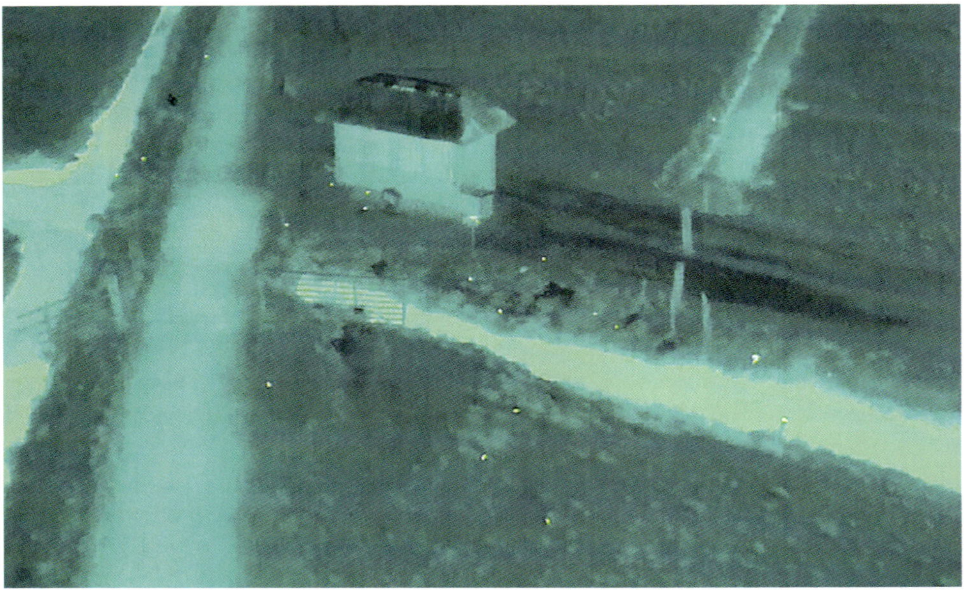

denn auf die ganze Stadt. Trotzdem macht man es immer wieder – und stellt gelegentlich einen Vergleich mit der Einwohnerzahl her. In Barcelona hat man auf einem Kilometer Kanalisation durchschnittlich 143 Ratten gezählt. Da Barcelona ein Abwassernetz von gut 1807 Kilometern aufweist, schloss man auf eine Mindestpopulation von 258 835 Wanderratten im Untergrund. Das entspricht 0,16 Ratten pro Einwohner[14]. Ähnliche Daten kommen aus Baltimore mit 48 420 Wanderratten und einem Verhältnis von 0,08 Ratten pro Einwohner[16]. Auch die Stadt mit dem notorischen Rattenproblem scheint nicht so viele Wanderratten zu haben, wie stets propagiert wird. In New York wurde der Bestand der Wanderratte aufgrund von Sichtungen und biologischen Parametern auf satte 2 Millionen geschätzt. Das ist viel, aber nicht so hoch wie die Menschendichte von 8 Millionen. Das Verhältnis liegt somit bei 0,25 Ratten pro New Yorker[17]. Das könnte sich in Zukunft allerdings zugunsten der Ratten ändern. In den letzten 17 Jahren nahmen die Rattensichtungen in 11 von 16 untersuchten Großstädten zu. Gründe dafür vermutet man in der zunehmenden Bevölkerungsdichte der Menschen sowie im Klimawandel, von dem die Ratten profitieren könnten[18].

Eine ähnlich heterogene Verbreitung der Ratten zeigt sich auf dem Land. In England schaute man bei den Bauernhöfen etwas genauer hin. Auf Höfen und in ihrer unmittelbaren Umgebung mit einer Gesamtfläche von etwa einem Hektar wurden in der Regel 80 Wanderratten gezählt, was

Drohnenaufnahme einer Wärmebildkamera um einen Hühnerstall. Die gelben Punkte sind Wanderratten.

einer mittelgroßen Kolonie entspricht[19]. Rattenbestände sind in der freien Wildbahn kleiner, wie eine Studie aus Amerika zeigt. Auf einer Fläche von 2,3 Hektar entlang eines naturnahen Gewässers und dessen Uferbereichs wurden durchschnittlich 7 Hausratten und 12 Wanderratten gezählt. Minimal waren es 9 Tiere beider Arten, maximal 42[20]. Auf einen Hektar gerechnet entspricht die natürliche Rattendichte auch während des Höchstbestandes gerade mal einem Viertel derjenigen auf einem Bauernhof. Einen anderen Weg der Bestandsschätzung geht man in Tierzuchten, wo man gern die Anzahl Nutztiere heranzieht, um die Rattendichte zu schätzen. Die USA kalkulierten 1980 mit einem Verhältnis von 5 Hühnern pro Ratte in einer Hühnerzucht und kamen auf einen Rattenbestand von 1,4 Milliarden Tieren[21]. In Japan hingegen rechnete man zumindest bis in die 1970er-Jahre mit 10 Hühnern pro Ratte[22].

Fantastische Vermehrung

Immer wieder tauchen Zahlen über die unglaubliche Vermehrung der Ratte auf. Fast keine andere Art weckt die Fantasie so sehr wie die Ratte, und das nicht erst seit Kurzem. Der Naturalist Francis Buckland berechnete im Jahr 1857, welche Rattenplage allein der Rattenhund Tiny verhindert hatte. Dieser hatte innerhalb von drei Jahren 2525 Ratten getötet. Francis Buckland nahm also Stift und Papier und rechnete, dass diese Ratten innerhalb von drei Jahren auf einen Bestand von über 1,6 Millionen Tiere angewachsen wären. Der Schaden, so rief Francis Buckland aus, wäre für Großbritannien verheerend gewesen[23]. Auch die vielfach wiederholte Hochrechnung über ein Rattenpaar, dessen Nachwuchs innerhalb eines Jahres zu einer Population von über 1000 Tieren anwächst, mag auf dem Papier stimmen, entspricht jedoch nicht der Realität. Rattenbestände wachsen nicht in den Himmel. Man muss zuerst gut drei Monate alt werden, bevor man überhaupt fortpflanzungsfähig wird. Bereits in diesem Zeitraum stirbt ein großer Teil der jungen Ratten. Beutegreifer, Nahrungsverfügbarkeit und die soziale Kontrolle wirken stark

Ratten zu zählen ist nicht trivial und benötigt Ausdauer.

auf einen Rattenbestand ein. Wird ein Bestand zu groß für die verfügbare Nahrung, werden die Männchen zunehmend aggressiv gegenüber rangtieferen Männchen. Beißwunden, ein reduzierter Zugang zur Nahrung und permanenter Stress resultieren daraus. Dominante Weibchen hingegen unterdrücken über Pheromone die Fortpflanzung bei den anderen Weibchen, werfen weniger Jungtiere und werden grundsätzlich mit höherem Alter zum ersten Mal Mutter. Die Mechanismen sind vielfältig[24,25].

Gelegentlich werden Rattenbeobachtungen als Indikator für die Entwicklung von Rattenbeständen beigezogen. Ein plötzlicher, kurzfristiger Anstieg der Sichtungen muss nicht gleichbedeutend sein mit einem Anstieg der Rattenpopulation. Gehäufte Beobachtungen innerhalb kurzer Zeit sind oft ein Indiz, dass Futterquellen versiegt sind. So geschehen während der COVID-19-Pandemie in vielen Städten Amerikas. Wo Restaurants geschlossen blieben, fehlte den Ratten in den Hinterhöfen und Gassen der tägliche Abfallsack mit den Essensresten. Die Tiere begannen auszuschwärmen, in der Hoffnung auf Futter und damit auf eine Überlebenschance[26]. Die Sichtungen nahmen zu, die Rattenpopulation selbst nahm ab.

Trächtige Wanderratte. Ob sie ihre Jungen durchbringen wird, ist abhängig von vielen Faktoren.

18 Krieg der Ratte

Die Ratte muss weg. Bei der Bekämpfung der Ratte hat man viel ausprobiert. Man ist ihr mit Fallen und Gift auf den Fersen. Doch so leicht lässt sie sich nicht aus der Welt entfernen.

Kaum taucht eine Ratte auf, wird nach Ausrottung gerufen. Was einfach tönt, ist höchstkomplex. Nicht umsonst gehören Hausratte und Wanderratte zu den erfolgreichsten Säugetieren der Welt. Die Rattenbekämpfung ist eine interdisziplinäre Wissenschaft, die unter anderem Ökologie, Psychologie und Soziologie in sich vereint. Neu ist die Geschichte nicht. Seit sich die Hausratte den Menschen angeschlossen hat, beschäftigen sich Landwirte und Haushalte mit ihr. Auch im Römischen Reich schlugen sich die Römer mit den Ratten herum. Wohl nicht zu knapp, folgten ihnen die Tiere doch auf Schritt und Tritt (siehe *Herkunft und Eroberung der Welt*, S. 45 ff.). Schädlingssichere Kornspeicher wurden gebaut und Tinkturen gebraut. Nicht immer funktionierte das reibungslos, und mit dem Fall des Römischen Reiches kehrte man in Europa zur Macht des Glaubens zurück. Man bat Gott oder Gottheiten mit Gaben um Hilfe und suchte Unterstützung durch Rituale. Im Mittelalter hatte man ein für alle Mal genug. Tiere jeglicher Art besaßen damals eine Seele und ein Handlungsbewusstsein, ergo konnte man sie für ihre Taten belangen. 200 Tierprozesse sind in Europa dokumentiert, hauptsächlich aus Deutschland, Österreich, Frankreich, der Schweiz und den Niederlanden. Die Palette reicht vom Schwein bis zum Engerling und das Strafmaß von Freispruch über Exorzismus bis hin zum Tod. Dabei waren die Gerichtsprozesse mitnichten eine Volksbelustigung; ausgewiesene Juristen nahmen sich der Fälle an. Bekannt ist der Prozess gegen Hausratten im Jahr 1522 im französischen Autun. Die Tiere hatten die Felder immer wieder leergefressen, und die Nerven lagen blank. Als letzte Möglichkeit für Gerechtigkeit klagte man die Ratten an und bestellte sie ins Gericht. Der erlangte Freispruch war jedoch nicht ganz im Sinne der Bevölkerung. Der Verteidiger der Ratten, Barthélemy de Chasseneuz, hatte sich hingegen einen Namen als blitzgescheiter Jurist gemacht, indem er die wiederholte Absenz der Ratten gut begründete: Mal hatten es nicht alle Hausratten auf dem Feld erfahren, mal konnte ihre Sicherheit auf dem Weg ins Gericht aufgrund der Katzen nicht gewährleistet werden[1].

An anderen Orten versuchte man, sich mit Schutzmaßnahmen gegen Magie zu wehren, denn Ratten, Frösche, Wölfe und weitere Arten galten als Werkzeuge des Teufels. Noch bis weit ins 18. Jahrhundert hinein waren Hexerei und Teufelei anerkannte Ursachen für Schäden jeglicher Art. Nicht zuletzt zeuge der Kampf gegen das Ungeziefer von Gottesfurcht, schallte es von den Kanzeln herunter[2]. Nicht überall glaubte man an eine höhere Ordnung und nahm die Sache lieber in die eigene Hand. Selbst die Obrigkeit der Stadtkirche St. Laurenzen in St. Gallen verließ sich nicht auf das Gebet, sondern rückte den Ratten im Jahr 1734 konkret mit Fallen und Gift zu Leibe[3].

Rattenfänger

In der Renaissance verlangten die wiederkehrenden Ratten- und Mäuseplagen auf dem Land und in der Stadt nach effizienten Maßnahmen. Man erschlug die Ratten ohne viel Federlesens. Zudem hoffte man auf die Jagdeffizienz von Hunden, Katzen und Frettchen oder zahlte Prämien für jeden Rattenschwanz. Zunächst ließ man die Bürger selbst mausen, so auch in München. In der ersten Hälfte des 15. Jahrhunderts erhielten die Bewohner der Stadt für jede tote Ratte, die sie beim Torhüter des Isartors abgaben, einen Pfennig. Anscheinend ließ der Jagdeifer der Bürger zu wünschen übrig, denn ab 1546 stellte die Stadt München einen offiziellen Rattenfänger ein, den «Ratzenklauber»[2]. Mit der Zeit gab man die Verantwortung wieder an die Bürger ab, solange es beim Rattenbefall nicht um Gebäude und Gelände der Gemeinden ging. Andernorts erhob man Steuern, um Feldmauser zu besolden, wie es die Korporation Werdenberg im St. Galler Rheintal im Jahr 1628 vormachte. Der Beruf des Schädlingsbekämpfers nahm zu diesem Zeitpunkt Fahrt auf. In Großbritannien waren um das Jahr 1750 rund 2300 Männer und 5 Frauen als Schädlingsbekämpfer unterwegs[4]. Zahlen zu den Rattenfängern und Feldmausern in der Schweiz, Deutschland und Österreich fehlen leider weitgehend.

Auf Stelzen und Steinen: Bereits zu Zeiten der Römer wurden an Getreidespeichern Vorkehrungen getroffen, um diese rattensicher zu machen.

«Für kleine Mäus und große Ratzen, sind Fallen dienlich wie die Katzen». Kupferstich aus dem Jahr 1749.

Der Bau von Kanalisationssystemen schuf neuen Lebensraum für die Wanderratte.

— Ein Rattensprung in die moderne Bekämpfung

Zwischen 1750 und 1880 änderte sich die herkömmliche Landwirtschaft. Die alte Subsistenzwirtschaft wich einem kommerziellen Interesse. Man wollte mehr. Ertragssteigerungen um mehr als das Doppelte wurden durch neue Techniken, größere Felder und vermehrten Düngereinsatz erreicht. Schädlinge störten dabei mehr denn je, also wurden Verordnungen zur Bekämpfung von schädlichen Tieren verabschiedet. Die Listen der damals als kulturschädigend bezeichneten Arten lesen sich wie Auszüge aus den heutigen Roten Listen gefährdeter Tierarten. Um den Schädlingen Herr zu werden, führte man vielerorts finanzielle Anreize oder Abgaben ein. Eine realistische Schätzung des Schadens blieb jedoch aus, die Idee der Prävention vage (siehe *Kostenpunkt Ratte*, S. 157 ff.). Zwischenzeitlich hatte sich die Wanderratte in Europa weitgehend etabliert und damit begonnen, die Hausratte zu verdrängen. Dabei kam ihr gelegen, dass in den Städten die Zeit der Kanalisation anbrach. Die Wanderratte folgte dem Duft der Verlockung und stiegt hinab, wo sie womöglich große Dichten erreichte und den Staat dazu zwang, sich wieder verstärkt in die Rattenbekämpfung einzumischen[5]. Die engen Verhältnisse in den Städten, Dreck und Unrat förderten sowohl das reale Tier wie auch das Bild der dreckigen und unhygienischen Ratte[6]. Gleichzeitig stieg der Wissensdurst. Treibende Kräfte bei der Gründung vieler Forschungsanstalten im Agrarsektor ab Mitte des 19. Jahrhunderts waren Schädlinge wie die aus Amerika eingeführte Reblaus[7]. Ein eigener Forschungszweig der Schädlingsbekämpfung entstand, der Berg an Fachliteratur darüber wuchs, und neue Ideen wurden entwickelt[2].

Der Weg zu einer rattenfreien Welt ist mit Kreativität und Visionen, aber auch mit Rückschlägen und Katastrophen gepflastert. Erkenntnisse in der Medizin in Kombination mit neusten technischen Errungenschaften werden in tödliche Waffen verwandelt. Nicht immer trifft es die Ausgewählten. Der Einsatz von Bakterien zur biologischen Rattenbekämpfung zu Beginn des 20. Jahrhunderts wurde als große Hoffnung gehandelt. Vor allem in Europa und Russland setzte man auf Salmonellen. Eine sichere Angelegenheit war das nicht, da sich Salmonellen nicht an Artgrenzen halten. Bald infizierten sich Nutztiere und Menschen mit dem Erreger, der eigentlich nur die Nagetiere bekämpfen sollte. Die Massenausbrüche von Salmonellosis in Dänemark, Finnland und den UK standen mit der biologischen Rattenbekämpfung in direkter Verbindung. Aufgrund der Gefährdung für den Menschen erließen die USA bereits in den 1920ern ein Anwendungsverbot, bald darauf folgten europäische Staaten. In Asien und Südamerika hingegen wird der Einsatz von Salmonellen bis heute angewandt[8].

Mit Chemie gegen Ratten

Heute werden bevorzugt Gifte zur Rattenbekämpfung eingesetzt. Neu ist das allerdings nicht. Bereits die Griechen und die Römer stellten pflanzliche Tinkturen aus dem Schwarzen Bilsenkraut *(Hyoscyamus niger)*, dem Gefleckten Schierling *(Conium maculatum)* und aus Nieswurz-Arten her oder setzten auf arsenhaltige Ausräucherungen, um Ratte und Maus in Schach zu halten[9]. Auch die aufkommende Hausväterliteratur gegen Ende des 16. Jahrhunderts propagierte Giftköder gegen Ratten und Maulwürfe. Arsen, Quecksilbersalben, Strychnin und Blausäure kamen bis ins 20. Jahrhundert zum Einsatz, mit teilweise massiven gesundheitsschädigenden Auswirkungen bei den Anwendern[2,10].

Zu Beginn des 20. Jahrhunderts brach die Schädlingsbekämpfung in eine neue Dimension auf, und die Chemie hielt Einzug. Seither setzt man auf Gaspatronen mit Schwefeldioxid oder Kohlendioxid, nutzt Rattenköder angereichert mit Zinkphospid, Chloralose oder Cholecalciferol. Der Großteil der heutigen Rattengifte sind jedoch Antikoagulanzien[11]. Sie heißen Warfarin, Brodifacoum oder Pindone und sind der Stoff, der seit bald 100 Jahren den Traum einer rattenfreien Welt nährt. Die Substanzen hemmen die Blutgerinnung, indem sie sich an ein Protein binden, das auf die Entstehung des Vitamins K einwirkt. Da Vitamin K an der Blutgerinnung beteiligt ist, ist die erste Mangelerscheinung eine verzögerte Blutgerinnung. Fehlt viel Vitamin K, kommt es zu spontanen Blutungen mit Todesfolge[12]. Letzteres ist das erklärte Ziel bei der Rattenbekämpfung. Verpackt wird die Substanz in attraktives Futter für die Ratten, das zudem Wind und Wetter standhält. Frisst die Ratte vom Köder, wird über die Substanzen der Aufbau von Vitamin K verhindert. Die volle Auswirkung tritt erst mehrere Tage nach der Aufnahme ein. Das überlistet die Ratten im Gebiet, denn die Tiere sind äußerst vorsichtig, wenn es um neue Futterquellen geht. Zuerst meidet die Ratte neues Futter, dann knabbert sie ein bisschen daran. Wird der Ratte unmittelbar danach unwohl, vermeidet sie dieses Futter fortan. Erbrechen kann die Ratte das Futter nicht. Das hat mit anatomischen Gegebenheiten bei der Einmündungsstelle der Speiseröhre in den Magen zu tun. Daher verlässt sich die Rattengruppe gern auf eine Art Vorkoster. Meist sind es junge, unerfahrene Tiere oder besonders hungrige Tiere, die als Erste von der neuen Nahrungsquelle pro-

Das hat man nicht ahnen können: Der Steinklee *(Melilotus alba)* ist Ursprung der Entwicklung von hochpotentem Rattengift.

Er erforschte Cumarin, entwickelte Warfarin und läutete damit eine neue Ära der Rattenbekämpfung ein: Karl Link.

bieren. Das hat weniger mit deren Abenteuerlust als mit absoluter Notwendigkeit zu tun. Wer sozial auf tiefer Stufe steht, der wird von den ranghöheren Tieren von guten und nahe liegenden Futterquellen gern verdrängt. Man muss weitere Strecken laufen, exponiert sich mehr, und gelegentlich wird einem bei der Rückkehr das Essen noch abgejagt. Irgendwann ist man hungrig genug, etwas Neues zu probieren. Nach der Einnahme eines neuen Futters wird die Ratte von den Artgenossen zunächst abwartend beobachtet respektive beschnüffelt. Erst, wenn das Futter als sicher eingestuft wird, futtern auch die anderen Tiere der Gruppe. Ist das Futter attraktiv genug, schlagen sich die ranghöheren Tiere den Bauch damit voll. Da der Tod erst einige Tage nach der Aufnahme der Antikoagulanzien eintritt, bringen die Ratten den Köder nicht damit in Verbindung. Durch die Einnahme von Vitamin K lässt sich der Prozess übrigens kehren. Aber sag das mal einer Ratte.

Warfarin – Heilmittel und Rattengift

Die Geschichte von Warfarin beginnt in der Prärie von Amerika und Kanada, mitten in der Großen Depression der 1920er-Jahre. Die Gürtel sind eng geschnallt, zu spaßen gibt's wenig. In dieser ökonomisch angespannten Situation fallen gesunde Rinder einfach um, innerlich verblutet. Untersuchungen zeigen, dass die Tiere vor allem dann sterben, wenn das Wetter nass und das Futter der Tiere feucht ist. Bald fällt der Blick auf den Steinklee (*Melilotus albus* und *Melilotus officinalis*). Feucht gelagert, entwickeln sich Schimmelpilze wie *Penicillium nigricans* und *Penicillium jensi* auf dem Steinklee. Normalerweise würde jeder Landwirt solches Heu wegwerfen, doch die Depression hat das Land eisern im Griff. Man verfuttert, was man hat. Erst nach 15 Tagen verpilztem Futter zeigen sich Symptome bei den Tieren, und nach 30 bis 50 Tagen kippt die Kuh um. Die Krankheit wird alsbald Steinklee-Krankheit genannt. Der Mechanismus dahinter wird jedoch erst im Jahr 1941 von Karl Link und Harold Campbell erkannt: Im verschimmelten Heu oxidiert Cumarin und bildet die blutgerinnungshemmende Substanz Dicoumarol. 1945 zwingt eine Rippenfellentzündung Karl Link eine Auszeit in einem Sanatorium auf. Wer viel Zeit hat, wird kreativ. Karl Link sinnt über die Anwendung von Dicoumarol als Rodentizid nach und macht sich nach seiner Genesung auf, verschiedene Varianten von Cumarin zu testen. Eins führt zum anderen. 1948 synthetisiert er erstmals Warfarin, im Jahr 1952 ist es bereits ein anerkanntes Rodentizid. Namensgeberin der Substanz ist die Wisconsin Alumni Research Foundation (WARF), die Karl Links Forschung über die Jahre unterstützt hat. Warfarin machte sich jedoch nicht nur einen Namen mit den Nagern, als «Coumadin» wird es auch im Gesundheitssystem eingesetzt. Sogar der 34. Präsident der USA, Dwight Eisenhower, bekam nach einem Herzinfarkt eine Dosis. Das war die beste Werbung, denn was gut für einen

Kriegshelden und Präsidenten der Vereinigten Staaten sei, so munkelte man, ist gut für alle – trotz Rattengift[13]. Noch heute wird Warfarin in der Humanmedizin angewendet. Allein in Großbritannien nehmen 8 Prozent aller über 80-jährigen Menschen Warfarin ein[14].

Hochbejubelt und höchstgefährlich

Es war toll. Mit Warfarin war endlich die Wunderwaffe gegen Ratten und Mäuse gefunden. Zwar musste das Gift stetig ausgelegt werden, denn ein Tier musste mehrere Dosen futtern, damit es umkam. Endlich aber konnte man so die Rattenbestände im Haus, auf dem Bauernhof und auf der Insel in kürzester Zeit dezimieren oder gar auslöschen. Die Anwendung fand großen Anklang. Bereits 10 Jahre später folgte allerdings die Ernüchterung: Berichtet wurde von resistenten Wanderratten[15]. Die WHO war entsetzt. Es stellte sich heraus, dass die Resistenz genetisch vererbt wurde. Als Folge davon wurde die zweite Generation der Antikoagulanzien (SGAR) entwickelt, die tödlicher ist als die erste Generation (FGAR). Zu den Mitteln der ersten Generation gehören Warfarin, Chlorophacinon, Coumatetralyl, Coumachlor, Coumafuryl und Pindone. Bei den SGAR sind Bromadiolon, Difenacoum, Brodifacoum, Difethialon und Flocoumafen bekannte Marken. Eine Dosis SGAR, und du bist tot. Man jubelte. Nicht nur sind SGAR potenter, man braucht auch weniger davon als von den FGAR. Meist verlässt man sich aber nicht auf eine einmalige Anwendung, sondern beködert alle 7 Tage neu[16]. Sicher ist sicher. Trotzdem ist die Bekämpfung nicht so effizient wie gewünscht. Manchmal fressen die Ratten den leckersten Köder nicht. Das ist häufig der Neophobie der Ratten geschuldet: Man frisst lieber, was man kennt. Der Mensch trägt zum Misstrauen der Ratten gegenüber neuem Futter bei. Studien zeigen, dass manche Rattengruppen vorsichtiger werden, je häufiger vergiftete Köder ausgebracht werden. Köder werden jedoch auch links liegen gelassen, wenn die Umgebung Besseres zu bieten hat. Warum Zwieback, wenn du einen Cheeseburger haben kannst?[17] Wo Ratten Futter mit viel Vitamin K fressen oder ihr Mikrobiom im Verdauungstrakt gar selbst Vitamin K produziert, heben sich die Auswirkungen von Antikoagulanzien teilweise bis fast gänzlich auf. Last but not least sind seit geraumer Zeit auch Resistenzen gegen SGAR bekannt[16], insbesondere bei den Weibchen beider Rattenarten. Die Situation ist beeindruckend. Eine Studie an Hausratten auf Bauernhöfen in Bulgarien wies eine Resistenz von 92 Prozent gegen Warfarin und 62 Prozent gegen Coumatetralyl nach, beides FGAR. Gegen Bromadiolone, ein SGAR, hatten immerhin 38 Prozent der

Allzeit bereit: Vielerorts wird Rattengift präventiv ausgelegt. Nicht selten ist diese kontinuierliche Rattenbekämpfung gar staatlich angeordnet.

Der Tod durch Antikoagulanzien ist keineswegs rasch und schmerzlos.

Ratten eine Resistenz entwickelt[18]. In anderen europäischen Ländern sieht es ähnlich aus: In Deutschland, Dänemark, Frankreich und Belgien sind Wanderratten bekannt, die resistent gegen Warfarin sind oder in geringerem Maß gegen SGAR wie Bromadiolone und Difenacoum[12]. Eine kleine genetische Veränderung ist der Grund dafür[16]. Auch Brodifacoum, eines der beliebtesten SGAR, verliert an Effektivität. In einer Studie in Neuseeland zeigte zum Teil erst die achtfache Dosis vom handelsüblichen Brodifacoum die gewünschte Wirkung an Hausratten[19]. Immerhin scheint bei der Wanderratte die genetische Resistenz mit einem reduzierten Fortpflanzungserfolg einherzugehen. Die Gefahr einer resistenten weltweiten Rattenpopulation scheint daher noch nicht gegeben[20].

Am Ziel vorbei

Schon früh wurde vor der schleichenden Vergiftung der Welt gewarnt[21]. Es zeigte sich bald, dass die Antikoagulanzien nicht nur die Ratten und Mäuse töteten, sondern frei herumliegende Köder auch von Hund, Katz und Kleinkind gefuttert wurden. Daher versteckte man die Köder flugs in eigens für Ratten konzipierten Boxen. Allerdings kommen Tierarten, die kleiner sind als Ratten und ebenfalls auf Erdnüsse, Schokolade und Fleischbällchen stehen, trotzdem an die Köder heran. Vögel und Eidechsen gehören neben Mäusen und Spitzmäusen dazu. Zudem stellte sich heraus, dass die Vergiftung mit Antikoagulanzien bei Weitem nicht so harmlos und schmerzlos ist, wie sie beworben wird. Die Substanzen lösen im ganzen Körper Blutungen aus, verbunden mit großen Schmerzen und Atembeschwerden, möglicherweise bis hin zu Lähmungserscheinungen oder einer Paralyse. Vergiftete Ratten sind weniger aktiv, bewegen sich nur mit Mühe und schlafen nicht mehr in ihrer normalen Position, sondern stehend mit gekrümmtem Rücken[22]. Schön ist das nicht. Und das Gift zieht seine Kreise in die Nahrungskette. Die vergifteten Ratten und Mäuse bewegen sich häufiger in offenem Gelände und das zur unüblichen Tages- statt Nachtzeit. Eine Hypothese ist, dass das Gift die Tiere langsam erblinden lässt und sie daher das Licht anders

wahrnehmen[16]. Für Raubtiere und Greifvögel sind die sich seltsam verhaltenden Tiere schlicht einfache Beute. Man spricht von indirekter Vergiftung oder secondary poisoning, wenn Beutegreifer mit Rodentiziden belastet sind, die sie über ihre Beute aufgenommen haben. Je nach aufgenommener Menge tötet das Gift den Beutegreifer ebenfalls. Von Insekten über Raubtiere bis Greifvögel sind viele Arten betroffen[23,24]. Haustiere, die Ratten erbeuten, sind nicht ausgenommen. Manchmal muss man mit einer Ratte nicht einmal in Kontakt kommen. Da Wanderratten meist in der Nähe von Gewässern unterwegs sind und das Rattengift dementsprechend platziert wird, ist eine Auswaschung des Gifts in die Gewässer möglich. Mit verheerenden Folgen: In Deutschland wurden unlängst Antikoagulanzien in Fischottern nachgewiesen[25], notabene einer Art, die sich hauptsächlich von Fischen ernährt.

Obwohl Antikoagulanzien hochtoxisch sind, wird deren Anwendung kaum überwacht, und es fehlen weitgehend konkrete Zahlen zum Einsatz von FGAR und SGAR. Konservative Schätzungen gehen von jährlich über 1000 Tonnen Antikoagulanzien in Deutschland aus. Diese Nonchalance gegenüber dem Einsatz von Antikoagulanzien ist eigenartig, denn die Stoffe werden als in der Umwelt persistente Gifte eingestuft, die sich in der Nahrungskette anreichern. Während andere Toxine mit denselben Voraussetzungen schon längst verboten sind, dürfen Antikoagulanzien in der Schweiz und in der EU fast uneingeschränkt eingesetzt werden. Immerhin dürfen seit dem 1. April 2025 keine Antikoagulanzien mehr an Privatanwender verkauft werden – bei so hochtoxischen Substanzen ein längst überfälliger Schritt.

— Alte Anwendungen neu gedacht

Die Entwicklung der hochpotenten chemischen Gifte hat in der ersten Hälfte des 20. Jahrhunderts eine hohe Erwartungshaltung geschürt. Antikoagulanzien und andere Gifte wurden als einfach anzuwendende und kostengünstige Mittel der Rattenbekämpfung angepriesen, auf die man sich verlassen konnte. Das Versprechen der Produzenten war, dass die Rattenpopulationen durch die Rodentizide zumindest lokal ausgerottet werden konnten. Die Abnahme der Wirksamkeit der Gifte, die zunehmende Vergiftung der Welt und die wachsende Sensibilisierung der Bevölkerung in Bezug auf Tierwohl führt seit einigen Jahren zu einem langsamen Umdenken in der Rattenbekämpfung. Der Begriff Integrated Pest Management (IPM) tauchte erstmals in den 1960er-Jahren in der Landwirtschaft auf. Die DDT-Resistenzen von Schadinsekten waren ein wichtiger Auslöser dafür. Man wollte wieder stärker weg vom Gift, hin zu einem ganzheitlicheren Ansatz. Lieber vorbeugen statt bekämpfen, so die Devise. Und wenn doch Schädlinge auftreten, dann soll die Bekämpfung mit einer klaren Strategie und Wirkungskontrolle erfolgen. IPM wird auch bei Ratten und anderen Nagetieren angewandt und als Integrated Rodent Management (IRM) bezeichnet. Zumindest auf dem Festland ist man weggekommen von der Idee der kompletten Ausmerzung der Rattenbestände. Ziel beim IRM ist es, den Rattenbestand nicht über ein bestimmtes Niveau anwachsen zu lassen. In Städten setzt man dabei verstärkt auf den Entzug der Ressourcen durch rattensichere Abfalleimer, eine straffe Müllentsorgung und ein konsequentes Auge auf Littering. Hinzu kommen Vorkehrungen an Gebäuden, um das Eindringen der Tiere zu verhindern. Gelegentlich macht man den Ratten das Leben auch unbewusst schwer:

Steigende Verkehrsdichten und zunehmende Bodenversiegelung verdrängen die Ratten aus Quartieren und Siedlungen[26].

Konsequent umgesetzte Maßnahmen von IRM sind elementar für eine langfristige Dezimierung von Rattenbeständen. Fehlen diese oder werden die Umsetzungen aufgehoben, erholen sich Rattenbestände schon innerhalb von wenigen Monaten[27]. Wo Ratten auftauchen, werden sie wieder verstärkt mit Methoden dezimiert, die seit Jahrhunderten angewandt werden und während der Zeit der Gifteuphorie etwas in Vergessenheit geraten waren: Fallen, biologische Schädlingsbekämpfung und die Rattenjagd mit Hunden[10]. Die Methodenentwicklung ging auch da weiter. Fallentypen mit durch Gasdruck angetriebenen Schlagbolzen, die sich automatisch wieder scharfstellen, werden heute erfolgreich eingesetzt. Dies vielleicht gar zur Freude von Beutegreifern, können sie sich ohne Gesundheitsrisiko an den Kadavern bei der Schlagfalle bedienen. Dasselbe gilt bei der Anwendung von Kohlenstoffdioxid, das als Gas oder Trockeneis in die Höhlensysteme eingelassen wird und sich als sehr effizient erwiesen hat. Einzig die Magie fehlt in den heutigen Managementplänen[2].

Die Rattenkontrolle ist ein Perpetuum mobile, das den Einsatz aller Beteiligten sowie eine hohe Frusttoleranz fordert. Solange nicht alle benachbarten Häuser und betroffenen Quartiere bei einer koordinierten Kampagne mitwirken, lässt sich der Rattenbestand nicht nachhaltig kontrollieren. Erfahrungsgemäß zieht ein Viertel

Die ökologischste und einfachste Rattenbekämpfung ist der Entzug der Lebensgrundlage. Werbekampagne des Umweltbundesamts Deutschland im Jahr 2025.

Stellt sich selbst nach einem Einsatz wieder scharf und ist obendrein giftfrei: moderne Schlagfalle nach verrichteter Arbeit.

der Hausbesitzer bei einer Kampagne aus unterschiedlichen Gründen nicht mit. Zum Teil sind das dann die Gebäude und Gärten, von denen aus die Ratten die Welt neu erobern. Dennoch gilt die Kontrolle heute als die effektivere Methode im Vergleich zur Ausmerzung.

— Neue Ideen gesucht

Nicht überall lässt sich ein rigoroses IRM durchsetzen. In Tierzuchten und in der pflanzlichen Lebensmittelproduktion mag die natürliche Bekämpfung nicht genügen. Auch darf die Idee der ganzheitlichen Kontrolle von Ratten nicht darüber hinwegtäuschen, dass Rodentizide ein hochlukratives Geschäft mit einem jährlichen Finanzvolumen von mehr als 5 Milliarden US-Dollar sind. Trotzdem scheint die Entwicklung von Rattengiften in der Forschung zu stagnieren. Die letzten Antikoagulanzien kamen in den 1980er-Jahren auf den Markt. In Neuseeland besinnt man sich derzeit auf ein Gift, das man bereits im Jahr 1964 entdeckt hatte und das aufgrund der Effizienz der Antikoagulanzien in Vergessenheit geraten war: Norbormid. Dieses Gift wirkt spezifisch auf die Mitochondrien von Ratten und führt bei den Tieren zu massiven Krämpfen, Koma und Tod. Schnell geht es nicht. Der Tod kann nach wenigen Minuten eintreten oder erst Tage später[28]. In den USA hingegen setzt man seit Kurzem auf ein orales Verhütungsmittel für Ratten mit dem klingenden Namen ContraPest®. An das Potenzial von der Pille für die Ratte glaubt man auch in Europa. Noch weiter geht die Idee der genetischen Bekämpfung, bei der nur noch ein Geschlecht entsteht[29]. Ob solche Entwicklungen überhaupt ethisch vertretbar sind, wird von der Forschung und der Politik in der Hitze des Gefechts gern ausgeblendet. Der Krieg gegen die Ratte geht weiter.

— Komplett unerwünscht

Auf Inseln, wo Ratten unverhältnismäßig viel Schaden anrichten können, ist man an IRM nicht interessiert. Lange nahm man die dort invasiven Arten als unausweichliches Problem hin, mit dem man leben musste, doch Neuseeland machte da vorwärts. Mit seinen zahlreichen endemischen Arten auf den vielen Inseln schien dem Land der Tribut an die Ratte zu hoch. Heute ist Neuseeland führend in Forschung und Umsetzung bei der Ausrottung von invasiven Arten auf Inseln. Es wurden Techniken entwickelt, neue Rodentizide ausgetüftelt und die Art und Weise der Ausbringung – beispielsweise die Ausbreitung via Luft –

weiterentwickelt. Eine komplette und langfristige Auslöschung eines Rattenbestandes ist allerdings meist nur in gut abgegrenzten Lebensräumen möglich, die wenig Immigrationspotenzial für neue Ratten aufweisen. Man denke dabei an eine kleine und isolierte Insel mit einem überschaubaren Rattenbestand. Der Teufel sitzt allerdings im Detail – oder eher in der letzten Ratte. Denn die letzten paar Tiere, die es zu töten gilt, benötigen den größten Aufwand und sind gleichzeitig jene, die über den Erfolg einer Kampagne entscheiden. Und das kann dauern: je nach Inselgröße einen Tag oder 55 Jahre[30]. Das Ganze kann zwischen 3 und 20 000 US-Dollar pro Hektar kosten[31]. Nicht nur die Dauer und die Finanzen gilt es zu bedenken, auch die Funktion der Ratte im Ökosystem muss verstanden sein. Ist sie die einzige Bestäuberin einer Pflanze oder die Hauptbeute von den ansässigen Raubtieren, dann führt ein kompletter Wegfall der Rattenpopulation zu neuen Herausforderungen[32,33].

Alles in allem aber lassen sich Ratten auf Inseln eliminieren. Bis jetzt hat man auf über 453 Inseln erfolgreich Rattenbekämpfungen durchgeführt, wie die Database of Island Invasive Species Eradication auflistet[34]. Das macht Mut, und so werden derzeit auch größere Inseln ins Visier genommen, wie Campbell Island in New Zealand mit einer Fläche von 11 300 Hektar. Einfacher ist es jedoch, die Ratten gar nicht auf die Insel oder ins Land kommen zu lassen. Rigorose Kontrollen, Ausräuchern von Autos und Maschinen mit Giften und eine engmaschige Überwachung auf allfällige Rattenankömmlinge auf Inseln gehören heute vielerorts zum Standard. An Häfen und auf Schiffen werden sogenannte Ratguards eingesetzt, ursprünglich eine Erfindung aus dem 19. Jahrhundert[35]. Das sind Platten aus Plastik oder Metall, die an den Schifftauen angebracht werden und die Ratten daran hindern, aufs Schiff zu gelangen. Die Schiffe selbst werden nach Möglichkeit so gebaut, dass sich Ratten möglichst schlecht einnisten können. Das gelingt jedoch längst nicht überall.

Oft geht es auf den rattenfrei gemachten Inseln mit der Biodiversität bergauf. Gelegentlich scheint der Grund für den Rückgang einer Art aber nicht in Form von Ratten herumzuhuschen. So brachte die groß angelegte Rattenbekämpfung zur Rettung des Dunklen Sturmtauchers *(Ardenna grisea)* auf neuseeländischen Inseln nicht die erwartete Entspannung. Die Ursache dafür, dass sich die Art nicht erholt, liegt weit draußen im Meer. Laut einer Studie sollen zwischen 1952 und 2002 bis zu 12,8 Millionen Dunkle Sturmtaucher und bis zu 21,2 Millionen Kurzschwanz-Sturmtaucher *(Ardenna tenuirostris)* in Schleppnetzen verendet sein[36]. Die Verluste durch die Langleinenfischerei, bei der Tausende von Vögeln jedes Jahr an den Angelhaken hängen bleiben, sind da noch gar nicht mit eingerechnet. Ebenfalls in der Gleichung nicht enthalten sind der Nahrungsverlust infolge der Ausbeutung der Meere durch den Menschen und die Auswirkungen des Klimawandels[37].

Auf dem Festland sticht die kanadische Provinz Alberta als rattenfreie Zone heraus. Nachdem im Jahr 1950 die ersten Ratten in Alberta entdeckt worden waren, wurde umgehend ein rigoroses Rattenbekämpfungsprogramm entlang der Grenze mit Saskatchewan gestartet, das bis heute in Kraft ist. Die Rattenkontrollzone ist über 600 Kilometer lang und 29 Kilometer breit. Jede Gemeinde engagiert einen Ratteninspektor, obendrein sind alle Privatpersonen und die Behörden rechtlich dazu verpflichtet, Ratten zu bekämpfen. Die Nulltoleranz bei Ratten macht vor dem Privatleben nicht halt: In Alberta ist die Heimtierhaltung von Ratten für Privatpersonen nicht gestattet.

Zum Töten verpflichtet

Die Ratte hat nur wenige Befürworter. Ihre negative Reputation in Kunst, Literatur, Politik und in den Medien hat ihr keine Freunde beschert. Die Situation der Ratte ist grundsätzlich paradox. Auch im Recht. Je nachdem, in welchem Lebensraum und in welchem Nutzungsverhältnis die Ratte zum Menschen steht, wird sie im Recht anders behandelt. Zahlreiche Vorschriften kommen bei Laborratten und der Haltung von Heimratten zum Zug, wobei besondere Aufmerksamkeit auf das Wohlbefinden und die Schmerzvermeidung gelegt wird. Dieselben Regierungen fordern die Bürgerinnen und Bürger im selben Atemzug auf, bei Rattenbefall hart einzugreifen. Das Ziel rechtfertigt dabei viele Mittel und Methoden, die in der Tierhaltung nicht erlaubt sind. Manche Regierungen gehen noch weiter. In vielen Ländern steht die Bekämpfung gar im Gesetz, um die Lebensmittelhygiene, die Gesundheit der Bevölkerung und die Vermeidung von Tierseuchen zu gewährleisten. Das kann dazu führen, dass Hauseigentümer zur Rattenbekämpfung gar verpflichtet sind, wie beispielsweise in Wien. Wie sie das machen, steht ihnen weitgehend frei, obwohl die Rattenbekämpfung zahlreiche Gesetze tangiert. Wer sich heute als Schädlingsbekämpfer ausbilden lässt, muss sich im Abfallrecht, Arbeitsschutzrecht, Artenschutzrecht, Biozidrecht, Bodenschutzrecht, Chemikalienrecht, Gefahrgutrecht, Gesundheitsrecht, Jagdrecht, Lebensmittelrecht, Naturschutzrecht, Pflanzenschutzrecht und Tierschutzrecht auskennen. Dieses Anforderungsprofil steht den Privatanwendern diametral gegenüber, die – salopp gesagt – zumindest noch bis vor Kurzem auf dem Heimweg unkompliziert hochtoxische Substanzen in der Drogerie einkaufen konnten, um diese zwischen Wäscheaufhängen und Abendessen trällernd ums Haus zu verstreuen.

Mit sogenannten «Ratguards» werden Ratten daran gehindert, entlang der Taue auf Schiffe zu gelangen.

19 Von der Gosse ins Wohnzimmer

Die Ratte mäandriert zwischen Liebe, Aufopferung und Hass. Die wilde Wanderratte lebt im Untergrund und wird als Schädling erbittert verfolgt. Im Labor wird sie derweil zahlreich gezüchtet, um der Wissenschaft mit Leib und Leben zur Verfügung zu stehen. Beiden steht die zahme Artgenossin gegenüber, die als Haustier geherzt und gepflegt wird.

Die Trendsetter waren diesmal die Punks. In den 1980er-Jahren war der Punk auf den Straßen Europas allgegenwärtig und die Ratte mittendrin. Als Punk betonte man das Unübliche, Dreckige und Provozierende. Zerfetzte Kleidung, Stecknadeln im Gesicht und die Ratte auf der Schulter waren Statements gegen das Establishment. Der Sprung von den Schultern der Punks hinein in die bürgerlichen Wohnzimmer und Kinderstuben war nicht weit. Heute leben etwa 240 000 Ratten als Haustiere in Deutschland, in Großbritannien sind es um die 100 000 Tiere und in den USA über eine Million. In der Schweiz und in Österreich sind dazu keine Daten bekannt. Farbratte nennt man die domestizierte Form der Wanderratte. Der Name kommt von den unterschiedlichen Fellfärbungen, die sich von den agoutifarbenen Haaren der wild lebenden Wanderratten unterscheiden. Schwarz, Braun, Grau – die Fellfarben sind vielfältig und werden mit edlen Namen wie Russian Blue, Topaz, Mink oder Burmese bezeichnet. Je nachdem, ob und wie das Fell der Ratte gezeichnet ist, kommen Attribute wie «hooded», «masked» oder «headspotted» dazu. Doch damit nicht genug. Man hat sich auch an die Körperform und die Haare gewagt: Die Zuchtform Dumbo hat große Ohren, Rex hat gekräuselte Haare, die Nacktratte keine Haare und Tailless keinen Schwanz. Diese Züchtungen gelten allerdings weitgehend als Qualzuchten, da die Funktionen der Ohren, der Vibrissen und des Schwanzes stark eingeschränkt bis weggezüchtet wurden. Die Stellung der Ohren und Ohrmuscheln wirkt sich auf das Gehör aus, die gekrausten Vibrissen leiten schlecht, und der Schwanz ist Teil des Gleichgewichtssinnes. Das Rattenleben ist dementsprechend beeinträchtigt.

Rat pits

Der Weg von der Gosse ins Wohnzimmer war verschlungen. Für den Ursprung der heutigen Farbratten muss man ins England des 19. Jahrhunderts zurückgehen. Dort erschien im Jahr 1822 einer der ersten Artikel über eine handzahme Ratte. Samuel Moss fing eine weiße Ratte in den Ställen eines Lords, und weil sie so eine hübsche Färbung hatte, behielt er sie. Die Ratte stellte sich als überaus zahm heraus und erregte sowohl die Aufmerksamkeit der Bevölkerung wie auch die eines Journalisten der lokalen Zeitung. Der Artikel über die zahme weiße Ratte in den Cheltenham Chronicles stieß auf ein unerwartet großes Echo und wurde kurz darauf gar in einem Magazin von New York abgedruckt[1]. Die Haltung einer Ratte als Haustier war jedoch noch einige Jahre einzelnen Sonderlingen vorbehalten. Erst im Jahr 1835 brachte ein Gesetz, das auf den ersten Blick nichts mit Ratten zu tun hatte, die Tiere landesweit ins Rampenlicht. Mit diesem neuen Gesetz wurden in Großbritannien die Tierkämpfe verboten, also jene blutigen Kämpfe, in denen Bären, Stiere, Dachse, Hähne und Hunde zur Volksbelustigung gegeneinander aufgehetzt wurden. Diesem Überbleibsel aus dem alten Rom hat man bis dahin gerne beigewohnt. Es war Freizeitvergnügen und Wettgelegenheit in einem. Das neue Gesetz passte daher nicht allen, und man weigerte sich, diesen jahrhundertealten Spaß einfach fallen zu lassen. Man suchte nach Alternativen, und der Blick fiel auf die Ratten, denn es hatte ja viel zu viele davon in den Städten, und töten sollte man sie alle sowieso. Warum also diesem Umstand nicht eine Prise Unterhaltung beifügen? «Ratting» wurde – neben den illegal immer noch stattfindenden Hunde- und Hahnenkämpfen – eine überaus beliebte «Sportveranstaltung». In den sogenannten «Rat pits», einem offenen Verschlag, um den man sich gruppieren konnte, setzte man bis zu 100 und mehr Ratten und einen Hund hinein und wettete auf die Zahl der Ratten, die der Hund innerhalb einer gewissen Frist töten konnte. Berühmt wurde Billy, ein Bullterrier, der zu seiner Bestzeit 100 Ratten in 5 Minuten und 30 Sekunden tötete – kaum mehr als drei Sekunden pro Ratte – und damit in die Annalen einging[1]. Bei derlei Veranstaltungen wechselte viel Geld die Hände, und die Rattenhunde waren Gold wert. So soll ein Welpe von Billy für 14 britische Pfund verkauft worden sein, was heute einem Wert von 1400 Pfund entsprechen würde. Das war damals ein Vermögen, lag doch der durchschnittliche Monatslohn eines Arbeiters in London zu der Zeit bei 50 britischen Pfund[2].

Links die Zuchtvariante «Dumbo» und rechts die Zuchtvariante «Rex», bei der auch die Vibrissen gekraust sind.

Die Geburtsstunde der Farbratte

Das Interesse an den Rattenkämpfen war groß und ging durch alle Gesellschaftsschichten. Pub-Besitzer landauf, landab richteten sich eine «Rattenarena» ein, und die Nachfrage nach Ratten schoss durch die Decke. Die Stunde der Rattenfänger war gekommen. Gut möglich, dass der eine oder andere heimlich eine Rattenzucht anlegte, um das eigene Angebot künstlich zu erhöhen und die Nachfrage zu decken. Zwei Namen stechen bei den Rattenkämpfen heraus: Jack Black und Jimmy Shaw. Jack Black ist wohl der

berühmteste Rattenfänger aller Zeiten. Der Londoner war seines Zeichens der offizielle Ratten- und Maulwurffänger Ihrer Majestät, der Königin Victoria. Jack Black war verantwortlich für die Dezimierung der Rattenplage in London und mit Gift und Hund auf täglichem Rattenfang. Dabei ließ er es nicht bewenden, denn der lukrative Handel rund um die Rat pits ging nicht unbemerkt an ihm vorbei. Jack Black hatte effiziente Rattenhunde wie Billy zu bieten, und als Rattenfänger saß er an der Quelle für lebendige Ratten. Einen Teil der gefangenen Ratten verkaufte er an Rat pits, allen voran an Jimmy Shaw. Jimmy Shaw wiederum war der Besitzer der Blue Anchor Tavern an der 102 Bunhill Row, in dem einer der umsatzstärksten Rat pits von London stationiert war. Der Bedarf allein dieser Rattenarena betrug ca. 26 000 Ratten pro Jahr[2]. Besonders schöne Tiere mit spezieller Fellfärbung behielt Jack Black jedoch für sich und begann mit der Zucht. Natürlich zeigte er diese handzahmen Tiere herum, und hier und da erwachte das Interesse, selbst so eine

Tiny der Terrier in Action in der berühmt-berüchtigten Blue Anchor Tavern in London.

hübsche Ratte zu besitzen. Insbesondere Frauen schienen an den auffällig gefärbten Ratten Gefallen gefunden zu haben. Jack Blacks Einzugsgebiet beschränkte sich nicht nur auf London; er verkaufte seine Ratten über die Landesgrenzen hinaus[3]. So kam es, dass aus einem Rattenfänger einer der ersten Züchter von domestizierten Wanderratten wurde und er dadurch den Weg für ganz neue Wirtschaftszweige ebnete.

— Flackernde Rattenliebschaft

In England und anderswo in Europa nahm die Faszination für domestizierte Wanderratten im 19. Jahrhundert Fahrt auf. Bereits im 18. Jahrhundert war in England die Lust an der Zucht verschiedener Tierarten aufgekommen; man züchtete spezielle Merkmale von Tauben und anderen Tieren und gründete Vereine. Weiße Mäuse waren hoch im Kurs. Schon 1798 konnten Albinomäuse in Zoofachgeschäften in London gekauft werden. Bei der Ratte dauerte es noch etwas, doch um das Jahr 1850 waren auch sie in den Fachgeschäften keine Seltenheit mehr[4]. Einmal etabliert, kamen sie groß raus und alsbald auch weit herum, wie das Beispiel der drei zahmen Albinoratten zeigt, die im Jahr 1853 mit Captain Inglefield den Nordpol bereisten – das ganz «zur Freude der Besatzung», wie es in Francis Bucklands «Curiosities of Natural History» heißt[5]. En vogue soll die Albinoratte gegen Ende des 19. Jahrhunderts auch in Paris geworden sein. Der «Jardin des Plantes», ein ehemaliger botanischer Garten, trug möglicherweise zum Entzücken der Pariser an Ratten bei. In der Ausstellung des naturhistorischen Museums lebte spätestens seit 1856 eine Kolonie von schwarz-weiß gefärbten Farbratten, die man bei ihren vielfältigen Tätigkeiten beobachten konnte[6].

Die größten Rattenfreunde blieben jedoch die Engländer. 1885 wurde in Großbritannien der «National Rabbit Club» gegründet, 1895 der «National Mouse Club» (NMC). Bereits sechs Jahre später wurde die Kategorie «Rat, any variety» in das Programm der jährlichen Ausstellung der National Mouse Clubs aufgenommen, bei der die schönste Ratte prämiert wurde. Die Freude an den Farbratten wuchs und 1912 wurde der NMC um die Ratte ergänzt und für einige Jahre in «National Mouse and Rat Club» (NMRC) umbenannt. Allerdings hielt das Interesse an den Ratten nicht an. Während der beiden Weltkriege verschwanden die meisten wieder aus den Heimkäfigen. Erst in den 1960er-Jahren tauchte die Ratte als Begleittier der Punks wieder auf. Heute sind es nicht mehr die Rattenfänger, die den Rattenhandel vorantreiben, vielmehr stammen die «neuen» Farbratten aus den großen Laboratorien der Tierversuche (siehe *Replace, reduce, refine,* S. 189). Die Tumore, die bei einem Großteil der heutigen Farbratten im Verlauf ihres Lebens wuchern, sind Zeitzeugen dieser Vergangenheit. Bis heute sind Farbratten als Heimtiere beliebt. Die zahlreichen Vereine wie der «Club der Rattenfreunde Schweiz», der «Verein der Rattenliebhaber und -halter in Deutschland e.V.», die «National Fancy Rat Society» in Großbritannien oder der «Rat & Mouse Club of America» belegen dies. Obschon die Farbratte weiterhin nur eine Nische im Wohnzimmer besetzt, hat sie umtriebige Freunde und daher die Nase beim Welttag vorn: Der World Rat Day am 4. April wurde im Jahr 2002 zum ersten Mal gefeiert, 4 Monate vor dem ersten World Cat Day am 8. August 2002 und Jahre vor dem World Dog Day, der anscheinend am 10. Oktober 2010 erstmals stattfand.

Zeitlos

Zur Beliebtheit von Farbratten tragen Kulturschaffende bei. Beatrix Potter, berühmt für ihre Kinderbücher, war eine dermaßen begeisterte Rattenhalterin, dass sie Samuel Whiskers, ihrer Farbratte, gar ein Buch widmete[7]. Auch im Kinderbuch «The Wind in the Willows» von Kenneth Grahame[8] taucht eine positiv dargestellte Ratte auf. Weder in der Wildnis noch im Wohnzimmer zu Hause sind die Ratten des Künstlers Banksy. Ratten sind von ihm klar deklarierte Lieblingssujets. Seine Ratten erscheinen auf Gebäudemauern, sie sind widerspenstig, intelligent und gelegentlich rachedurstig. Immer jedoch halten sie den vorbeihetzenden Menschen den Spiegel vor[9]. Einen Farbrattenboom lösten die Ratten von Banksy bisher nicht aus. Das gelang hingegen dem Film «Ratatouille», der im Jahr 2007 die Ratte wieder mitten hinein in die Wohnzimmer katapultierte. Die Geschichte von Rémy, einer Ratte mit dem Traum, ein französischer Gourmetkoch zu werden, führte unmittelbar danach zu einer erhöhten Nachfrage

«We are sorry to hear that, through the inconsiderate action of the antiquated people who still take dogs to the park, the pet rat of Lady Piper had a narrow escape from what might have been a serious accident», Society Notes.

von Farbratten sowie einer positiveren Einstellung der jüngeren Generation gegenüber Ratten im Allgemeinen[10]. Der Erfolg von Rémy hallt bis heute nach. Nicht jedes Heimtier kann sich brüsten, «Tier des Jahres» gewesen zu sein. Die Farbratte schon. Der Zentralverband Zoologischer Fachbetriebe ZZF wählte sie zum Heimtier des Jahres 2025.

Im Osten nichts Neues

Die Faszination für die Farbratten mag in Europa aus den Rat pits im 19. Jahrhundert entstanden sein, doch neu war diese Mode alleweil nicht. In Japan waren domestizierte Ratten bereits viel früher in Mode gekommen. Erste Nachweise datieren aus dem Jahr 1654, wo Ingenzenji, ein buddhistischer Mönch, von China nach Kyoto auswanderte und seine weiße Ratte mitbrachte[11]. Das japanische Interesse an den Tieren war anhaltend. Die Abbildungen im Zuchtbuch «Yoso-tama-no-kakehashi» aus dem Jahr 1775 und im Zuchtbuch «Chinganso-dategusa» aus dem Jahr 1787 zeigen Farbratten mit Färbungen, wie man sie heute kennt[12]. Die Zucht von Ratten scheint keineswegs elitär gewesen zu sein, denn zumindest in einem Buch werden mindestens fünf Läden in Osaka erwähnt, in denen man diese Tiere erstehen konnte[13]. Ob es sich dabei um Wanderratten gehandelt hat, ist unsicher. Auch in Europa kann man nicht davon ausgehen, dass alle erwähnten zahmen Ratten im 18. Jahrhundert Wanderratten waren. Zumindest die Abbildung der weißen Ratte im Buch «Erster Beytrag zur Naturgeschichte der vierfüßigen Thiere» aus dem Jahr 1794 zeigt eine weiße Hausratte[14]. Zwar ist die Hausratte heute als Haustier nicht komplett verschwunden, doch scheint sie noch mehr als die Farbratte ein Nischendasein in den Wohnzimmern zu führen.

Eine Hommage an die Farbratte: Samuel Whiskers von Beatrix Potter.

Ob sie oder ihre Vorfahren in einem Käfig lebten? Eine eigenwillig gefärbte Wanderratte unterwegs in der Natur.

20 Forschungswunder

Viele Physiologen, Pharmakologen, Toxikologen und Pathologen gehören zum Kreis der Rattenfans. Für sie ist die Ratte das wichtigste Labortier. Trotz aller Begeisterung für die Laborratte ist das eine ziemlich einseitige Geschichte.

Der Mensch hat sich die Wanderratte für seine Zwecke und aus Neugier angeeignet und sie zum Forschungsobjekt degradiert. Laborratten werden für die Grundlagen- und Verhaltensforschung, für die Ausbildung neuer Wissenschaftler, für die medizinische Diagnose sowie für die Erprobung und Auswirkung von Heilmitteln, Nahrungsmitteln und Umweltgiften eingesetzt. An der Laborratte wird auch die Wirksamkeit von Giften getestet, die ihren wilden Artgenossen den Garaus machen sollen[1]. Es gibt kaum einen Stoff, der nicht an einem Labortier getestet wurde. Immerhin sind in der EU seit dem Jahr 2013 Tierversuche zur Entwicklung von Kosmetika, Waschmitteln und der Tabakindustrie verboten. Viele Publikationen über Experimente an der Laborratte lesen sich wie Horrorgeschichten. Sie wird mit Elektroschocks malträtiert, aufgeschnitten und seziert. Mal lässt man sie um ihr Leben schwimmen, mal muss sie hungern, immer wieder wird sie starken Schmerzen ausgesetzt. Ihr werden Drogen verabreicht, Elektroden ins Hirn eingepflanzt und Organe entnommen. Man hat Krankheiten in sie hineingezüchtet und ihr Genom verändert.

— 110 Millionen

Das Schicksal im Labor teilt die Laborratte mit anderen Tierarten. Wie viele Tiere weltweit für die Grundlagenforschung und für die angewandte Forschung eingesetzt werden, ist nicht bekannt. Man geht von etwa 110 Millionen Versuchstieren jährlich aus. Genauer weiß man es

in Europa, denn hierzulande wird jedes einzelne Tier dokumentiert. Im Jahr 2023 wurden in Deutschland 2 128 520 Tiere in der Forschung genutzt: 1 456 562 Tiere für Versuche und die restlichen 671 058 Tiere für Organ- oder Gewebeproben. In der Schweiz waren es im selben Zeitraum insgesamt 595 305 Tiere, in Österreich 223 266. Ein Tierversuch ist nicht einfach ein Versuch, man unterscheidet zwischen unterschiedlichen Schweregraden. In der Schweiz geht die Skala von 0 bis 3. Bei Tests mit Schweregrad 0 werden Tiere nicht in ihrem Wohlbefinden beeinträchtigt. Am anderen Ende der Skala liegt der Schweregrad 3, der für das Versuchstier mit langfristigen Schmerzen oder Schäden sowie einer schweren Beeinträchtigung des Wohlbefindens einhergeht. In der Schweiz wurden im Jahr 2023 gut 39 Prozent aller Versuchstiere einem Schweregrad 0 ausgesetzt und 5 Prozent dem Schweregrad 3[2]. Gelitten haben in erster Linie 23 616 Mäuse, gefolgt von 1537 Fischen und 757 Ratten[3]. Doch unabhängig vom Schweregrad ist die Ratte am Ende des Versuchs tot.

— Replace, reduce, refine

Die Idee, die Anzahl der Tiere und die Belastung, der sie ausgesetzt sind, zu verringern, gibt es schon lange. 1959 schlugen William Russell und Rex Burch das «Prinzip der 3R» in Tierversuchen vor: Replace, reduce, refine[4]. Dabei sollen die Tierversuche durch andere Methoden ersetzt werden (Replacement), die Zahl der Tiere soll reduziert (Reduction) und die Belastung der Tiere eingeschränkt werden (Refinement). In der EU und der Schweiz wird dieses Prinzip rechtlich anerkannt. Tierversuche sollen dementsprechend nur dann durchgeführt werden, wenn das Prinzip angewandt wird. Mit diesem Prinzip konnte in der Schweiz in den letzten 30 Jahren die Zahl der Versuchstiere von 2 Millionen auf gut 600 000 Tiere reduziert werden. Trotzdem scheint die Abkehr schwierig zu sein. Immens ist auch nach wie vor der Verbrauch an Labortieren außerhalb des Labors, denn von den rund 2,1 Millionen Versuchstieren Deutschlands im Jahr 2023 wurden 1 373 173 Tiere für Versuche gezüchtet oder importiert, aber nicht eingesetzt. In der Schweiz waren es insgesamt 1,2 Millionen Tiere, wobei gut die Hälfte nicht eingesetzt wurde. Dieser Überschuss an Versuchstieren wurde euthanasiert oder für die Zucht weiterverwendet. Ein kleiner Teil dieser Tiere wurde an Privathalter und Privathalterinnen abgegeben. Genaue Zahlen über diese Tiere, die aus dem Labor entlassen wurden, sind nicht bekannt[2]. Unbemerkt geht diese Situation an der Wissenschaft nicht vorbei. Seit 1959 ringt die Wissenschaft um einen besseren Umgang mit Labortieren, auch mit jener Überproduktion[5].

Ein Käfig für Laborratten muss gemäß EU-Richtlinie mindestens 18 cm hoch sein und für ein 300 Gramm schweres Tier 250 cm² Fläche aufweisen. Das ist weniger als ein A4-Papier pro Ratte.

— Leben im Labor

Die Wanderratte war bald nach ihrer Ankunft in Europa Gegenstand der Forschung. Schon 1828 wurden Ratten in England, Deutschland und Frankreich für Studien in der Physiologie eingesetzt, im Jahr 1856 erschienen die ersten Publikationen. Sie handelten von den Auswirkungen der Entfernung von Nebennieren, von der Reaktion auf Strychnin, von der Blutzirkulation im Auge und

von Adrenalin[4,6]. Das Interesse an der Albinoratte stieg. Erste Zuchtexperimente fanden in Deutschland zwischen 1877 und 1885 statt. Die Freude an den Ratten schwappte auf Amerika über. 1890 begann Henry Donaldson an der University of Chicago, Albinoratten in der neuroanatomischen Forschung einzusetzen. Befürworter und Initiator für die Nutzung dieser Ratten war Adolf Meyer, ein Schweizer Neuropathologe von der Universität Genf, der zu dieser Zeit ins Forschungsteam von Henry Donaldson gewechselt hatte. Bald wurden die Tiere an der Universität gezüchtet und vermehrt für Experimente genutzt. Henry Donaldson gilt als Vater der heutigen Laborratten und sein Wechsel an das Wistar Institut in Philadelphia hat diese Forschungsinstitution durch die Namensgebung der Zuchtratten nachhaltig berühmt gemacht. Denn ab 1906 beschäftigten sich Henry Donaldson und sein Team mit der Standardisierung von Albinoratten. Ursprünglich ging es darum, Zuchtstämme zu generieren, die möglichst ähnliche Daten zu Hirnwachstum und Hirnentwicklung produzierten, später wurde das auf viele weitere Forschungsfelder ausgeweitet. Man arbeitete konsequent mit Inzucht und entwickelte dadurch die unterschiedlichen Zuchtlinien. Helen Dean King war bei der Erschaffung dieser sogenannten Wistar-Ratten eine treibende Kraft.

Sie war maßgeblich an der Entstehung der heutigen Laborratten beteiligt: Helen Dean King.

Laborratten sind nicht zwingend Albinos. Die Zuchtlinie «Brattleboro» stammt aus einem einzigen Wurf aus dem Jahr 1961 und hat einen genetischen Defekt, der Diabetes auslöst.

Wistar, Long-Evans & die Rat Genome Database

Die Zuchtstämme aus dem Wistar-Institut heißen noch heute King Albino, Lewis oder Brown Norway. Bei Letzteren wurden wilde Wanderratten wieder in die Linie eingezüchtet – ein Verfahren, das bei Laborratten immer wieder angewandt wurde. Doch nicht nur am Wistar-Institut züchtete man Ratten, auch andere Universitäten sprangen auf. Herbert McClean Evans und Joseph Long an der University of California in Berkeley begannen ihr eigenes Zuchtprogramm mit einigen Wistar-Ratten und gefangenen wilden Tieren in der Umgebung. Die Nachkommen dieser Tiere sind heute als «Long-Evans Ratten» bekannt. Weitere Stämme, die in irgendeiner Form von den Wistar-Ratten abstammen, heißen Sprague Dawley, Fischer oder Lister. Sie alle haben ihren Ursprung zwischen 1906 und 1930. Heute sind über 1300 Zuchtlinien bekannt, davon 738 reine Inzuchtlinien. Um das Jahr 1990 öffnete sich ein weiteres Fenster für die Zuchtlinien: In Berlin wurde die erste transgene Ratte «entwickelt». Das war erst der Anfang, bis heute wurden in 247 Zuchtlinien Gene von anderen Arten eingeschleust[7]. Man musste sich noch bis ins Jahr 2024 gedulden, doch dann war das Genom der Ratte komplett entschlüsselt. Heute findet man auf der Rat Genome Database (http://rgd.mcw.edu) Informationen zu Genomen ganzer Zuchtlinien bis hin zu spezifischen Genen, die für die Forschungsstudien relevant sind. Die Datenbank ist hilfreich, wenn man Ratten mit spezifischen Krankheiten, Genmutationen oder mit artfremden Genen für die eigene Forschung benötigt. Während die Zuchtlinien vor allem für medizinische Versuche verwendet werden, fängt man bei Bedarf gern wilde Wanderratten ein, um die Auswirkung von Umweltgiften und Rodentiziden zu messen oder die Übertragung von Zoonosen zu untersuchen. Nicht zuletzt wird auch Verhaltensforschung an den wilden Artgenossen betrieben, dies oft mit Blick auf die Rattenbekämpfung[8].

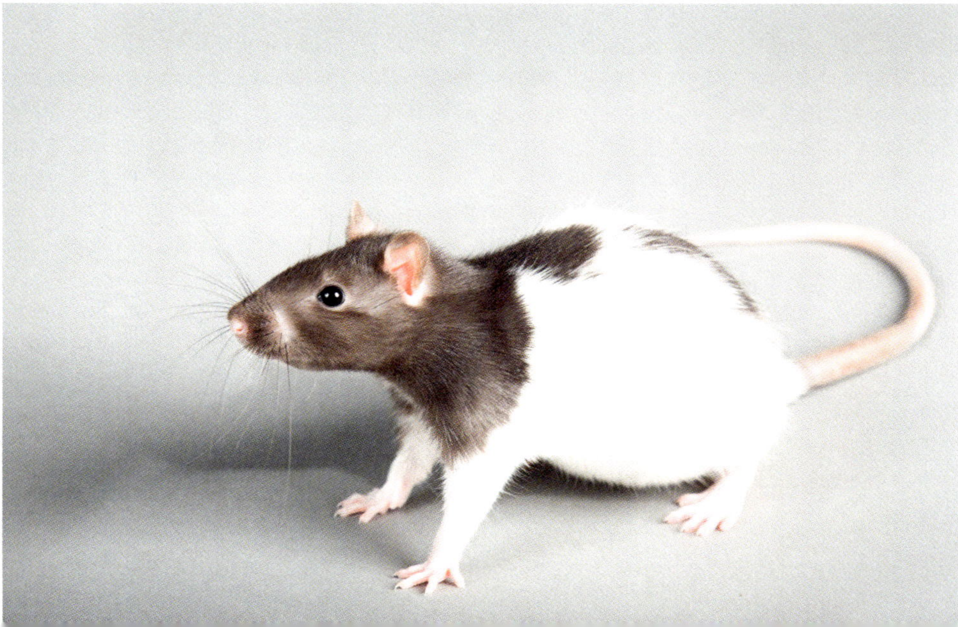

Zeichen der Zeit

Trotz aller Zucht handelt es sich bei den Laborratten nach wie vor um Wanderratten. Überaus praktisch für die Forschung ist es, dass die weibliche Laborratte mit einem kürzeren Fortpflanzungszyklus als jener der wilden Artgenossin und mit bis zu 16 Jungtieren pro Wurf zu einer schnellen Vermehrung der Forschungsobjekte beitragen kann. Auch sonst haben 100 Jahre Aufenthalt im Labor die Wanderratte verändert: Die Laborratte unterscheidet sich dadurch, dass sie je nach Zuchtlinie kleiner, zahmer und dümmer geworden ist als ihre wilden Artgenossen und sich teilweise anders verhält[9]. Zumindest einige Zuchtlinien graben weniger und haben ihre Fähigkeit für komplexe Tunnelbauten eingebüßt. Das scheint irgendwie logisch. Wer seit Generationen in eintönigen Käfigen hockt, keine Feinde kennt und nicht mehr graben muss, dem entschwindet diese Fähigkeiten aus den Genen[10]. Nichtsdestotrotz darf man die Laborratte nicht unterschätzen. Sie schließt in Tests gelegentlich besser ab als ihre wilde Artgenossin[11]. Und obwohl man ihre Vorfahren schon vor langer Zeit der Wildnis entnommen hat, haben sich die Laborratten einen Teil der Wildheit bewahrt und könnten sich sehr wohl wieder außerhalb des Labors behaupten. Womöglich würde ihnen allerdings zu Beginn der Albinismus einen Strich durch die Rechnung machen. Albinismus wird durch die Mutation eines einzelnen Genes hervorgerufen, die natürlicherweise etwa einmal in über 12 000 Geburten vorkommt. Im Genom angekommen, ist Albinismus vererbbar. Da es rezessiv ist, muss die Mutation in beiden Kopien des Gens vorliegen, damit der Träger oder die Trägerin zu einem Albino wird. Albinismus kommt nicht ohne Verluste: Albinoratten haben eine schlechtere Seh- und Geruchsleistung[12]. Die vielen kleineren und größeren Unterschiede zwischen der Laborratte und der wilden Wanderratte haben bereits zu einer Art Meta-Forschung geführt. In diesem Forschungszweig werden die Unterschiede dieser zwei «Lebensformen» genetisch, anatomisch und in ihrem Verhaltensrepertoire verglichen.

Startschuss der modernen Forschung

Die Ähnlichkeit von Tieren und Menschen wurde schon von den Ägyptern und Griechen bemerkt. Hippokrates schnippelte an Tieren herum, da dies an menschlichen Leichen verboten war. Für lange Zeit blieben solche Aktivitäten eher eine Nischentätigkeit. Im Mittelalter interessierte man sich eher für das Leben nach dem Tod als für die Anatomie der Lebenden[13]. Das änderte sich allmählich. Als René Descartes im 17. Jahrhundert seine Idee verkündete, dass Tiere eigentlich nichts anderes als Maschinen sind, war das der Startschuss für ein Revival der Tiere auf dem Seziertisch. Nicht wenige interpretierten René Descartes dahingehend, dass Tiere nicht denken, fühlen und Schmerzen empfinden können. Solche Vorstellungen kamen sehr gelegen, und man begann, vermehrt Tiere für Versuche in der Forschung zu nutzen. Schmerzfrei waren diese Versuche nicht, denn Betäubungsmittel gab es keine. Man sezierte und operierte an lebenden Tieren über Stunden oder gar Tage. Nicht alle waren damit einverstanden. John Locke, Immanuel Kant und Charles Darwin sprachen sich gegen Vivisektionen aus und schon früh fanden Demonstrationen gegen Tierversuche statt. Das hielt die Experimentierenden in den Labors jedoch nicht von der Nutzung von Versuchstieren ab.

Im Laborolymp

Ratten waren nicht immer die erste Wahl im Labor. Frösche, Hunde, Schweine und anderes Getier wurden ebenso gern genutzt. Doch wer klein ist, wenig Futter braucht und eine hohe Reproduktionsrate an den Tag legt, hat große Chancen, in den Labortierolymp aufzusteigen. Die Stunde der Laborratte schlug in der Mitte des 20. Jahrhunderts. Damals waren die unterschiedlichen Zuchtlinien bereits etabliert, und man konnte direkt loslegen. Die Ratte ist dem Menschen genügend ähnlich, sodass sie für die Forschung zu Herzkrankheiten, Diabetes, Depressionen, Altersgebrechen und Suchtkrankheiten eingesetzt werden kann und sich die Resultate auf den Menschen übertragen lassen[14]. Einige Jahrzehnte lang galt die Laborratte als bester Modellorganismus. Das änderte sich in den frühen 1990er-Jahren. Man kannte nun das Genom der Labormaus genug gut, um es in fast jeder Hinsicht manipulieren zu können. Die Technik, bei der man Gene der Maus gezielt ein- oder ausschalten konnte, katapultierte die Labormaus an die erste Stelle vieler biomedizinischer Forschungsbereiche[15]. Ganz glücklich war man damit nicht, denn die Ratte ist dem Menschen ähnlicher als die Maus. Das zeigt sich schon in der Anzahl der Herzschläge. Das Herz des Menschen schlägt im Ruhezustand etwa 70-mal pro Minute, der Puls der Ratte liegt bei etwas über 300 Schlägen, und das Mäuseherz flattert mit 600 Schlägen. Allerdings war das Genom der Ratte weitaus widerspenstiger als das der Maus, und es dauerte fast 20 Jahre, bis die Technik von Knock-out- und Knock-in-Genen auch bei der Laborratte eingesetzt werden konnte[16]. Aber damit und mit der Entschlüsselung des Genoms rückte die Laborratte wieder in den Fokus der Forschung. Viele Forschende bevorzugen die Ratte gegenüber der Maus. Die größere Ratte ist einfacher zu manipulieren und zu operieren. Sie ist weniger gestresst und zeigt ein weitaus weniger aggressives Verhalten. Obendrein erhält man am Ende mehr Gewebe, Muskeln oder Gehirnmasse für die Analysen als bei der kleineren Maus[15]. Und obwohl Ratten größer als Mäuse sind, ist ihre Lebensdauer gleich oder gar kürzer. Für Forschungen wie jene zu Alterungsprozessen ist das finanziell gesehen überaus relevant. Außerdem, so wird in der Verhaltensforschung mit vorgehaltener Hand geklagt, seien Mäuse schlichtweg dümmer und unkonzentrierter bei der Sache als Ratten. Zweimal mehr Mäuse als Ratten müssten für Verhaltensstudien eingesetzt werden, um zu brauchbaren Resultaten zu gelangen[14].

Elementar in der Forschung und trotzdem bei den jeweiligen Nobelpreisreden unerwähnt: die Laborratte.

Preisträchtig

Man hat viel an der Ratte geforscht. Mit über 1,4 Millionen Publikationen im biomedizinischen Bereich hat die Laborratte die Nase vorn[7]. Nicht wenigen Forscherinnen und Forschern hat die Ratte zu Ruhm und Ehre verholfen. Sie hatte ihre Pfoten bei mehr als 20 Nobelpreisen für Physiologie und Medizin drin: Unter dem Einsatz von Leib und Leben war die Ratte bei der Entdeckung der Übertragung von Fleckfieber dabei, machte bei Stoffwechselstudien mit, war Probandin bei der Hormonbehandlung von Prostatakrebs und tumorauslösenden Viren, half bei der Entwicklung der Magnetresonanztomografie (MRT), wurde für Arzneimitteltherapien eingesetzt und war die Hauptdarstellerin bei der Lokalisierung der Erinnerungszellen im Gehirn[17]. Der – notabene unfreiwillige – Einsatz der Wanderratte für den Menschen ist immens und kann eigentlich gar nicht überschätzt werden.

Ratte in einer Skinner Box. In diesem reizarmen Käfig können Tiere durch Belohnung (z. B. Futter) oder Bestrafung (z. B. Elektroschock) konditioniert werden.

21 Verehrt, gefürchtet und genutzt

Im Osten ist die Ratte positiv konnotiert. Sie wird verehrt, geliebt und gelegentlich gegessen. In der westlichen Welt hingegen hat die Ratte nicht den besten Ruf. Unverrückbar sind diese Ansichten aber nicht.

Die Ratte hat Eingang in Religion, Folklore, Literatur und die Sprache gefunden. Im Osten hat sie einen besseren Ruf als in der westlichen Welt, wenngleich sie auch dort ambivalent betrachtet wird. In indischen Mythen charakterisiert die Ratte die Schattenwelt und gilt als Symbol für den Übergang von Dunkelheit zu Licht, von Nacht zu Tag. Da sie vor allem unterirdisch lebt, wird der Ratte zudem das Element Erde zugeschrieben. Im Hinduismus steht sie als Symbol für Weisheit, Eingebung, Glück, Meisterung des Lebens und die Hoffnung auf Erlösung. Dies hat viel mit Ganesha zu tun, dem vierarmigen elefantenköpfigen Gott. Er ist wahrscheinlich der Beliebteste der indischen Götter. Ganesha räumt Hindernisse aus dem Weg, sorgt für materiellen und geistigen Wohlstand, ist Schutzpatron für Geschäftsleute und wird für den Segen bei allerhand Neuanfängen hinzugezogen. Bei all diesen Aktivitäten tritt Ganesha mit seinem Reittier, einer Ratte, auf. Mushika nennt man das Reittier von Ganesha, was mal als Ratte, mal als Maus interpretiert wird. Die Reittiere der Götter bilden einen wichtigen Bestandteil der Mythologie, sie sind eng mit der jeweiligen Gottheit verbunden und repräsentieren die gleichen Eigenschaften oder symbolisieren die dämonischen Kräfte, die der Gott besiegt hat. Als Reittier von Ganesha wird die Ratte als klug, umsichtig und geschickt umschrieben. Sie ist zudem die Verkörperung, dass selbst kleinste Wesen das Göttliche tragen können. Der Weg der Ratte zum Reittier von Ganesha war verschlungen. Mushika war nicht immer eine Ratte, sondern wurde dazu gemacht. Die Legende besagt, dass der Musiker Krauncha aus Versehen auf den liegenden Seher Vamadeva trat. Da Füße im Hinduismus als unreine Körperstellen gelten, war dieser Misstritt eine ernsthafte Beleidigung. Erbost verwandelte Vamadeva den respektlosen Musiker zur Strafe in eine Ratte – in Mushika. Wie Ratten so sind, machte sich Mushika

Niemand ist zu klein, einen Gott zu tragen. Das ist eine der Botschaften der Ratte Mushika, die der Gott Ganusha zum Reittier erkor.

auf die Suche nach Nahrung und wurde immer größer und zerstörerischer. Irgendwann verwüstete sie einen Ashram und fraß alle Lebensmittel auf. Das entsetzte die Bewohner des Ashrams sehr und sie wandten sich in ihrer Verzweiflung an Ganesha. Dieser fing Mushika mit seinem Rüssel ein und verstand sie zu zähmen. Seither ist Mushika das Reittier von Ganesha, und die beiden sind gemeinsam unterwegs. Für die Ratte hat sich das gelohnt.

Das Tier von Göttern und Heiligen

Auch in anderen Kulturen hat sich die Ratte Gottheiten oder Heiligen angeschlossen. In Japan begleitet die Ratte einen der sieben Glücksgötter. Daikoku ist der Gott des Reichtums, der reichen Ernte und der Küche. Abgebildet wird Daikoku mit seinen Reissäcken und oft mit einer weißen Ratte. Nicht nur im Osten, auch im Westen tauchen Ratten bei Heiligen auf. Die heilige Gertrude ist eine davon. Ihr Leben ist überraschend gut dokumentiert. Sie lebte von 626 bis 659 und war ab 652 bis zu ihrem Tod Äbtissin vom Kloster Nivelles in Belgien. Gertrude war eine hochgebildete Frau mit einer Ader für die Emanzipation. Allerdings dauerte es einige Jahrhunderte, nämlich bis in die Mitte des 15. Jahrhunderts, ehe sie mit Ratten und Mäusen assoziiert wurde. Der Legende zufolge soll Gertrude zu Lebzeiten das Land allein mit der Kraft ihres Gebets von einer Mäuse- und Rattenplage befreit und so die Ernte gerettet haben. Die Äbtissin wird daher seit dem 15. Jahrhundert oft mit Ratten, die entweder zu ihren Füßen kauern oder an ihrem Kleid oder Stab heraufklettern, dargestellt. Diametral zur Rattenplage steht die Interpretation der Ratte als Seele von Verstorbenen, die Gertrude mit ihrem Gebet aus dem Fegefeuer befreit. So oder so ist Gertrude bis heute unvergessen, und man wendet sich bei Mäuse- und Rattenplagen weiterhin an sie. Das Gertrudenkraut *(Ruta graveolens)*, das als Schädlingsbekämpfungsmittel verwendet wird, ist ebenfalls eine Huldigung an sie.

Die heilige Gertrude mit «ihren» Ratten.

Der Ratte ist das wohl egal. Sie wurde in zahlreichen Legenden und Geschichten immer wieder anders interpretiert und tritt unter anderem als Rächerin für getanes Unrecht auf. So soll der

Herzog Popiel im 9. Jahrhundert seine Verwandten vergiftet haben, um sich den Thron zu sichern. Das rief die Ratten auf den Plan. Sie krochen unter den Leichen hervor und stürzten sich auf Popiel, seine Frau und seine Kinder und verschlangen sie alle mit Haut und Haar. Eine ähnliche Geschichte soll sich in Bingen zugetragen haben, wo der Mainzer Erzbischoff Hatto II. während einer Hungersnot im Jahr 970 der Bevölkerung den Zutritt zu den Kornkammern verweigerte und sich wehrende hungernde Menschen gar töten ließ. Eine Horde von Ratten soll den Bischof nach dieser Tat verfolgt, erbeutet und gefressen haben[1]. So ist es ab und zu die Ratte, die Profitsucht und Habgier bestraft.

Die heiligen Ratten von Karni Mata

In Indien gilt die Ratte gar als heilig. Gelebt wird das im Karni Mata Tempel, der sich in Deshnok, einem kleinen Dorf im Bundesstaat Rajasthan, befindet. Im Tempel leben grob geschätzt etwa 20 000 Hausratten. Sie verkörpern die Seelen von Verstorbenen, und das schon seit mehr als 400 Jahren. Der Tempel wurde im 17. Jahrhundert zu Ehren von Karni Mata gebaut. Karni Mata lebte im 14. Jahrhundert und wurde schon zu Lebzeiten aufgrund ihrer übersinnlichen Fähigkeiten verehrt. Der Legende nach soll ein Fürst sein verstorbenes Kind zu ihr gebracht haben mit der Bitte, das Kind wieder zum Leben zu erwecken. Karni Mata bat daraufhin den Totengott Yama, den Buben wieder in die Welt der Lebenden zu bringen. Das ginge nicht, meinte Yama, denn die Seele des Kindes sei bereits in einem anderen Körper wiedergeboren worden. Das verärgerte Karni Mata so sehr, dass sie geschworen habe, dass kein Mitglied ihres Stammes jemals einen Fuß in das Totenreich von Yama setzen

würde. Die Toten, so Karni Mata, sollten stattdessen als Ratten wiedergeboren werden und später als Sänger wiederauferstehen. Als Folge dieser Legende sind die Ratten bis heute geschützt, da man glaubt, dass sie die Seelen der Verstorbenen in sich tragen. Im Karni Mata Tempel erhalten die dort lebenden Ratten täglich gesegnete Speisen wie Mais oder gezuckerten Milchreis. Der Tempel wird von zahlreichen Gläubigen und Touristen und Touristinnen besucht, die sich nur barfuß durch den Tempel und durch die Ratten bewegen dürfen. Dabei liegen Glück und Gefahr sehr nah beieinander: Wem eine Ratte über die Füße huscht, dem winkt das Glück. Tritt man aber auf eine Ratte oder verletzt sie tödlich, ist man dazu angehalten, dem Tempel eine Spende in Form einer silbernen oder goldenen Ratte darzubringen. Besonderes Glück bedeutet es, eine der seltenen weißen Ratten zu erblicken. Eigenwillig wirkt für Menschen aus dem Westen der Glaube, dass das Essen von Speisen, an denen zuvor Ratten genagt haben, oder das Trinken von Wasser und Milch aus Schüsseln, von denen Ratten getrunken haben, Glück bringt.

— Das Problem der Buddhisten

Die Ratte bringt die Buddhisten in Bedrängnis. Einerseits sollen Menschen und Tiere dieselbe Aufmerksamkeit und Schutz erfahren, andererseits hat man es bei der Ratte und anderen Nagern mit Arten zu tun, deren Tätigkeiten schädigend für Menschen sein können. Die buddhistischen Mönche haben sich mit der Frage, wie man mit Ratten umgehen soll, schon vor langer Zeit beschäftigt. Denn Ratten zerstörten auch in den frühen buddhistischen Klöstern Vorräte, nagten Löcher in Fußmatten und Wände und bauten aus Kleidern ihre Nester. Die damalige Antwort der buddhistischen Mönche auf die Ratte ist überaus elegant und hält der heutigen Welt den Spiegel vor: Der Überfluss und die Achtlosigkeit ziehen die Ratte an. Herumhuschende Ratten gälten daher als Zeichen, dass sich die Klöster nicht an die Besitzlosigkeit hielten. Trotz aller Liebe gegenüber den Mitlebewesen sind Ratten bei den Buddhisten nicht sehr gern gesehen. In den Vinayapitaka, einer Sammlung von buddhistischen Ordensregeln, wird darauf hingewiesen, dass es erlaubt ist, die Ratte einzufangen und anderswo wieder auszuwildern[2]. Das wird übrigens auch bei den Ratten praktiziert, die außerhalb des Tempels von Karni Mata herumspazieren.

Im Tempel von Karni Mata sind alle Ratten heilig. Doch wer eine weiße Ratte sieht, dem winkt das Glück besonders.

— Das Jahr der Ratte

In China hat die Ratte die Nase vorn. Sie ist das erste der zwölf Tierkreiszeichen, danach folgen Büffel, Tiger, Hase, Drache, Schlange, Pferd, Schaf, Affe, Hahn, Hund und Schwein. Die Reihenfolge ist nicht willkürlich, sondern das Ergebnis eines Wettstreits unter den Tieren. In einer der dazugehörigen Legenden veranstaltete der Jadekaiser ein Wettschwimmen. Die Ratte, so geht die Geschichte, gewann das Wettrennen, weil sie sich vom Büffel tragen ließ und kurz vor dem Ziel vom Tier sprang. Als Siegerin sicherte sich die Ratte den ersten Platz des Tierkreiszeichenreigens und gleichzeitig die ewige Feindschaft der Katze. Bis zu diesem Zeitpunkt waren die beiden nämlich gut befreundet gewesen. Nur hatte die Ratte die Katze vom Rücken des Rinds gestoßen und sie auf diese Weise buchstäblich aus dem Rennen geworfen. Das verzieh ihr die Katze nicht. In einer anderen Geschichte lud Buddha zu einer Feier ein, und wiederum ritt die Ratte auf dem Büffel und sprang kurz vor Buddha dem Tier vom Kopf. Diesmal hatte die Ratte die Katze aber nicht vom Rücken des Büffels geschupst, sondern sie willentlich falsch informiert. Die Katze verpasste darob die ganze Feier. Aus Rache frisst die Katze bis heute Ratten. Tatsächlich glänzen die Katzen im chinesischen Horoskop mit Abwesenheit. Dafür ist die Ratte alle 12 Jahre dran; das letzte Mal ging ihr Stern im Jahr 2020 auf. Die Ratte wird mit Weisheit und Intelligenz, Zielstrebigkeit, Willensstärke und einem Sinn fürs Geschäft in Zusammenhang gebracht. Eine Affinität zu Geld wird ihr ebenfalls zugeschrieben. Wer die Ratte nachts rascheln hört, der weiß: Sie zählt die Münzen. Doch der Grat ist schmal, denn die Ratte ist gleichzeitig ein Symbol für Gier, Verschwendung und ein cholerisches Gemüt. Die Wirklichkeit holt die Ratte auch in China ein: Gern gesehen ist das reale Tier bei den Chinesen nicht.

Geldgeber Rattenfänger

Das Bild der Ratte in Europa ist ungleich negativer, doch auch hier hat sie ihren Platz. Die einen sehen die Ratte als ein Symbol für Verwesung, Krieg, Ekel und List, die anderen für Intelligenz, Stärke, Überlebenswille und Ehrlichkeit. Kaum ein Tier bekommt gleichzeitig so positive und negative Eigenschaften zugeschrieben. Während Fuchs, Igel und Adler sich bereits in den alten Fabeln tummeln, fehlt dort die Ratte. Erst im 17. Jahrhundert findet sie ihren Auftritt. Vor allem Jean de la Fontaine ließ die Ratte in seinen Fabeln wiederholt die Hauptrolle spielen. Mal war sie das Opfer einer hinterlistigen Katze, mal rettete sie einen Löwen oder starb einen eitlen, stolzen Tod. Die Ratte ist in den Fabeln intelligent, wenngleich hinterhältig. Heute tritt die Ratte in Europa vor allem in Horrorgeschichten oder als Urban Legend auf. Die Geschichten können nicht grausig und gruselig genug sein. Körperteile der Ratten geraten in Hamburger und Frühlingsrollen, der aus den Ferien mitgebrachte Hundewelpe entpuppt sich als Riesenratte, die die Hauskatze über Nacht auffrisst. Immer wieder wird die Geschichte von zwei Ratten weitererzählt, bei der die eine erschlagen wird und die andere ruhig stehen bleibt. Sie ist blind und wurde von der erschlagenen Ratte mit einem Strohhalm geführt. Realistisch ist das zwar nicht, aber immerhin keine Horrorgeschichte.

Eine der bekanntesten deutschen Geschichten ist jene vom Rattenfänger von Hameln. Sie spielt im Jahr 1284, als eine Rattenplage Hameln heimsuchte. Wie es so wollte, kam ein Fremder in

Der Rattenfänger von Hameln holte in den ersten Fassungen nur die Kinder. Die Ratten kamen erst später dazu.

Eine weitere Erzählart der Entstehung der Tierkreiszeichen: Buddha rief die Tiere vor seinem Tod zu sich, um ihnen seine Weisheit zu vermitteln.

die Stadt und bot gegen Lohn seine Hilfe gegen die Rattenplage an. Die Hamelner gingen erleichtert auf sein Angebot ein. Mit seinem Flötenspiel lockte der Fremde die Ratten in die nahegelegene Weser, wo die Tiere allesamt ertranken. Doch es kam, wie es in Sagen immer kommt. Die Hamelner brachen ihr Versprechen und wollten ihm seinen Lohn nun partout nicht mehr zahlen. Das kam gelinde gesagt nicht gut an. Der Fremde verschwand, um am 26. Juni als Jäger verkleidet wieder in der Stadt zu erscheinen. Wiederum holte er seine Flöte hervor. Doch mit seinem Flötenspiel zog er diesmal nicht die Ratten, sondern alle Kinder ab vier Jahren magisch an. Einmal versammelt, zog der Rattenfänger mit ihnen aus der Stadt davon, und niemand hat je wieder von diesen 130 Kindern gehört oder gesehen. Die Interpretationen dieser Sage sind vielfältig, eines ist jedoch klar: Die Sage wurde erst 1577 vom Arzt Johannes Weyer aufgeschrieben, also gut 300 Jahre nach dem Geschehen, und in seiner ersten Fassung kamen die Ratten noch gar nicht vor, sondern erst später dazu. Hameln ist übrigens mit dem Rattenfänger nicht allein, wenngleich es der berühmteste Flötenspieler ist. In Österreich kennt man den Rattenfänger von Magdalenengrund, einem Quartier von Wien, und auch in Irland, England und Syrien werden ähnliche Geschichten erzählt[3]. Der Stadt Hameln haben die Ratten Ruhm und Ehre gebracht – und obendrein noch über 2000 Arbeitsplätze gesichert. Die Rattenfängersaga steht nämlich seit dem Jahr 2014 auf der Liste des Immateriellen Unesco-Welterbes. Jedes Jahr kommen gut 4 Millionen Touristen nur wegen der Legende in die Stadt mit 56 000 Einwohnern. Die Ratte, so könnte man behaupten, ist der größte Arbeitgeber von Hameln geworden.

— Überlebenswichtig

Nahezu auf der ganzen Welt werden Ratten gegessen, meist jedoch nicht die Haus- oder Wanderratte. Die Körpergröße der Ratte ist allerdings irrelevant. Die kleine Pazifische Ratte wurde wohl bereits von den Lapita als Nahrungsmittel auf Reisen durch den Pazifik mitgenommen. Es ist ja auch durchaus praktisch, wenn sich das Nahrungsmittel selbst vermehrt. In Thailand und Südostasien wird die Reisfeldratte mit großer Freude

und Lust verspeist. In Afrika sind es vor allem 3 Arten, die nur dem Namen nach Ratten sind und bei der ländlichen Bevölkerung von Westafrika zwischen 20 und 90 Prozent der tierischen Nahrung ausmachen können[4]. Es sind die Gambia-Riesenhamsterratte *(Cricetomys gambianus)*, die mit gut einem Kilo Gewicht etwas Nahrung hergibt, die Große Rohrratte *(Thryonomys swinderianus)* mit 5 Kilogramm Gewicht und die Kleine Rohrratte *(Thryonomys gregorianus)* mit 4 Kilogramm. Jährlich landen über 80 Millionen Rohrratten in Westafrika auf dem Teller. Das entspricht ungefähr 300 000 Tonnen Fleisch[5]. In Europa hingegen rümpft man über Rattenfleisch die Nase. Doch in der Not frisst der Teufel Fliegen oder der europäische Mensch eine Ratte. Während des Deutsch-Französischen Krieges wurde Paris in den Jahren 1870 bis 1871 von Bismarcks Truppen belagert. In der Stadt hungerte man und suchte verzweifelt nach Lösungen. Das Messer lag locker in der Hand. Zuerst waren die Zootiere dran, dann die Haustiere, und alsbald fiel der Blick auf die Ratten. So kam es, dass die Wanderratte und die Hausratte kurzum zum akzeptierten Grundnahrungsmittel aufstiegen. Wie das Fleisch schmeckt, hat Conrad Gessner schon etwas früher untersucht. Sein Fazit war, dass Rattenfleisch «hitziger und rassiger» sei als das Mäusefleisch. Dennoch sind Rattenrezepte hierzulande weitgehend unbekannt.

Ratten werden hierzulande als Nahrungsmittel verschmäht, anderswo gelten sie als Delikatesse. Meist handelt es sich jedoch nicht um Haus- oder Wanderratte.

Eine Afrikanische Riesenhamsterratte bei ihrer Arbeit als Landminensucherin. Bis heute wurden mit diesen Tieren über 100 Millionen Quadratmeter nach Landminen abgesucht.

— Spürnase

Die Ratte muss nicht tot sein, um überlebenswichtig zu sein. Seit einiger Zeit setzen Menschen Tiere mit ausgeprägtem Geruchssinn ein, um bestimmte Substanzen zu erschnüffeln. Trüffelschweine und Artenspürhunde sind einige davon. Eingesetzt für Schnüffelarbeit werden auch Ratten, beispielsweise eine nahe Verwandte der als Nahrung beliebten Gambia-Riesenhamsterratte. Die Afrikanische Riesenhamsterratte *(Cricetomys ansorgei)* profiliert sich seit einigen Jahren als Minensuchtier[6]. Und das nicht zu knapp. Die Organisation Anti-Persoonsmijnen Ontminjende Produce Ontwikkeling (APOPO) hat mithilfe von trainierten Riesenhamsterratten innerhalb von gut 20 Jahren Arbeit über 100 Millionen Quadratmeter Land nach Landminen abgesucht und dieses für die lokale Bevölkerung wieder zugänglich gemacht[7]. Der Einsatz der Afrikanischen Riesenhamsterratte geht über die reine Minensuchtätigkeit hinaus. Sie wird für die Früherkennung von Tuberkulose und Brucellosis eingesetzt[8], und erste Studien deuten darauf hin, dass die Riesenhamsterratte auch bei Schmuggel von Wildtieren wie Pangolins oder Elfenbein einen guten Riecher hat[9]. Der Vorteil der Riesenhamsterratten gegenüber der Wanderratte oder der Hausratte liegt in der Lebensdauer: Eine Riesenhamsterratte kann gut und gern 8 Jahre alt werden. Dadurch zahlt sich das kostenintensive Training über die Jahre aus. Davon kann die Wanderratte nur träumen. Doch wer weiß, ob in der Hausratte oder der Wanderratte nicht auch noch unentdeckte Talente schlummern?

Anhang

Dank

Dieses Buch beruht auf einem Missverständnis. Dafür und für seinen Mut, sich für ein Buch über Ratten zu begeistern, bin ich Martin Lind vom Haupt Verlag sehr dankbar. Ein großer Dank geht an meine Lektorin Iris Alder für die schöne Zusammenarbeit und an Laura Dal Ben von pooldesign für die Gestaltung des Buchs. Das Rattenbuch nahm einige Zeit in Anspruch, und ich hatte das Glück, dafür einige Wochen auf einer windumtosten Insel an der Nordsee zu verbringen. Ich danke der Familie Aegerthen für die wunderbare Unterkunft auf Amrum und Dark Bloome für seine Unterstützung. Zahlreiche Forscherinnen und Praktiker rund um den Globus haben meine Fragen ausführlich beantwortet oder Texte gegengelesen. Hervorheben möchte ich John Innes, Tony Mitchell-Jones, Andreas Philipson, Manuel Ruedi und Kiyoshi Sugimoto. Gleichzeitig möchte ich betonen, dass alle Unkorrektheiten aus meiner Feder stammen.

Ratten sind unheimlich fotogen – wenn man sie denn überhaupt fotografieren möchte. Schöne Rattenbilder sind nicht ganz einfach zu finden, und ich bin höchst entzückt über die schöne Bebilderung des Buchs. Insbesondere möchte ich all jenen Fotografen und Fotografinnen, Zeichnern und Zeichnerinnen und Grafikern ganz herzlich danken, die ihre Werke ohne Entgelt für dieses Buch zur Verfügung gestellt haben. Die Nutzung der anderen Bilder wurde dank der Finanzierung durch folgende Personen ermöglicht: Marco, Zsuszanna, Csilla & Ivan Aklin, Atelier Marcel Hegg GmbH, Hansjakob & Regula Baumgartner, Thomas & Regula Briner, Marc & Rahel Buchmüller-Lanz, Carol Bühler, Doris Buser & Peter Schmid, Anita Guldimann & Pascal Schär mit Julian und Laurin, Monika Hager, Michael Lanz, Ursula & Jürg Lanz-von Gunten, Helen Müri, Ueli Moser, Stefanie Ramseyer, Angela Siegenthaler, Urs Staudenmann, Jürg Stettler, Marcella Völgy, Anna & Peter Weinberger, Sara Weinberger, Barbara Wüthrich-Stettler und Barbara Zimmermann. Ich bin tief gerührt über eure großzügige Unterstützung. Tausend Dank! Anstelle einer Spende hat sich Marc Siegenthaler der Aufbereitung der Verbreitungskarten angenommen. Ich bin hell begeistert über seinen Beitrag. Danke vielmals! Ein herzliches Dankeschön geht an Eva Wolf von Studio Eva Basil und an Urs Staudenmann, Visuelle Kommunikation, für ihre tatkräftige Mithilfe. Das Buch hat mein Leben während vieler Monate stark geprägt. Ich bin abgetaucht in die Rattenwelt und habe Familie und Freunde vernachlässigt. Ich danke ihnen für die Geduld und für das Verständnis, mit mir mehrheitlich nur noch monothematische Gespräche führen zu können. Insbesondere danke ich Omar Blangiardi für seine moralische Unterstützung sowie für seine detektivischen Fähigkeiten. Last but not least danke ich Michael Lanz, weil er da ist und mich auf meinen Rattenpfaden begleitet. Merci beaucoup!

Die Publikation dieses Buches wurde ermöglicht durch die finanzielle Unterstützung des Bundesamts für Umwelt BAFU.

Schweizerische Eidgenossenschaft
Confédération suisse
Confederazione Svizzera
Confederaziun svizra

Bundesamt für Umwelt BAFU

Referenzen

— 1 Evolution und Systematik

1 D'Elía, G., Fabre, P.H. & Lessa, E.P. (2019). Rodent systematics in an age of discovery: Recent advances and prospects. *J. Mammal.*, **100**, 852–871.

2 Kay, E.H. & Hoekstra, H.E. (2008). Rodents. *Curr. Biol.*, **18**, 406–410.

3 Swinehart, A.L. & Richards, R.L. (2001). Palaeoecology of a northeast Indiana wetland harboring remains of the pleistocene Giant Beaver (*Castoroides Ohioensis*). *Proc. Indiana Acad. Sci.*, **1**, 151–166.

4 Huchon, D., Madsen, O., Sibbald, M.J.J.B., et al. (2002). Rodent phylogeny and a timescale for the evolution of glires: Evidence from an extensive taxon sampling using three nuclear genes. *Mol. Biol. Evol.*, **19**, 1053–1065.

5 Wu, S., Wu, W., Zhang, F., et al. (2012). Molecular and paleontological evidence for a post-cretaceous origin of rodents. *PLoS One*, **7**, 1–11.

6 Aghová, T., Kimura, Y., Bryja, J., et al. (2018). Fossils know it best: Using a new set of fossil calibrations to improve the temporal phylogenetic framework of murid rodents (Rodentia: Muridae). *Mol. Phylogenet. Evol.*, **128**, 98–111.

7 Fabre, P.H., Hautier, L., Dimitrov, D., et al. (2012). A glimpse on the pattern of rodent diversification: A phylogenetic approach. *BMC Evol. Biol.*, **12**, 1-19.

8 Aplin, K.P., Suzuki, H., Chinen, A.A., et al. (2011). Multiple geographic origins of commensalism and complex dispersal history of black rats. *PLoS One*, **6**, e26357.

9 Robins, J.H., McLenachan, P.A., Phillips, M.J., et al. (2008). Dating of divergences within the *Rattus* genus phylogeny using whole mitochondrial genomes. *Mol. Phylogenet. Evol.*, **49**, 460–466.

10 Thomson, V., Wiewel, A., Chinen, A., et al. (2018). A perspective for resolving the systematics of *Rattus*, the vertebrates with the most influence on human welfare. *Zootaxa*, **4459,** 431–452.

a Gestaltet nach :
- Fabre, P.H., Hautier, L., Dimitrov, D., et al. (2012). A glimpse on the pattern of rodent diversification: A phylogenetic approach. *BMC Evol. Biol.*, **12**, 1471–2148.
- Steppan, S.J., Adkins, R.M. and Anderson, J. (2004). Phylogeny and divergence-date estimates of rapidradiations in muroid rodents based on multiple nuclear genes. *Syst. Biol.*, **53**, 533–553.
- Jansa, S.A. and Weksler, M. (2004). Phylogeny of muroid rodents: Relationships within and among major lineages as determined by IRBP gene sequences. *Mol. Phylogenet. Evol.*, **31**, 256–276.

— 2 Nagezahn

1 Niethammer, J. & Krapp, F. (1978). *Handbuch der Säugetiere. Band I. Nagetiere I.* Akademische Verlagsgesellschaft Wiesbaden.

2 Ma, H., Ge, D., Shenbrot, G., et al. (2017). Hypsodonty of Dipodidae (Rodentia) in correlation with diet preferences and habitats. *J. Mamm. Evol.*, **24**, 485–494.

3 Samuels, J.X. (2009). Cranial morphology and dietary habits of rodents. *Zool. J. Linn. Soc.*, **156**, 864–888.

— 3 Die Sinne der Ratten

1 Uchida, N. & Mainen, Z.F. (2003). Speed and accuracy of olfactory discrimination in the rat. *Nat. Neurosci.*, **6**, 1224–1229.

2 Slotnick, B. (2001). Animal cognition and the rat olfactory system. *TRENDS Cogn. Sci.*, **5**, 216–222.

3 Frings, S. (2021). *Die Sinne der Tiere.* Springer, Berlin/Heidelberg.

4 Doty, R.L. (1986). Odor-guided behavior in mammals. *Experientia*, **42**, 257–271.

5 Akula, J.D., Lyubarsky, A.L. & Naarendorp, F. (2003). The sensitivity and spectral identity of the cones driving the b-wave of the rat electroretinogram. *Vis. Neurosci.*, **20**, 109–117.

6 Jacobs, G.H., Fenwick, J.A. & Williams, G.A. (2001). Cone-based vision of rats for ultraviolet and visible lights. *J. Exp. Biol.*, **204**, 2439–2446.

7 Glendinning, J.I. (1994). Is the bitter rejection response always adaptive? *Physiol. Behav.*, **56**, 1217–1227.

8 Sclafani, A. & Abrams, M. (1986). Rats show only a weak preference for the artificial sweetener aspartame. *Physiol. Behav.*, **37**, 253–256.

9 Formaker, B.K., Kearns, C.E. & Frank, M.E. (1998). The taste of polycose in hamsters. *Chem. Senses*, **23**, 675–682.

10 Shafat, A., Murray, B. & Rumsey, D. (2009). Energy density in cafeteria diet induced hyperphagia in the rat. *Appetite*, **52**, 34–38.

11 Jensen, P.G., Curtis, P.D., Dunn, J.A., et al. (2003). Field evaluation of capsaicin as a rodent aversion agent for poultry feed. *Pest Manag. Sci.*, **59**, 1007–1015.

12 Borg, E. (1982). Auditory thresholds in rats of different age and strain. A behavioral and electrophysiological study. *Hear. Res.*, **8**, 101–115.

13 Heffner, H.E. & Heffner, R.S. (1985) Sound localization in wild Norway rats (*Rattus norvegicus*). *Hear. Res.*, **19**, 151–155.

14 Riley, D.A. & Rosenzweig, M.R. (1957). Echolocation in rats. *J. Comp. Physiol. Psychol.*, **50**, 323–328.

15 Kleinfeld, D., Ahissar, E. & Diamond, M.E. (2006). Active sensation: insights from the rodent vibrissa sensorimotor system. *Curr. Opin. Neurobiol.*, **16**, 435–444.

16 Park, A.W. (1970). Morphological adaptation in developing vibrissae of rats. *Acta Anat.*, **75**, 67–78.

17 Oberlaender, M. (2016). Der Tastsinn im Computergehirn. Forschungsbericht 2016 des Max-Planck-Instituts für Neurobiologie des Verhaltens – caesar, Bonn.

18 Neimark, M.A., Andermann, M.L., Hopfield, J.J., et al. (2003). Vibrissa resonance as a transduction mechanism for tactile encoding. *J. Neurosci.*, **23**, 6499–6509.

19 Helbig, T., Voges, D., Niederschuh, S., Schmidt, M. & Witte, H. (2014). The mechanics of carpal vibrissae of *Rattus norvegicus* during substrate contact. 58th Ilmenau Scientific Colloquium, Technische Universität Ilmenau.

a Grafik gezeichnet nach: www.vibrasure.com/A quick human vs rodent hearing comparison.

— 4 Rättische Kommunikation

1 Sales, G.D. (2010). Ultrasonic calls of wild and wild-type rodents. In: Brudzynski, S.M. (ed.), *Handbook of Mammalian Vocalization*, Academic Press, Cambridge, Massachusetts, Vol. 19, 77–88.

2 Kaltwasser, M.-T. (1990). Acoustic signaling in the black rat (*Rattus rattus*). *J. Comp. Psychol.*, **194**, 227–232.

3 Burn, C.C. (2008). What is it like to be a rat? Rat sensory perception and its implications for experimental design and rat welfare. *Appl. Anim. Behav. Sci.*, **112**, 1–32.

4 Blanchard, R.J., Blanchard, D.C., Agullana, R., et al. (1991). Twenty-two kHz alarm cries to presentation of a predator, by laboratory rats living in visible burrow systems. *Physiol. Behav.*, **50**, 967–972.

5 White, N.R., Cagiano, R., Moises, A.U., et al. (1990). Changes in mating vocalizations over the ejaculatory series in rats (*Rattus norvegicus*). *J. Comp. Psychol.*, **104**, 255–262.

6 Knutson, B., Burgdorf, J. & Panksepp, J. (2002). Ultrasonic vocalizations as indices of affective states in rats. *Psychol. Bull.*, **128**, 961–977.

7 Panksepp, J. & Burgdorf, J. (2010). Laughing rats? Playful tickling arouses high-frequency ultrasonic chirping in young rodents. *Am. J. Play*, 257–272.

8 Wöhr, M., Houx, B., Schwarting, R.K.W., et al. (2008). Effects of experience and context on 50-kHz vocalizations in rats. *Physiol. Behav.*, **93**, 766–776.

9 Ewer, R.F. (1971). The biology and behaviour of a free-living population of black rats (*Rattus rattus*). *Anim. Behav. Monogr.*, **4**, 125–174.

10 Dent, M.L., Fayy, R.R. & Popper, A.N. (2018). *Rodent bioacoustics*. Springer International Publishing, New York

11 Torres, M.V., Ortiz-Leal, I. & Sanchez-Quinteiro, P. (2023). Pheromone sensing in mammals: A review of the vomeronasal system. *Anatomia*, **2**, 346–413.

12 Voznessenskaya, V.V, Naidenko, S.V., Feoktistova, N.Y., et al. (2003). Predator odours as reproductive inhibitors for Norway rats. In: Singleton, G.R., Hinds, L.A., Krebs, C.J., et al. (eds.), *Rats, mice and people*, ACIAR, S. 131–136.

13 Labov, J.B. (1985). Current problems in the study of infanticidal behaviour of rodents. *Q. Rev. Biol.*, **60**, 1–20.

14 Mennella, J.A. & Moltz, H. (1988). Infanticide in rats: Male strategy and female counter-strategy. *Physiol. Behav.*, **42**, 19–28.

15 Porter, R.H. & Winberg, J. (1999). Unique salience of maternal breast odors for newborn infants. *Neurosci. Biobehav. Rev.*, **23**, 439–449.

16 Birke, L.I. & Sadler, D. (1984). Scent-marking behaviour in response to conspecific odours by the rat, *Rattus norvegicus*. *Anim. Behav.*, **32**, 493–500.

17 Barnett, S.A. (1975). *The rat. A study in behaviour* (2nd edition). University of Chicago Press, Chicago.

18 Doty, R.L. (1986). Odor-guided behavior in mammals. *Experientia*, **42**, 257–271.

19 Church, R.M. (1959). Emotional reactions of rats to the pain of others. *J. Comp. Physiol. Psychol.*, **52**, 132–134.

20 Rice, G.E. & Gainer, P. (1962). «Altruism» in the albino rat. *J. Comp. Physiol. Psychol.*, **55**, 123–125.

21 Schneeberger, K., Röder, G. & Taborsky, M. (2020). The smell of hunger: Norway rats provision social partners based on odour cues of need. *PLoS Biol.*, **18**.

22 Laland, K.N. & Plotkin, H.C. (1991). Excretory deposits surrounding food sites facilitate social learning of food preferences in Norway rats. *Anim. Behav.*, **41**, 997–1005.

23 Barnett, S.A. (1958). Experiments on «Neophobia» in wild and laboratory rats. *Br. J. Psychol.*, **49**, 195–201.

24 Mason, J.R., Bean, N.J. & Galef, B.G.J. (1988). Attractiveness of carbon disulfide to wild Norway rats. *Proc. Vertebr. Pest Conf.*, **13**, 95–97.

25 Davis, D.E., Emlen, J.T. & Stokes, A.W. (1948). Studies on home range in the brown rat. *J. Mammal.*, **29**, 207.

26 Taylor, K.D., Hammond, L.E. & Quy, R.J. (1974). The responses of captive wild rats (*Rattus norvegicus*) to human odour and the odour of other rats. *Mammalia*, **38**, 581–590.

27 Sotocinal, S.G., Sorge, R.E., Zaloum, A., et al. (2011). The Rat Grimace Scale: A partially automated method for quantifying pain in the laboratory rat via facial expressions. *Mol. Pain*, **7**, 1–10.

28 Finlayson, K., Lampe, J.F., Hintze, S., et al. (2016). Facial indicators of positive emotions in rats. *PLoS One*, **11**.

— 5 Maus, Ratte, Wanderratte

1 Niethammer, J. & Krapp, F. (1978). *Handbuch der Säugetiere. Band I. Nagetiere I.* Akademische Verlagsgesellschaft Wiesbaden.

2 Jenrich, J., Löhr, P.-W. & Müller, F. (2010). *Kleinsäuger: Körper- und Schädelmerkmale. Ökologie*. Imhof Verlag, Fulda.

3 Marchesi, P., Blant, M. & Capt, S. (2008). Säugetiere der Schweiz – Bestimmungsschlüssel. *Fauna Helvetica 22.* CSCF & SGW, Neuchâtel, Schweiz.

4 Grolms, J. (2021). *Tierspuren Europas – Spuren und Zeichen bestimmen und interpretieren*. Verlag Eugen Ulmer, Stuttgart.

— 6 Herkunft und Eroberung der Welt

1 Baig, M., Khan, S., Eager, H., et al. (2019). Phylogeography of the black rat *Rattus rattus* in India and the implications for its dispersal history in Eurasia. *Biol. Invasions*, **21**, 417–433.

2 Aplin, K.P., Suzuki, H., Chinen, A.A., et al. (2011). Multiple geographic origins of commensalism and complex dispersal history of black rats. *PLoS One*, **6**, e26357.

3 Marom, N., Yeshurun, R., Weissbrod, L., et al. (2016). *Bones and identity : zooarchaeological approaches to reconstructing social and cultural landscapes in Southwest Asia.* Oxbow Books, Oxford.

4 Yu, H., Jamieson, A., Hulme-Beaman, A., et al. (2022). Palaeogenomic analysis of black rat (*Rattus rattus*) reveals multiple European introductions associated with human economic history. *Nat. Commun.*, **13**, 1–13.

5 Rielly, K. (2010). The black rat. In: O'Connor, T. & Skyes, N. (eds), *Extinctions and invasions: a social history of British fauna*, Oxbow Books, Oxford, S. 134–145.

6 Guiry, E., Kennedy, R., Orton, D., et al. (2024). The ratting of North America: A 350-year retrospective on *Rattus* species compositions and competition. *Sci. Adv.*, **10**, 1–11.

7 Matisoo-Smith, E. & Robins, J.H. (2004). Origins and dispersals of Pacific peoples: Evidence from mtDNA phylogenies of the Pacific rat. *Proc. Natl. Acad. Sci. U. S. A.*, **101**, 9167–9172.

8 Atkinson, I.A.E. (1973). Spread of the ship rat (*Rattus rattus L.*) III New Zealand. *J. R. Soc. New Zeal.*, **3**, 457–472.

9 Zeng, L., Ming, C., Li, Y., et al. (2018). Out of southern East Asia of the brown rat revealed by large-scale genome sequencing. *Mol. Biol. Evol.*, **35**, 149–158.

10 Puckett, E.E. & Munshi-South, J. (2019). Brown rat demography reveals pre-commensal structure in eastern Asia before expansion into Southeast Asia. *Genome Res.*, **29**, 762–770.

11 Dahl, F. (1909). Einwanderung der Wanderratte. *Naturwissenschaftliche Wochenschrift*, **8**, 701.

12 Suckow, M.A., Weisbroth, S.H. & Franklin, C.L. (2006). *The Laboratory Rat*. Elsevier Academic Press, London.

13 Santoianni, F. (1997). *Von Menschen und Mäusen*. Europäische Verlagsanstalt, Hamburg.

14 Zhang, M.-Y., Cao, R.-D., Chen, Y., et al. (2024). Genomic and phenotypic adaptations of *Rattus tanezumi* to cold limit its further northward expansion and range overlap with *R. norvegicus*. *Mol. Biol. Evol.*, **41**, msae106.

15 Wyatt, K.B., Campos, P.F., Gilbert, M.T.P., et al. (2008). Historical mammal extinction on Christmas Island (Indian Ocean) correlates with introduced infectious disease. *PLoS One*, **3**, 1–9.

16 Barnett, S.A. (1975). *The rat. A study in behaviour* (2nd edition). University of Chicago Press, Chicago.

a Gezeichnet von Marc Siegenthaler/Les graphistes, nach: Puckett, E.E., Orton, D. & Munshi-South, J. (2020). Commensal Rats and Humans: Integrating Rodent Phylogeography and Zooarchaeology to Highlight Connections between Human Societies. *BioEssays*, **42**, 1900160.

7 Die Hausratte – Form und Farbe

1 Yom-Tov, Y., Yom-Tov, S. & Moller, H. (1999). Competition, coexistence, and adaptation amongst rodent invaders to Pacific and New Zealand islands. *J. Biogeogr.*, **26**, 947–958.

2 Watson, J.S. (1950). Some observations on the reproduction of *Rattus Rattus* L. *Proc. R. Soc. London*, **120**, 1–12

3 Bentley, E.W. & Taylor, E.J. (1965). Growth of laboratory-reared ship rats (*Rattus rattus* L.). *Ann. Appl. Biol.*, **55**, 193–205.

4 Goedert, J., Cochard, D., Lenoble, A., et al. (2020). Seasonal demography of different black rat (*Rattus rattus*) populations under contrasting natural habitats in Guadeloupe (Lesser Antilles, Caribbean). *Mammal Res.*, **65**, 793–804.

5 Mori, E., Iacucci, A., Castiglia, R., et al. (2017). Sexual-size dimorphism in two synanthropic rat species: Comparison and eco-evolutionary perspectives. *Mamm. Biol.*, **83**, 78–80.

6 De l'Isle, A. (1865). De l'existence d'une race negre chez le rat, ou de l'identite specifique du *Mus rattus* et du *Mus alexandrinus*. *Ann. des Sci. Nat. V. Zool. Paléontologie*, **4**, 173–222.

7 Tomich, P.Q. & Kami, H.T. (1966). Coat color inheritance of the roof rat in Hawaii. *J. Mammal.*, **47**, 423–431.

8 Grimmberger, E. (2017). *Die Säugetiere Mitteleuropas*. Quelle & Meyer Verlag, Wiebelsheim.

9 Frings, S. (2021). *Die Sinne der Tiere. Lehrbuch der vergleichenden Sinnesphysiologie*. Springer, Berlin/Heidelberg.

10 Foster, S., King, C., Patty, B., et al. (2011). Tree-climbing capabilities of Norway and ship rats. *New Zeal. J. Zool.*, **38**, 285–296.

11 Jenrich, J., Löhr, P.-W. & Müller, F. (2010). *Kleinsäuger: Körper- und Schädelmerkmale. Ökologie*. Imhof Verlag, Fulda.

12 Hickman, G.C. (1979). The mammalian tail: a review of functions. *Mamm. Rev.*, **9**, 143–157.

13 Michener, G.R. (1976). Tail autotomy as an escape mechanism in *Rattus rattus*. *J. Mammal.*, **57**, 600–603.

14 Niethammer, J. & Krapp, F. (1978). *Handbuch der Säugetiere. Band I. Nagetiere I.* Akademische Verlagsgesellschaft, Wiesbaden.

15 Robins, J.H., Hingston, M., Matisoo-Smith, E., et al. (2007). Identifying *Rattus* species using mitochondrial DNA. *Mol. Ecol. Notes*, **7**, 717–729.

16 Armitage, P.L. (1994). Unwelcome companions: Ancient rats reviewed. *Antiquity*, **68**, 231–240.

17 Aplin, K.P., Suzuki, H., Chinen, A.A., et al. (2011). Multiple geographic origins of commensalism and complex dispersal history of black rats. *PLoS One*, **6**, e26357.

8 Die Hausratte – Biologie und Ökologie

1 Capizzi, D., Bertolino, S. & Mortelliti, A. (2014). Rating the rat: Global patterns and research priorities in impacts and management of rodent pests. *Mamm. Rev.*, **44**, 148–162.

2 Harris, H.A.L., Kelly, D., Innes, J., et al. (2022). Invasive species and thermal squeeze: distribution of two invasive predators and drivers of ship rat (*Rattus rattus*) invasion in mid-elevation *Fuscospora* forest. *Biol. Invasions*, **24**, 2547–2559.

3 Endepols, S. (1994). Zur historischen und aktuellen Verbreitung der Hausratte (*Rattus rattus* L.) in Deutschland. *MAUS - Mitteilungen aus unserer Säugetierwelt*, **4**, 10–17.

4 Wolff, P., Herzig-Straschil, B. & Bauer, K. (1980). *Rattus rattus* (Linné 1758) und R*attus norvegicus* (Berkenhout 1769) in Österreich und deren Unterscheidung an Schädel und postcranialem Skelett. *Mitteilungen Abteilung Zool. Landesmuseum Joanneum*, **9**, 141–188.

5 Hooker, S. & Innes, J. (1995). Ranging behaviour of forest-dwelling ship rats, *Rattus rattus*, and effects of poisoning with brodifacoum. *New Zeal. J. Zool.*, **22**, 291–304.

6 Pryde, M., Dilks, P. & Fraser, I. (2005). The home range of ship rats (*Rattus rattus*) in beech forest in the Eglinton Valley, Fiordland, New Zealand: A pilot study. *New Zeal. J. Zool.*, **32**, 139–142.

7 Ewer, R.F. (1971). The biology and behaviour of a free-living population of black rats *(Rattus rattus)*. *Anim. Behav. Monogr.*, **4**, 125–174.

8 Foster, S., King, C., Patty, B., et al. (2011). Tree-climbing capabilities of Norway and ship rats. *New Zeal. J. Zool.*, **38**, 285–296.

9 Badou, S.A., Gauthier, P., Houemenou, G., et al. (2021). Population genetic structure of black rats in an urban environment: a case study in Cotonou, Benin. *Hystrix, Ital. J. Mammal.*, **32**, 130–136.

10 Russell, J.C., Towns, D.R. & Clout, M.N. (2008). Review of rat invasion biology: implications for island biosecurity. *Sci. Conserv.*, **286**, 53.

11 Harper, G.A. & Rutherford, M. (2016). Home range and population density of black rats (*Rattus rattus*) on a seabird island: A case for a marine subsidised effect? *N. Z. J. Ecol.*, **40**, 219–228.

12 Whisson, D.A., Quinn, J.H. & Collins, K.C. (2007). Home range and movements of roof rats *(Rattus rattus)* in an old-growth riparian forest, California. *J. Mammal.*, **88**, 589–594.

13 Niethammer, J. & Krapp, F. (1978). *Handbuch der Säugetiere. Band I. Nagetiere I.* Akademische Verlagsgesellschaft, Wiesbaden.

14 Low, B.W., Mills, H., Algar, D., et al. (2013). Home ranges of introduced rats on Christmas Island: A pilot study. *Ecol. Manag. Restor.*, **14**, 41–46.

15 Mackenzie, H.R., Latham, M.C., Anderson, D.P., et al. (2022). Detection parameters for managing invasive rats in urban environments. *Sci. Rep.*, **12**, 16520.

16 Berthier, K., Garba, M., Leblois, R., et al. (2016). Black rat invasion of inland Sahel: insights from interviews and population genetics in south-western Niger. *Biol. J. Linn. Soc.*, **119**, 748–765.

17 Dutson, V.J. (1974). The association of the roof rat (*Rattus rattus*) with the Himalayan blackberry (*Rubus discolor*) und Algerian ivy *(Hedera canariensis)* in California. *Proc. Vertebr. Pest Conf.*, **6**, 41–48.

18 Dowding, J.E. & Murphy, E.C. (1994). Ecology of ship rats (*Rattus rattus*) in a Kauri (*Agathis Australis*) forest in Northland, New Zealand. *N. Z. J. Ecol.*, **18**, 19–28.

19 Cox, M.P.G., Dickman, C.R. & Cox, W.G. (2000). Use of habitat by the black rat *(Rattus rattus)* at North Head, New South Wales: an observational and experimental study. *Austral Ecol.*, **25,** 375–385.

20 Tobin, M.E., Sugihara, R.T., Koehler, A.E., et al. (1996). Seasonal activity and movements of *Rattus rattus* (Rodentia, Muridae) in a Hawaiian macadamia orchard. *Mammalia*, **60**, 3–13.

21 Pye, T., Swain, R. & Seppelt, R.D. (1999). Distribution and habitat use of the feral black rat (*Rattus rattus*) on subantarctic Macquarie Island. *J. Zool.*, **247**, 429–438.

22 Mielke, U. (2002). Zur Lebensweise der Hausratte (*Rattus rattus* L.). Langjährige Beobachtungen in einer Getreidemühle bei Magdeburg. *Anzeiger fuer Schaedlingskd.*, **75**, 110–112.

23 Shiels, A.B., Pitt, W.C., Sugihara, R.T., et al. (2014). Biology and impacts of pacific island invasive species. 11. *Rattus rattus*, the black rat (Rodentia: Muridae). *Pacific Sci.*, **68**, 145–184.

24 Clark, D.A. (1982). Foraging behavior of a vertebrate omnivore *(Rattus Rattus):* Meal structure, sampling, and diet breadth. *Ecology*, **63**, 763–772.

25 Clark, D.A. (1981). Foraging patterns of black rats across a desert-montane forest gradient in the Galapagos islands. *Biotropica*, **13**, 182–194.

26 Ruffino, L., Russell, J. & Vidal, E. (2013). Anthropogenic subsidies mitigate environmental variability for insular rodents. *Oecologia*, **172**, 737–749.

27 King, C. & Forsyth, D. (2021). *The handbook of New Zealand mammals.* Csiro Publishing, Australia.

28 King, C., Winstanley, T., Innes, J., et al. (2014). Multiple paternity and differential male breeding success in wild ship rats *(Rattus rattus). N. Z. J. Ecol.*, **38**, 76–85.

29 Miller, S.D., Russell, J.C., Macinnes, H.E., et al. (2010). Multiple paternity in wild populations of invasive *Rattus* species. *N. Z. J. Ecol.*, **34**, 360–363.

30 Bean, C.A. & Estep, D.Q. (1981). Postpartum copulation and induction of pregnancy in roof rats *(Rattus rattus). Physiol. Behav.*, **27**, 785–789.

31 Cowan, P. E. (1981). Early growth and development of roof rats, *Rattus rattus* L. *Mammalia*, **45**, 239–250.

32 Clark, D.B. (1980). Population ecology of *Rattus rattus* across a desert-montane forest gradient in the Galapagos islands. *Ecology*, **61**, 1422–1433.

33 Scobie, K., Rahelinirina, S., Soarimalala, V., et al. (2024). Reproductive ecology of the black rat *(Rattus rattus)* in Madagascar: the influence of density-dependent and -independent effects. *Integr. Zool.*, **19**, 66–86.

34 Wolfe, K.M., Mills, H.R., Garkaklis, M.J., et al. (2004). Post-mating survival in a small marsupial is associated with the nutrient inputs from seabirds. *Ecology*, **85**, 1740–1746.

35 Key, G., Fielding, A.H., Goulding, M.J., et al. (1998). Ship rats *Rattus rattus* on the Shiant Islands, Hebrides, Scotland. *J. Zool.*, **245**, 228–233.

36 López-Darias, M., López-González, M., Padilla, D.P., et al. (2024). Invasive black rats menacing endangered lizards. *Biodivers. Conserv.*, **33**, 2775–2789.

37 Hickman, G.C. (1979). The mammalian tail: a review of functions. *Mamm. Rev.*, **9**, 143–157.

38 Miljutin, A. (2007). Rat kings in Estonia. *Proc. Est. Acad. Sci. Biol. Ecol.*, **56**, 77–81.

a Gezeichnet von Marc Siegenthaler/Les graphistes, nach:
- European Mammal Foundation, https://www.europeanmammals.org.
- EDDMapS, https://www.eddmaps.org/distribution.
- Wilson, D.E., Mittermeier, R.A. & Lacher, T.E. (2017). *Handbook of the mammals of the world, Vol. 7: Rodents II;* Lynx Edicions, Barcelona.
- iNaturalist, https://www.inaturalist.org/.
- Grimmberger, E. (2017). *Die Säugetiere Mitteleuropas.* Quelle & Meyer Verlag, Wiebelsheim.

9 Die Wanderratte – Form und Farbe

1 Jenrich, J., Löhr, P.-W. & Müller, F. (2010). *Kleinsäuger: Körper- und Schädelmerkmale. Ökologie.* Imhof Verlag, Fulda.

2 Grimmberger, E. (2017). *Die Säugetiere Mitteleuropas.* Quelle & Meyer Verlag, Wiebelsheim.

3 Glass, G.E., Klein, S.L., Norris, D.E., et al. (2016). Multiple paternity in urban Norway Rats: Extended ranging for mates. *Vector-Borne Zoonotic Dis.*, **16**, 342–348.

4 Mori, E., Iacucci, A., Castiglia, R., et al. (2017). Sexual-size dimorphism in two synanthropic rat species: Comparison and eco-evolutionary perspectives. *Mamm. Biol.*, **83**, 78–80.

5 Taylor, K.D. & Quy, R.J. (1978). Long distance movements of a common rat (*Rattus norvegicus*) revealed by radio-tracking. *Mammalia*, **42**, 63–71.

6 Stroud, D.C. (1982). Population dynamics of *Rattus rattus* and *R. norvegicus* in a riparian habitat. *J. Mammal.*, **63**, 151–154.

7 Porter, F.H., Costa, F., Rodrigues, G., et al. (2015). Morphometric and demographic differences between tropical and temperate Norway rats (*Rattus norvegicus*). *J. Mammal.*, **96**, 317–323.

8 Mandal, K. A. (1988). Report of melanism on the Norway rat *Rattus norvegicus* (Berkenhout) in India. *Rec. zool. Surv. India*, **85**, 267–270.

9 Wolff, P., Herzig-Straschil, B. & Bauer, K. (1980). *Rattus rattus* (Linné 1758) und *Rattus norvegicus* (Berkenhout 1769) in Österreich und deren Unterscheidung an Schädel und postcranialem Skelett. *Mitteilungen Abteilung Zool. Landesmuseum Joanneum*, **9**, 141–188.

10 Puckett, E.E., Sherratt, E., Combs, M., et al. (2020). Variation in brown rat cranial shape shows directional selection over 120 years in New York City. *Ecol. Evol.*, **10**, 4739–4748.

11 Rae, T.C., Vioarsdóttir, U.S., Jeffery, N., et al. (2006). Developmental response to cold stress in cranial morphology of *Rattus*: Implications for the interpretation of climatic adaptation in fossil hominins. *Proc. R. Soc. B Biol. Sci.*, **273**, 2605–2610.

12 Deinum, E.E., Halligan, D.L., Ness, R.W., et al. (2015). Recent evolution in *Rattus norvegicus* is shaped by declining effective population size. *Mol. Biol. Evol.*, **32**, 2547–2558.

13 Russell, J.C., Towns, D.R. & Clout, M.N. (2008). Review of rat invasion biology: implications for island biosecurity. *Sci. Conserv.*, **286**, 53.

14 Foster, S., King, C., Patty, B., et al. (2011) Tree-climbing capabilities of Norway and ship rats. *New Zeal. J. Zool.*, **38**, 285–296.

15 Pisano, R.G. & Storer, T.I. (1948). Burrows and beeding of the Norway rat. *J. Mammal.*, **29**, 374–383.

16 Flannelly, K. & Lore, R. (1977). Observation of the subterranean activity of the domesticated and wild rats *(Rattus norvegicus):* A descriptive study. *Psychol. Rec.*, **2**, 315–329.

17 Berridge, K.C. (1990). Comparative fine structure of action: Rules of form and sequence in the grooming patterns of six rodent species. *Behaviour*, **113**, 22–55.

18 Lambert, K.G. (2013). *Lehrmeister Ratte. Was wir von den erfolgreichsten Säugetieren der Welt lernen können.* Springer Spektrum, Berlin/Heidelberg.

19 Barnett, S.A. (1975). *The rat. A study in behaviour* (2nd edition). University of Chicago Press, Chicago.

10 Die Wanderratte – Biologie und Ökologie

1 Zhang, M.-Y., Cao, R.-D., Chen, Y., et al. (2024). Genomic and phenotypic adaptations of *Rattus tanezumi* to cold limit its further northward expansion and range overlap with *R. norvegicus*. *Mol. Biol. Evol.*, **41**, msae106.

2 Suckow, M.A., Weisbroth, S.H. & Franklin, C.L. (2006). *The Laboratory Rat*. Elsevier Academic Press, London.

3 Wolff, P., Herzig-Straschil, B. & Bauer, K. (1980). *Rattus rattus* (Linné 1758) und *Rattus norvegicus* (Berkenhout 1769) in Österreich und deren Unterscheidung an Schädel und postcranialem Skelett. *Mitteilungen Abteilung Zool. Landesmuseum Joanneum*, **9**, 141–188.

4 Graf, R.F. & Fischer, C. (2021). *Atlas der Säugetiere. Schweiz und Liechtenstein*. Haupt Verlag, Bern.

5 Natur i Norge (Daten abgefragt 2025). Artsdatabanken: https://artskart.artsdatabanken.no.

6 Harper, G.A. (2006). Habitat use by three rat species (*Rattus* spp.) on an island without other mammalian predators. *N. Z. J. Ecol.*, **30**, 321–333.

7 van Adrichem, M.H.C., Buijs, J.A.B., Goedhart, P.W., et al. (2013). Factors influencing the density of the brown rat (*Rattus norvegicus*) in and around houses in Amsterdam. *Lutra*, **56**, 77–91.

8 Heiberg, A.C., Sluydts, V. & Leirs, H. (2012). Uncovering the secret lives of sewer rats *(Rattus norvegicus):* Movements, distribution and population dynamics revealed by a capture-mark-recapture study. *Wildl. Res.*, **39**, 202–219.

9 Fenn, M.G.P. & Macdonald, D.W. (1995). Use of middens by red foxes: Risk reverses rhythms of rats. *J. Mammal.*, **76**, 130–136.

10 Parsons, M.H., Sarno, R.J. & Deutsch, M.A. (2015). Jump-starting urban rat research: Conspecific pheromones recruit wild rats into a behavioral and pathogen-monitoring assay. *Front. Ecol. Evol.*, **3**, 146

11 Traweger, D. & Slotta-Bachmayr, L. (2005). Introducing GIS-modelling into the management of a brown rat (*Rattus norvegicus* Berk.) (Mamm. Rodentia Muridae) population in an urban habitat. *J. Pest Sci.*, **78**, 17–24.

12 Channon, D., Channon, E., Roberts, T., et al. (2006). Hotspots: Are some areas of sewer network prone to re-infestation by rats *(Rattus norvegicus)* year after year? *Epidemiol. Infect.*, **134**, 41–48.

13 Sacchi, R., Gentilli, A., Pilon, N., et al. (2008). GIS-Modelling the distribution of *Rattus norvegicus* in urban areas using non toxic attractive baits. *Hystrix, Ital. J. Mammal.*, **19**, 13–22.

14 Janzen, D.H. (1971). Seed predation by animals. *Annu. Rev. Ecol. Syst.*, **2**, 465–492.

15 Oluwadare, F. (1982). Commensal rats: a threat to poultry production in Nigeria. *Proc. Vertebr. Pest Conf.*, **10**, 107–108.

16 Pisano, R.G. & Storer, T.I. (1948). Burrows and beeding of the Norway rat. *J. Mammal.*, **29**, 374–383.

17 Gandolfi, G. & Parisi, V. (1973). Ethological aspects of predation by rats, *Rattus norvergicus* (Berkenhout), on bivalves *Unio pictorum* L. and *Cerastoderma lamarcki* (Reeve). *Bolletino di Zool.*, **40**, 69–74.

18 Davis, D.E., Emlen, J.T. & Stokes, A.W. (1948). Studies on home range in the brown rat. *J. Mammal.*, **29**, 207–225.

19 Shafat, A., Murray, B. & Rumsey, D. (2009). Energy density in cafeteria diet induced hyperphagia in the rat. *Appetite*, **52**, 34–38.

20 Davis, D.E. (1953). The characteristics of rat populations. *Q. Rev. Biol.*, **28**, 373–401.

21 Calhoun, J.B. (1962). *The ecology and sociology of the Norway rat*. U.S. Department of Health, Education, and Welfare, Bethesda, Maryland.

22 Barnett, S.A. (1975). *The rat. A study in behaviour* (2nd edition). University of Chicago Press, Chicago.

23 Schweinfurth, M.K. (2020). The social life of Norway rats (*Rattus norvegicus*). *eLife*, **9**, 1–26.

24 Lore, R., Flannelly, K. & Training, E.R.J. (1978). Habitat selection and burrow construction by wild *Rattus norvegicus* in a landfill. *J. Comp. Physiol. Psychol.*, **92**, 888–896.

25 Flannelly, K. & Lore, R. (1977). Observation of the subterranean activity of the domesticated and wild rats *(Rattus norvegicus):* A descriptive study. *Psychol. Rec.*, **2**, 315–329.

26 Colvin, Bruce, A., Swift, Trygve, B. & Fothergill, Frank, E. (1998). Control of Norway rats in sewer and utility systems using pulsed baiting methods. *Proc. Vertebr. Pest Conf.*, **18**, 247–253.

27 Battersby, S., Hirschhorn, R.B. & Amman, B.R. (2022). Commensal rodents. In: Bonnefoy, X., Kampen, H., Sweeney, K. (eds.), *Public Health Significance of Urban Pests*, World Health Organization, Kopenhagen, S. 387–419

28 Oyedele, D.T., Anuar, S., Sah, M., et al. (2015). Range measurement and a habitat suitability map for the Norway rat in a highly developed urban environment. *Trop. Life Sci. Res.*, **26**, 27–44.

29 Taylor, K.D. & Quy, R.J. (1978). Long distance movements of a common rat *(Rattus norvegicus)* revealed by radio-tracking. *Mammalia*, **42**, 63–71.

30 Taylor, K.D. (1978). Range of movement and activity of common rats (*Rattus norvegicus*) on agricultural land. *J. Appl. Ecol.*, **15**, 663–677.

31 Lambert, M.S., Quy, R.J., Smith, R.H., et al. (2008). The effect of habitat management on home-range size and survival of rural Norway rat populations. *J. Appl. Ecol.*, **45**, 1753–1761.

32 Bramley, G.N. (2014). Home ranges and interactions of kiore *(Rattus exulans)* and Norway rats *(R. norvegicus)* on Kapiti Island, New Zealand. *N. Z. J. Ecol.*, **38**, 328–334.

33 Porter, F.H., Costa, F., Rodrigues, G., et al. (2015). Morphometric and demographic differences between tropical and temperate Norway rats *(Rattus norvegicus)*. *J. Mammal.*, **96**, 317–323.

34 Barnett, S.A. (1958). An analysis of social behaviour in wild rats. *Proc. Zool. Soc. London*, **130**, 107–152.

35 Glass, G.E., Klein, S.L., Norris, D.E., et al. (2016). Multiple paternity in urban Norway rats: Extended ranging for mates. *Vector-Borne Zoonotic Dis.*, **16**, 342–348.

36 Costa, F., Richardson, J.L., Dlon, K., et al. (2016). Multiple paternity in the Norway rat, *Rattus norvegicus*, from urban slums in Salvador, Brazil. *J. Hered.*, **107**, 181–186.

37 Connor, J.R. & Davis, H.N. (1980). Postpartum estrus in Norway rats. II. Physiology. *Biol. Reprod.*, **23**, 1000–1006.

38 Marsh, R.E. (1994). Roof rats. In: Hygnstrom, S. E., Timm, R., Larson, G. E. (eds.), *The Handbook: Prevention and control of wildlife damage*, S. 125–132.

39 Vadell, M. V., Villafañe, I.E.G. & Cavia, R. (2014). Are life-history strategies of Norway rats *(Rattus norvegicus)* and house mice (*Mus musculus*) dependent on environmental characteristics? *Wildl. Res.*, **41**, 172–184.

40 Davis, D.E. & Christian, J.J. (1956). Changes in Norway rat populations induced by introduction of rats. *J. Wildl. Manage.*, **20**, 378–383.

41 Gardner-Santana, L.C., Norris, D.E., Fornadel, C.M., et al. (2009). Commensal ecology, urban landscapes, and their influence on the genetic characteristics of city-dwelling Norway rats (*Rattus norvegicus*). *Mol. Ecol.*, **18**, 2766–2778.

42 Byers, K.A., Lee, M.J., Bidulka, J.J., et al. (2019). Rat in a cage: Trappability of urban Norway rats *(Rattus norvegicus)*. *Front. Ecol. Evol.*, **7**, 68.

43 Kajdacsi, B., Costa, F., Hyseni, C., et al. (2013). Urban population genetics of slum-dwelling rats *(Rattus norvegicus)* in Salvador, Brazil. *Mol. Ecol.*, **22**, 5056–5070.

44 Richardson, J.L., Burak, M.K., Hernandez, C., et al. (2017). Using fine-scale spatial genetics of Norway rats to improve control efforts and reduce leptospirosis risk in urban slum environments. *Evol. Appl.*, **10**, 323–337.

45 Piertney, S.B., Black, A., Watt, L., et al. (2016). Resolving patterns of population genetic and phylogeographic structure to inform control and eradication initiatives for brown rats *Rattus norvegicus* on South Georgia. *J. Appl. Ecol.*, **53**, 332–339.

46 Dagg, A.I. & Windsor, D.E. (1972). Swimming in northern terrestrial mammals. *Can. J. Zool.*, **50**, 117–13.

47 Russell, J.C., Towns, D.R. & Clout, M.N. (2008). Review of rat invasion biology: implications for island biosecurity. *Sci. Conserv.*, **286**, 53.

48 Tabak, M.A., Poncet, S., Passfield, K., et al. (2015). Modeling the distribution of Norway rats *(Rattus norvegicus)* on offshore islands in the Falkland Islands. *NeoBiota*, **24**, 33–48.

a Gezeichnet von Marc Siegenthaler/Les graphistes, nach:
- European Mammal Foundation, https://www.europeanmammals.org.
- EDDMapS, https://www.eddmaps.org/distribution.
- Wilson, D.E., Mittermeier, R.A. & Lacher, T.E. (2017). *Handbook of the mammals of the world, Vol. 7: Rodents II;* Lynx Edicions, Barcelona.
- iNaturalist, https://www.inaturalist.org/.
- Grimmberger, E. (2017). *Die Säugetiere Mitteleuropas.* Quelle & Meyer Verlag, Wiebelsheim.

11 Krankheit und Tod der Ratte

1 Heiberg, A.C., Sluydts, V. & Leirs, H. (2012). Uncovering the secret lives of sewer rats *(Rattus norvegicus):* Movements, distribution and population dynamics revealed by a capture-mark-recapture study. *Wildl. Res.*, **39**, 202–219.

2 Feng, A.Y.T. & Himsworth, C.G. (2014). The secret life of the city rat: A review of the ecology of urban Norway and black rats (*Rattus norvegicus* and *Rattus rattus*). *Urban Ecosyst.*, **17**, 149–162.

3 Farhang-Azad, A. (1976). Ecology of Norway rat populations and *Capillaria hepatica*. PhD thesis. Johns Hopkins University, Baltimore.

4 Stroud, D.C. (1982). Population dynamics of *Rattus rattus* and *R. norvegicus* in a riparian habitat. *J. Mammal.*, **63**, 151–154.

5 Ghirardi, O., Cozzolino, R., Guaraldi, D., et al. (1995). Within- and between-strain variability in longevity of inbred and outbred rats under the same environmental conditions. *Exp. Gerontol.*, **30**, 485–494.

6 Barnett, S.A. (1958). An analysis of social behaviour in wild rats. *Proc. Zool. Soc. London*, **130**, 107–152.

7 Rothenburger, J.L., Himsworth, C.G., Treuting, P.M., et al. (2015). Survey of cardiovascular pathology in wild urban *Rattus norvegicus* and *Rattus rattus*. *Vet. Pathol.*, **52**, 201–208.

8 Davis, D.E. (1952). A perspective on rat control. *Public Health Rep.*, **67**, 888–893.

9 Whishaw, I.Q. & Whishaw, G.E. (1996). Conspecific aggression influences food carrying: Studies on a wild population of *Rattus norvegicus*. *Aggress. Behav.*, **22**, 47–66.

10 Schiller, E.L. (1956). Ecology and Health of *Rattus* at Nome, Alaska. *J. Mammal.*, **37**, 181–188.

11 Carpenter, J.K., Monks, A., Innes, J., et al. (2022). Pushing the limits: ship rat *(Rattus rattus)* population dynamics across an elevational gradient in response to mast seeding and supplementary feeding. *Biol. Invasions*, **24**, 3065–3081.

12 Kaushik, M., Knowles, S.C.L. & Webster, J.P. (2014). What makes a feline fatal in *Toxoplasma gondii*'s fatal feline attraction? Infected rats choose wild cats. *Integr. Comp. Biol.*, **54**, 118–128.

13 Rothenburger, J.L., Himsworth, C.G., Clifford, C.B., et al. (2015). Respiratory pathology and pathogens in wild urban rats (*Rattus norvegicus* and *Rattus rattus*). *Vet. Pathol.*, **52**, 1210–1219.

14 Calhoun, J.B. (1962). *The ecology and sociology of the Norway rat.* U.S. Department of Health, Education, and Welfare, Bethesda, Maryland.

15 Müller-Doblies, U.U., Herzog, K., Tanner, I., et al. (2002). First isolation and characterisation of Encephalitozoon cuniculi from a free-ranging rat *(Rattus norvegicus)*. *Vet. Parasitol.*, **107**, 279–285.

16 Childs, J.E., Glass, G.E., Korch, G.W., et al. (1989). Effects of hantaviral infection on survival, growth and fertility in wild rat *(Rattus norvegicus)* populations of Baltimore, Maryland. *J. Wildl. Dis.*, **25**, 469–476.

17 Seguel, M., Muñoz, F., Paredes, E., et al. (2017). Pathological findings in wild rats *(Rattus rattus)* captured at Guafo island, northern Chilean Patagonia. *J. Comp. Pathol.*, **157**, 163–173.

18 Carvalho-Pereira, T., Souza, F.N., Santos, L.R.N., et al. (2018). The helminth community of a population of *Rattus norvegicus* from an urban Brazilian slum and the threat of zoonotic diseases. *Parasitology*, **145**, 797–806.

19 Durden, L.A. & Hinkle, N.C. (2019). Fleas (Siphonaptera). In: Mullen, G. R. & Durden, L. A. (eds.), *Medical and Veterinary Entomology*, Academic Press, S. 145–169.

20 Gomez Villafañe, I.E., Robles, M.R. & Busch, M. (2008). Helminth communities and host-parasite relationships in argentine brown rat *(Rattus norvegicus)*. *Helminthologia*, **45**, 126–129.

21 Easterbrook, J.D., Kaplan, J.B., Vanasco, N.B., et al. (2007). A survey of zoonotic pathogens carried by Norway rats in Baltimore, Maryland, USA. *Epidemiol. Infect.*, **135**, 1192–1199.

22 Rothenburger, J.L., Himsworth, C.G., Nemeth, N.M., et al. (2019). The devil is in the details – Host disease and co-infections are associated with zoonotic pathogen carriage in Norway rats *(Rattus norvegicus)*. *Zoonoses Public Health*, **66**, 622–635.

23 Rothenburger, J.L., Himsworth, C.G., La Perle, K.M.D., et al. (2019). Pathology of wild Norway rats in Vancouver, Canada. *J. Vet. Diagnostic Investig.*, **31**, 184–199.

24 Himsworth, C.G., Jardine, C.M., Parsons, K.L., et al. (2014). The characteristics of wild rat (*Rattus* spp.) populations from an inner-city neighborhood with a focus on factors critical to the understanding of rat-associated zoonoses. *PLoS One*, **9**, e91654.

25 Salas, L.M., Espinoza-Carniglia, M., Schmeisser, N.L., et al. (2019). Fleas of black rats *(Rattus rattus)* as reservoir host of *Bartonella* spp. in Chile. *PeerJ*, **7**, 1–25.

26 Jensen, J.K. & Magnussen, E. (2015). Occurrence of fleas (Siphonaptera) and lice (Phthiraptera) on brown rats *(Rattus norvegicus)* on the Faroes Islands. *Nor. J. Entomol.*, **62**, 154–159.

27 Khokhlova, I.S., Krasnov, B.R., Kam, M., et al. (2002). Energy cost of ectoparasitism: The flea *Xenopsylla ramesis* on the desert gerbil *Gerbillus dasyurus*. *J. Zool.*, **258**, 349–354.

28 Ho, J., Changbunjong, T., Weluwanarak, T., et al. (2021). The pests of a pest: A systematic review of ectoparasitic fauna among synanthropic rodents in the 21st century with meta-analysis. *Acta Trop.*, **215**, 105802.

29 Eckstein, R.A. & Hart, B.L. (2000). Grooming and control of fleas in cats. *Appl. Anim. Behav. Sci.*, **68**, 141–150.

30 Smith, K.F. & Carpenter, S.M. (2006). Potential spread of introduced black rat *(Rattus rattus)* parasites to endemic deer mice (*Peromyscus maniculatus*) on the California Channel Islands. *Divers. Distrib.*, **12**, 742–748.

31 Morand, S., Bordes, F., Chen, H.W., et al. (2015). Global parasite and Rattus rodent invasions: The consequences for rodent-borne diseases. *Integr. Zool.*, **10**, 409–423.

32 Tollenaere, C., Rahalison, L., Ranjalahy, M., et al. (2010). Susceptibility to *Yersinia pestis* experimental infection in wild *Rattus rattus*, reservoir of plague in Madagascar. *Ecohealth*, **7**, 242–247.

33 Strand, T.M. & Lundkvist, Å. (2019). Rat-borne diseases at the horizon. A systematic review on infectious agents carried by rats in Europe 1995–2016. *Infect. Ecol. Epidemiol.*, **9**, 1553461.

34 Angley, L.P., Combs, M., Firth, C., et al. (2018). Spatial variation in the parasite communities and genomic structure of urban rats in New York City. *Zoonoses Public Health*, **65**, e113–e123.

12 Methoden zur Erforschung wilder Ratten

1 Russell, J.C., Hasler, N., Klette, R., et al. (2009). Automatic track recognition of footprints for identifying cryptic species. *Ecology*, **90**, 2007–2013.

2 Rendall, A.R., Sutherland, D.R., Cooke, R., et al. (2014). Camera trapping: A contemporary approach to monitoring invasive rodents in high conservation priority ecosystems. *PLoS One*, **9**, 1–10.

3 Grimm-Seyfarth, A., Harms, W. & Berger, A. (2021). Detection dogs in nature conservation: A database on their world-wide deployment with a review on breeds used and their performance compared to other methods. *Methods Ecol. Evol.*, **12**, 568–579.

4 Gsell, A., Innes, J., De Monchy, P., et al. (2010). The success of using trained dogs to locate sparse rodents in pest-free sanctuaries. *Wildl. Res.*, **37**, 39–46.

5 Davis, R.A., Seddon, P.J., Craig, M.D., et al. (2023). A review of methods for detecting rats at low densities, with implications for surveillance. *Biol. Invasions*, **25**, 3773–3791.

6 Dent, M.L., Fayy, R.R. & Popper, A.N. (2018). *Rodent bioacoustics.* Springer International Publishing, New York.

7 Middleton, N. (2020). *Is that a bat? A guide to non-bat sounds encountered during bat surveys.* Pelagic Publishing, Exeter.

8 Newson, S., Middleton, N. & Pearce, H. (2020). The acoustic identification of small terrestrial mammals in Britain. *Br. Wildl.*, **32**, 186–194.

9 Davidson, N.B. & Hurst, J.L. (2019). Testing the potential of 50 kHz rat calls as a species-specific rat attractant. *PLoS One*, **14**, 1–18.

10 Ewer, R.F. (1971). The biology and behaviour of a free-living population of black rats (*Rattus rattus*). *Anim. Behav. Monogr.*, **4**, 125–174.

11 Davis, D.E., Emlen, J.T. & Stokes, A.W. (1948). Studies on home range in the brown rat. *J. Mammal.*, **29**, 207–225.

12 Borremans, B., Sluydts, V., Makundi, R.H., et al. (2015). Evaluation of short-, mid- and long-term effects of toe clipping on a wild rodent. *Wildl. Res.*, **42**, 143–148.

13 Jung, T.S., Boonstra, R., Krebs, C.J., et al. (2020). Mark my words: Experts' choice of marking methods used in capture-mark-recapture studies of small mammals. *J. Mammal.*, **101**, 307–317.

14 Traweger, D., Travnitzky, R., Moser, C., et al. (2006). Habitat preferences and distribution of the brown rat (*Rattus norvegicus* Berk.) in the city of Salzburg (Austria): implications for an urban rat management. *J. Pest Sci.*, **79**, 113–125.

15 Parsons, M.H., Sarno, R.J. & Deutsch, M.A. (2015). Jump-starting urban rat research: Conspecific pheromones recruit wild rats into a behavioral and pathogen-monitoring assay. *Front. Ecol. Evol.*, **3**, 146.

16 Byers, K.A., Lee, M.J., Patrick, D.M., et al. (2019). Rats about town: A systematic review of rat movement in urban ecosystems. *Front. Ecol. Evol.*, **7**, 13.

17 Key, G.E. & Woods, R.D. (1996). Spool-and-line studies on the behavioural ecology of rats (*Rattus* spp.) in the Galapagos Islands. *Can. J. Zool.*, **74**, 733–737.

18 Glass, G.E., Klein, S.L., Norris, D.E., et al. (2016). Multiple paternity in urban Norway rats: Extended ranging for mates. *Vector-Borne Zoonotic Dis.*, **16**, 342–348.

19 Combs, M., Puckett, E.E., Richardson, J., et al. (2018). Spatial population genomics of the brown rat *(Rattus norvegicus)* in New York City. *Mol. Ecol.*, **27**, 83–98.

20 Costa, F., Richardson, J.L., Dlon, K., et al. (2016). Multiple paternity in the Norway Rat, *Rattus norvegicus*, from urban slums in Salvador, Brazil. *J. Hered.*, **107**, 181–186.

21 Combs, M., Byers, K.A., Ghersi, B.M., et al. (2018). Urban rat races: Spatial population genomics of brown rats *(Rattus norvegicus)* compared across multiple cities. *Proc. R. Soc. B Biol. Sci.*, **285**, 20180245.

22 Aplin, K.P., Suzuki, H., Chinen, A.A., et al. (2011). Multiple geographic origins of commensalism and complex dispersal history of black rats. *PLoS One*, **6**, e26357.

23 Puckett, E.E. & Munshi-South, J. (2019). Brown rat demography reveals pre-commensal structure in eastern Asia before expansion into Southeast Asia. *Genome Res.*, **29**, 762–770.

24 Song, Y., Lan, Z. & Kohn, M.H. (2014). Mitochondrial DNA phylogeography of the Norway rat. *PLoS One*, **9**, 2007–2013.

— 13 Die Ratten im Ökosystem

1 Pirovano, A., Rubolini, D., Brambilla, S., et al. (2000). Winter diet of urban roosting Long-eared owls *Asio otus* in northern Italy: The importance of the brown rat *Rattus norvegicus*. *Bird Study*, **47**, 242–244.

2 Ruffino, L., Russell, J. & Vidal, E. (2013). Anthropogenic subsidies mitigate environmental variability for insular rodents. *Oecologia*, **172**, 737–749.

3 Doncaster, C.P., Dickman, C.R. & Macdonald, D.W. (1990). Feeding ecology of Red foxes (*Vulpes vulpes*) in the city of Oxford. *J. Mammal.*, **71**, 188–194.

4 Jones, C., Pech, R., Forrester, G., et al. (2011). Functional responses of an invasive top predator *Mustela erminea* to invasive meso-predators *Rattus rattus* and *Mus musculus*, in New Zealand forests. *Wildl. Res.*, **38**, 131–140.

5 Newsome, A. (1990). The control of vertebrate pests by vertebrate predators. *Trends Ecol. Evol.*, **5**, 187–191.

6 Davis, D.E. (1957). The use of food as a buffer in a predator-prey system. *J. Mammal.*, **38**, 466.

7 Childs, J.E. (1986). Size dependent predation on rats by house cats in urban settings. *Jounal Mammal.*, **67**, 196–199.

8 Capizzi, D., Luiselli, L., Capula, M., et al. (1995). Feeding habits of a Mediterranean community of snakes in relation to prey availability. *Rev. d'Ecologie*, **50**, 353–363.

9 Close, M. & Cundall, D. (2012). Mammals as prey: Estimating ingestible size. *J. Morphol.*, **273**, 1042–1049.

10 Sazima, I. & D'Angelo, G.B. (2013). Range of animal food types recorded for the Tegu lizard (*Salvator merianae*) at an urban park in South-eastern Brazil. *Herpetol. Notes*, **6**, 427–430.

11 Staddon, S.C., Compton, S.G. & Portch, A. (2010). Dispersal of fig seeds in the Cook Islands: Introduced frugivores are no substitutes for natives. *Biodivers. Conserv.*, **19**, 1905–1916.

12 Williams, P.A., Karl, B.J., Bannister, P., et al. (2000). Small mammals as potential seed dispersers in New Zealand. *Austral Ecol.*, **25**, 523–532.

13 Shiels, A.B. & Drake, D.R. (2011). Are introduced rats *(Rattus rattus)* both seed predators and dispersers in Hawaii? *Biol. Invasions*, **13**, 883–894.

14 Vernes, K. & McGrath, K. (2009). Are introduced black rats *(Rattus rattus)* a functional replacement for mycophagous native rodents in fragmented forests? *Fungal Ecol.*, **2**, 145–148.

15 O'Rourke, R.L., Anson, J.R., Saul, A.M., et al. (2020). Limits to alien black rats *(Rattus rattus)* acting as equivalent pollinators to extinct native small mammals: The influence of stem width on mammal activity at native *Banksia ericifolia* inflorescences. *Biol. Invasions*, **22**, 329–338.

16 Pattemore, D.E. & Wilcove, D.S. (2012). Invasive rats and recent colonist birds partially compensate for the loss of endemic New Zealand pollinators. *Proc. R. Soc. B Biol. Sci.*, **279**, 1597–1605.

14 Eine Gefahr für die Biodiversität

1 Brook, B.W., Sodhi, N.S. & Bradshaw, C.J.A. (2008). Synergies among extinction drivers under global change. *Trends Ecol. Evol.*, **23**, 453–460.

2 Dueñas, M.A., Hemming, D.J., Roberts, A., et al. (2021). The threat of invasive species to IUCN-listed critically endangered species: A systematic review. *Glob. Ecol. Conserv.*, **26**, e01476.

3 Willacy, R., Flakus, S., McDonald-Madden, E., et al. (2023). Investigating the impact of black rats *(Rattus rattus)* on the endemic and threatened avifauna of Christmas Island. *Wildl. Res.*, **51**, 1–14.

4 Christenhusz, M.J.M. & Govaerts, R. (2024). Plant extinction in the Anthropocene. *Bot. J. Linn. Soc.*, 1–14.

5 Bellard, C., Cassey, P. & Blackburn, T.M. (2016). Alien species as a driver of recent extinctions. *Biol. Lett.*, **12**, 24–27.

6 Fernández-Palacios, J.M., Kreft, H., Irl, S.D.H., et al. (2021). Scientists' warning – The outstanding biodiversity of islands is in peril. *Glob. Ecol. Conserv.*, **31**, e01847.

7 Maron, J.L., Estes, J.A., Croll, Donald, A., et al. (2006). An introduced predator alters Aleutian Island plant communities by thwarting nutrient subsidies. *Ecol. Monogr.*, **76**, 3–24.

8 Mollot, G., Pantel, J.H. & Romanuk, T.N. (2017). The effects of invasive species on the decline in species richness: A global meta-analysis. *Advances in Ecological Research*, Vol. 56, S. 61–83.

9 Towns, D.R., Atkinson, I.A.E. & Daugherty, C.H. (2006). Have the harmful effects of introduced rats on islands been exaggerated? *Biol. Invasions*, **8**, 863–891.

10 Russell, J.C., Ringler, D., Trombini, A., et al. (2011). The island syndrome and population dynamics of introduced rats. *Oecologia*, **167**, 667–676.

11 Matisoo-Smith, E. & Robins, J.H. (2004). Origins and dispersals of Pacific peoples: Evidence from mtDNA phylogenies of the Pacific rat. *Proc. Natl. Acad. Sci. U. S. A.*, **101**, 9167–9172.

12 Harper, G.A. & Bunbury, N. (2015). Invasive rats on tropical islands: Their population biology and impacts on native species. *Glob. Ecol. Conserv.*, **3**, 607–627.

13 Woodby, D. (1988). Rats and petrels at Midway Islands: status, methods of study, and suggestions for future work. *The Elepaio*, **48**, 53–56.

14 Meyer, J.Y. & Butaud, J.F. (2009). The impacts of rats on the endangered native flora of french Polynesia (Pacific Islands): Drivers of plant extinction or coup de grâce species? *Biol. Invasions*, **11**, 1569–1585.

15 Wolf, C.A., Young, H.S., Zilliacus, K.M., et al. (2018). Invasive rat eradication strongly impacts plant recruitment on a tropical atoll. *PLoS One*, **13**, 1–17.

16 Lafferty, K.D., McLaughlin, J.P., Gruner, D.S., et al. (2018). Local extinction of the Asian tiger mosquito (*Aedes albopictus*) following rat eradication on Palmyra Atoll. *Biol. Lett.*, **14**, 20170743.

17 Athens, J.S. (2009). *Rattus exulans* and the catastrophic disappearance of Hawai'i's native lowland forest. *Biol. Invasions*, **11**, 1489–1501.

18 Szabo, J.K., Khwaja, N., Garnett, S.T., et al. (2012). Global patterns and drivers of avian extinctions at the species and subspecies level. *PLoS One*, **7**, 1–9.

19 Butchart, S.H.M. (2008). Red List Indices to measure the sustainability of species use and impacts of invasive alien species. *Bird Conserv. Int.*, **18**, S245–S262.

20 Knief, U und Haupt, M. (2023). *Bruterfolgsmonitoring an der Brandseeschwalbe auf Hallig Norderoog 2023.* Verein Jordsand, Ahrensburg.

21 Gnep, B., Klug, M. & Henning, V. (2024). *Projekt zur nachhaltigen Reduktion von Rattenpopulationen auf den Inseln und Halligen im nordfriesischen Wattenmeer-Zwischenbericht für die Jahre 2022–2023.* Universität Hamburg und Schutzstation Wattenmeer.

22 Jones, H.P., Tershy, B.R., Zavaleta, E.S., et al. (2008). Severity of the effects of invasive rats on seabirds: A global review. *Conserv. Biol.*, **22**, 16–26.

23 Caut, S., Angulo, E. & Courchamp, F. (2008). Dietary shift of an invasive predator: Rats, seabirds and sea turtles. *J. Appl. Ecol.*, **45**, 428–437.

24 Zarzoso-Lacoste, D., Ruffino, L. & Vidal, E. (2011). Limited predatory capacity of introduced black rats on bird eggs: An experimental approach. *J. Zool.*, **285**, 188–193.

25 Grant, G.S., Pettit, T.N. & Whittow, G.C. (1981). Rat predation on Bonin petrel eggs on Midway Atoll. *J. F. Ornithol.*, **52**, 336–338.

26 Thibault, J.-C. (1995). Effect of predation by the black rat *Rattus rattus* on the breeding success of Cory's shearwater *Calonectris diomedea* in Corsica. *Mar. Ornithol.*, **23**, 1–10.

27 Moller, A.P. (1983). Damage by rats *Rattus norvegicus* to breeding birds on Danish islands. *Biol. Conserv.*, **25**, 5–18.

28 Major, H.L. & Jones, I.L. (2005). Distribution, biology and prey selection of the introduced Norway Rat *Rattus norvegicus* at Kiska Island, Aleutian Islands, Alaska. *Pacific Conserv. Biol.*, **11**, 105–113.

29 Cabanac, M. & Swiergiel, A.H. (1989). Rats eating and hoarding as a function of body weight and cost of foraging. *Am. J. Physiol. - Regul. Integr. Comp. Physiol.*, **257,** 952–957.

30 Major, H.L., Jones, I.L., Byrd, G.V., et al. (2006). Assessing the effects of introduced Norway rats *(Rattus norvegicus)* on survival and productivity of Least Auklets (*Aethia pusilla*). *Auk*, **123**, 681–694.

31 Penloup, A., Martin, J.-L., Gory, G., et al. (1997). Distribution and breeding success of pallid swifts, *Apus pallidus*, on Mediterranean Islands: Nest predation by the roof rat, *Rattus rattus*, and nest site quality. *Oikos*, **80**, 78–88.

32 Vanderwerf, E.A. (2012). Evolution of nesting height in an endangered Hawaiian forest bird in response to a non-native predator. *Conserv. Biol.*, **26**, 905–911.

33 Case, T.J. & Bolger, D.T. (1991). The role of introduced species in shaping the distribution and abundance of island reptiles. *Evol. Ecol.*, **5**, 272–290.

34 Böhm, M., Collen, B., Baillie, J.E.M., et al. (2013). The conservation status of the world's reptiles. *Biol. Conserv.*, **157**, 372–385.

35 López-Darias, M., López-González, M., Padilla, D.P., et al. (2024). Invasive black rats menacing endangered lizards. *Biodivers. Conserv.*, **33**, 2775–2789.

36 Witmer, G.W., Boyd, F. & Hillis-Starr, Z. (2007). The successful eradication of introduced roof rats *(Rattus rattus)* from Buck Island using diphacinone, followed by an irruption of house mice (*Mus musculus*). *Wildl. Res.*, **34**, 108–115.

37 Zeppelini, D., Mascarenhas, R. & Meier, G.G. (2007). Rat eradication as part of a Hawksbill turtle (*Eretmochelys imbricata*) conservation program in an urban area in Cabedelo, Paraba State, Brazil. *Mar. Turt. Newsl.*, **117**, 5–7.

38 Welch, J.N. & Leppanen, C. (2017). The threat of invasive species to bats: a review. *Mamm. Rev.*, **47**, 277–290.

39 Bell, E.A., Bell, B.D. & Merton, D. V (2016). The legacy of Big South Cape: rat irruption to rat eradication. *N. Z. J. Ecol.*, **40**, 212–218.

40 Daniel, M.J. & Williams, G.R. (1984). A survey of the distribution, seasonal activity and roost sites of New Zealand bats. *N. Z. J. Ecol.*, **7**, 9–25.

41 St Clair, J.J.H. (2011). The impacts of invasive rodents on island invertebrates. *Biol. Conserv.*, **144**, 68–81.

42 Meyer, W.M. & Shiels, A.B. (2009). Black rat *(Rattus rattus)* predation on nonindigenous snails in Hawai'i: Complex management implications. *Pacific Sci.*, **63**, 339–347.

43 Hadfield, M.G., Miller, S.E. & Carwile, A.H. (1993). The decimation of endemic Hawai'ian tree snails by alien predators. *Integr. Comp. Biol.*, **33**, 610–622.

44 Chiba, S. (2010). Invasive rats alter assemblage characteristics of land snails in the Ogasawara Islands. *Biol. Conserv.*, **143**, 1558–1563.

45 Kuschel, G. & Worthy, T.H. (1996). Past distribution of large weevils (Coleoptera: Curculionidae) in the South Island, New Zealand, based on Holocene fossil remains. *New Zeal. Entomol.*, **19**, 15–22.

46 Fukami, T., Wardle, D.A., Bellingham, P.J., et al. (2006). Above- and below-ground impacts of introduced predators in seabird-dominated island ecosystems. *Ecol. Lett.*, **9**, 1299–1307.

47 Poulin, R. (1999). The functional importance of parasites in animal communities: Many roles at many levels? *Int. J. Parasitol.*, **29**, 903–914.

48 Lafferty, K.D., Allesina, S., Arim, M., et al. (2008). Parasites in food webs: The ultimate missing links. *Ecol. Lett.*, **11**, 533–546.

49 Fleet, R.R. (1972). Nesting success of the red-tailed tropicbird on Kure Atoll. *Auk*, **89**, 651–659.

50 Norman, F.I. (1975). The murine rodents *Rattus rattus*, *exulans*, and *norvegicus* as avian predators. *Atoll Res. Bull.*, **181**, 1–13.

51 Stokes, V.L., Banks, P.B., Pech, R.P., et al. (2009). Competition in an invaded rodent community reveals black rats as threat to native Bush rats in littoral rainforest of South-Eeastern Australia. *J. App*, **46**, 423–436.

52 Harris, D.B. & Macdonald, D.W. (2007). Interference competition between introduced black rats and endemic Galápagos rice rats. *Ecology*, **88**, 2330–2344.

53 Pascal, M., Siorat, F., Lorvelec, O., et al. (2005). A pleasing consequence of Norway rat eradication: Two shrew species recover. *Divers. Distrib.*, **11**, 193–198.

54 Zarzoso-Lacoste, D., Bonnaud, E., Corse, E., et al. (2019). Stuck amongst introduced species: Trophic ecology reveals complex relationships between the critically endangered Niau kingfisher and introduced predators, competitors and prey. *NeoBiota*, **53**, 61–82.

55 Dowler, R.C., Carroll, D.S. & Edwards, C.W. (2000) Rediscovery of rodents (Genus *Nesoryzomys*) considered extinct in the Galapagos Islands. *Oryx*, **34**, 109–118.

56 Pickering, J. & Norris, C.A. (1996). New evidence concerning the extinction of the endemic murid *Rattus macleari* from Christmas Island, Indian Ocean. *Aust. Mammal.*, **19**, 19–25.

57 Wyatt, K.B., Campos, P.F., Gilbert, M.T.P., et al. (2008). Historical mammal extinction on Christmas Island (Indian Ocean) correlates with introduced infectious disease. *PLoS One*, **3**, 1–9.

58 Duplantier, J.-M., Duchemin, J.-B., Chanteau, S., et al. (2005). From the recent lessons of the Malagasy foci towards a global understanding of the factors involved in plague reemergence. *Vet. Res.*, **36**, 437–453.

59 Spratt, D.M. (2015). Species of *Angiostrongylus* (Nematoda: Metastrongyloidea) in wildlife: A review. *Int. J. Parasitol. Parasites Wildl.*, **4**, 178–189.

60 Smith, K.F. & Carpenter, S.M. (2006). Potential spread of introduced black rat *(Rattus rattus)* parasites to endemic deer mice (*Peromyscus maniculatus*) on the California Channel Islands. *Divers. Distrib.*, **12**, 742–748.

61 Ruffino, L., Bourgeois, K., Vidal, E., et al. (2009). Invasive rats and seabirds after 2'000 years of an unwanted coexistence on Mediterranean islands. *Biol. Invasions*, **11**, 1631–1651.

62 Quillfeldt, P., Schenk, I., McGill, R.A.R., et al. (2008). Introduced mammals coexist with seabirds at New Island, Falkland Islands: Abundance, habitat preferences, and stable isotope analysis of diet. *Polar Biol.*, **31**, 333–349.

63 Duron, Q., Bourguet, E., De Meringo, H., et al. (2017). Invasive rats strengthen predation pressure on bird eggs in a South Pacific island rainforest. *Curr. Zool.*, **63**, 583–590.

64 Shiels, A.B., Pitt, W.C., Sugihara, R.T., et al. (2014). Biology and impacts of pacific island invasive species. 11. *Rattus rattus*, the black rat (Rodentia: Muridae). *Pacific Sci.*, **68**, 145–184.

65 Atkinson, I.A.E. (1982). The spread of commensal species of *Rattus* to oceanic islands and their effects on island avifaunas. In: Moors, P. J. (ed.), *Conservation of Island Birds – Case studies for the management of threatened island species*, International Council for Bird Preservation, S. 35–81.

66 Saunier, M., Amy, M., Barbraud, C., et al. (2022). Seabird predation effects and population viability analysis indicate the urgent need for rat eradication from Europa Island, western Indian Ocean. *Avian Conserv. Ecol.*, **17**, 32.

67 Cassaing, J., Derré, C., Moussa, I., et al. (2007). Diet variability of Mediterranean insular populations of *Rattus rattus* studied by stable isotope analysis. *Isotopes Environ. Health Stud.*, **43**, 197–213.

— 15 Unwesen auf dem Land und in der Stadt

1 FOA (2023). *World Food and Agriculture – Statistical Yearbook 2023*; Food and Agriculture Organization of the United Nations, Rom.

2 Savary, S., Willocquet, L., Pethybridge, S.J., et al. (2019). The global burden of pathogens and pests on major food crops. *Nat. Ecol. Evol.*, **3**, 430–439.

3 Oerke, E.C. (2006). Crop losses to pests. *J. Agric. Sci.*, **144**, 31–43.

4 Culliney, T.W. (2014). *Integrated Pest Management: Pesticide Problems*; *Vol.3*. Springer Science & Business Media, Berlin/Heidelberg, S. 202–2017.

5 Leirs, H. (2003). Management of rodents in crops: the Pied Piper and his orchestra. *ACIAR Monogr. Ser.*, **96**, 183–190.

6 Stenseth, N.C., Leirs, H., Skonhoft, A., et al. (2003). Mice, rats, and people: The bio-economics of agricultural rodent pests. *Front. Ecol. Environ.*, **1**, 367–375.

7 Stutz, C. (2002). Betriebswirtschaftliche Aspekte der Wühlmausbekämpfung im ökologischen Landbau (Schwerpunkt Milchwirtschaft). In: Pelz, H. (Hrsg.), *Pflanzenschutz im ökologischen Landbau – Probleme und Lösungsansätze. Abwehr von Wühlmausschäden im ökologischen Landbau.* Biologische Bundesanstalt für Land- und Forstwirtschaft Braunschweig, Deutschland, S. 10–17.

8 Walther, B., Fülling, O., Malevez, J., et al. (2008). How expensive is vole damage? In: *Proceedings to the Conference.* Fördergemeinschaft Ökologischer Obstbau e.V., S. 330–334.

9 Phung, N.T.M., Brown, P.R. & Leung, L.K.P. (2012). Changes in population abundance, reproduction and habitat use of the rice-field rat, *Rattus argentiventer*, in relation to rice-crop growth stage in a lowland rice agroecosystem in Vietnam. *Wildl. Res.*, **39**, 250–257.

10 Brown, P.R., Huth, N.I., Banks, P.B., et al. (2007). Relationship between abundance of rodents and damage to agricultural crops. *Agric. Ecosyst. Environ.*, **120**, 405–415.

11 Valencia, D. (1980). Rat control in coconut palms in Colombia. *Proc. Vertebr. Pest Conf.*, **9**, 110–113.

12 Williams, J.M. (1974). The effect of artificial rat damage on coconut yields in Fiji. *PANS Pest Artic. News Summ.*, **20**, 275–282.

13 Tobin, M.E., Koehler, A.E. & Sugihara, R.T. (1997). Effects of simulated rat damage on yields of macadamia trees. *Crop Prot.*, **16**, 203–208.

14 Judenko, E. (1967) The loss of yield in a crop of sweet corn (*Zea mays* L.) following the complete destruction of some plants at an early stage by brown rats (*Rattus norvegicus* Berk.). *Pest Artic. News Summ. Sect. A Insect Control*, **13**, 412–414.

15 My Phung, N.T., Brown, P.R., Luke, K.P.L., et al. (2010). The effect of simulated rat damage on irrigated rice yield and compensation. *Crop Prot.*, **29**, 1466–1471.

16 Hengsdijk, H. & de Boer, W.J. (2017). Post-harvest management and post-harvest losses of cereals in Ethiopia. *Food Secur.*, **9**, 945–958.

17 Krijger, I.M., Gort, G., Belmain, S.R., et al. (2020). Efficacy of management and monitoring methods to prevent post-harvest losses caused by rodents. *Animals*, **10**, 1–19.

18 Sayer, K. (2017). The «modern» management of rats: British agricultural science in farm and field during the twentieth century. *BJHS Themes*, **2**, 235–263.

19 Barnett, S.A. (1951). Damage to wheat by enclosed populations of *Rattus norvegicus*. *J. Hyg. (Lond).*, **49**, 22–25.

20 Stejskal, V. & Aulický, R. (2014). Field evidence of roof rat *(Rattus rattus)* faecal contamination of barley grain stored in silos in the Czech Republic. *J. Pest Sci.*, **87**, 117–124.

21 US Food and Drug Administration (2018). *Food Defect Levels. Handbook.* https://www.fda.gov/food/current-good-manufacturing-practices-cgmps-food-and-dietary-supplements/food-defect-levels-handbook#using (zugegriffen im Jahr 2024).

22 Oluwadare, F. (1982). Commensal rats: a threat to poultry production in Nigeria. *Proc. Vertebr. Pest Conf.*, **10**, 107–108.

23 Esther, A., Hansen, S.C., Klemann, N., et al. (2022). Sanitary measures considerably improve the management of resistant Norway rats on livestock farms. *Pest Manag. Sci.*, **78**, 1620–1629.

24 Reusken, C., van der Plaats, R., Opsteegh, M., et al. (2011). *Coxiella burnetii* (Q fever) in *Rattus norvegicus* and *Rattus rattus* at livestock farms and urban locations in the Netherlands; could *Rattus* spp. represent reservoirs for (re)introduction? *Prev. Vet. Med.*, **101**, 124–130.

25 Sharp, D. (2007). On rats, refuse, and recycling. *J. Urban Heal.*, **84**, 637–638.

26 Traweger, D., Travnitzky, R., Moser, C., et al. (2006). Habitat preferences and distribution of the brown rat (*Rattus norvegicus* Berk.) in the city of Salzburg (Austria): implications for an urban rat management. *J. Pest Sci.*, **79**, 113–125.

27 Battersby, S., Hirschhorn, R.B. & Amman, B.R. (2022). Commensal rodents. In: Bonnefoy, X., Kampen, H., Sweeney, K. (eds.), *Public Health Significance or Urban Pests*, World Health Organization, Kopenhagen, S. 387–419.

28 Shumake, S.A., Sterner, R.T. & Gaddis, S.E. (2000). Repellents to reduce cable gnawing by wild Norway rats. *J. Wildl. Manage.*, **64**, 1009.

16 Von Beulenpest und Fleckfieber

1 Woolhouse, M.E.J. & Gowtage-Sequeria, S. (2005). Host range and emerging and reemerging pathogens. *Emerg. Infect. Dis.*, **11**, 1842–1847.

2 Ellwanger, J.H. & Chies, J.A.B. (2021). Zoonotic spillover: Understanding basic aspects for better prevention. *Genet. Mol. Biol.*, **44**, 1–18.

3 Meerburg, B.G., Singleton, G.R. & Kijlstra, A. (2009). Rodent-borne diseases and their risks for public health. *Crit. Rev. Microbiol.*, **35**, 221–270.

4 Himsworth, C.G., Jardine, C.M., Parsons, K.L., et al. (2014). The characteristics of wild rat (*Rattus* spp.) populations from an inner-city neighborhood with a focus on factors critical to the understanding of rat-associated zoonoses. *PLoS One*, **9**, e91654.

5 Davis, D.E. (1953). The characteristics of rat populations. *Q. Rev. Biol.*, **28**, 373–401.

6 Wylezich, C., Walochnik, J. & Hess, S. (2022). *Blastocystis – Ein immer noch rätselhafter Einzeller*. Merkblatt der Society of Eukaryotic Microbiology.

7 Galan-Puchades, M.T., Trelis, M., Saez-Duran, S., et al. (2021). One health approach to zoonotic parasites: Molecular detection of intestinal protozoans in an urban population of Norway rats, *Rattus norvegicus*, in Barcelona, Spain. *Pathogens*, **10**, 1–8.

8 Ryan, U.M., Feng, Y., Fayer, R., et al. (2021). Taxonomy and molecular epidemiology of *Cryptosporidium* and *Giardia* – a 50 year perspective (1971–2021). *Int. J. Parasitol.*, **51**, 1099–1119.

9 Costa, F., Hagan, J.E., Calcagno, J., et al. (2015). Global morbidity and mortality of leptospirosis: A systematic review. *PLoS Negl. Trop. Dis.*, **9**, e0003898.

10 Nau, L.H., Emirhar, D., Obiegala, A., et al. (2019). Leptospirosis in Germany: current knowledge on pathogen species, reservoir hosts, and disease in humans and animals. *Bundesgesundheitsblatt – Gesundheitsforsch. – Gesundheitsschutz*, **62**, 1510–1521.

11 Hofmann, J., Ulrich, R.G., Mehl, C., et al. (2024). Hantavirus disease cluster caused by Seoul virus, Germany. *Emerg. Infect. Dis.*, **30**, 133–135.

12 Barbieri, R., Signoli, M., Chevé, D., et al. (2021). *Yersinia pestis*: The natural history of Plague. *Clin. Microbiol. Rev.*, **34**, 1–44.

13 Chotelersak, K., Apiwathnasorn, C., Sungvornyothin, S., et al. (2015). Correlation of host specificity, environmental factors and oriental rat flea abundance. *Southeast Asian J. Trop. Med. Public Health*, **46**, 198–206.

14 Fox, J.G. (2016). Diseases transmitted by man's worst friend: The rat. *Infect. Leis.*, 201–226.

15 Rothschild, M., Schlein, J., Parker, K., et al. (1975). The jumping mechanism of *Xenopsylla Cheopis*. III Execution of the jump and activity. *Philos. Trans. R. Soc. B Biol. Sci.*, **271**, 499–515.

16 Martin, C.J. (1911). Discussion on the spread of plague. *Med. J.*, **2**, 1249–1263.

17 Hufthammer, A.K. & Walløe, L. (2013). Rats cannot have been intermediate hosts for *Yersinia pestis* during medieval plague epidemics in Northern Europe. *J. Archaeol. Sci.*, **40**, 1752–1759.

18 Dean, K.R., Krauer, F., Walløe, L., et al. (2018). Human ectoparasites and the spread of plague in Europe during the Second Pandemic. *Proc. Natl. Acad. Sci. U. S. A.*, **115**, 1304–1309.

19 Bramanti, B., Dean, K.R., Walløe, L., et al. (2019). The third plague pandemic in Europe. *Proc. R. Soc. B Biol. Sci.*, **286**, 1–8.

20 Meerburg, B.G. & Kijlstra, A. (2007). Role of rodents in transmission of *Salmonella* and *Campylobacter*. *J. Sci. Food Agric.*, **87**, 2774–2781.

21 Schwetz, J. (1956). Role of wild rats and domestic rats *(Rattus rattus)* in schistosomiasis of man. *Trans. R. Soc. Trop. Med. Hyg.*, **50**, 275–282.

22 Oleaga, A., Rey, O., Polack, B., et al. (2019). Epidemiological surveillance of schistosomiasis outbreak in Corsica (France): Are animal reservoir hosts implicated in local transmission? *PLoS Negl. Trop. Dis.*, **13**, 1–15.

23 van de Giessen, A.W., van Santen-Verheuvel, M.G., Hengeveld, P.D., et al. (2009). Occurrence of methicillin-resistant *Staphylococcus aureus* in rats living on pig farms. *Prev. Vet. Med.*, **91**, 270–273.

24 Desvars-Larrive, A., Ruppitsch, W., Lepuschitz, S., et al. (2019). Urban brown rats *(Rattus norvegicus)* as possible source of multidrug-resistant Enterobacteriaceae and meticillin-resistant *Staphylococcus* spp., Vienna, Austria, 2016 and 2017. *Euro Surveill.*, **24**, 1–12.

25 Guenther, S., Grobbel, M., Beutlich, J., et al. (2010). Detection of pandemic B2-O25-ST131 *Escherichia coli* harbouring the CTX-M-9 extended-spectrum β-lactamase type in a feral urban brown rat *(Rattus norvegicus)*. *J. Antimicrob. Chemother.*, **65**, 582–584.

26 Darvishi, M., Nava, A.O., Karimi, E., et al. (2023). Human and animal bites. *Casp. J. Environ. Sci.*, **21**, 445–456.

27 Ordog, G.J., Balasubramanium, S. & Wasserberger, J. (1985). Rat bites: Fifty cases. *Ann. Emerg. Med.*, **14**, 126–130.

28 Hirschhorn, R.B. & Hodge, R.R. (1999). Identification of risk factors in rat bite incidents involving humans. *Pediatrics*, **104**, e35.

29 Murray, M.H., Byers, K.A., Buckley, J., et al. (2021). «I don't feel safe sitting in my own yard»: Chicago resident experiences with urban rats during a COVID-19 stay-at-home order. *BMC Public Health*, **21**, 1–14.

17 Kostenpunkt Ratte

1 Singleton, G.R., Belmain, S.R., Brown, P.R., et al. (2010). *Rodent Outbreaks: Ecology and Impacts*. Int. Rice Res. Institute., Los Banos, Laguna (Philippines).

2 Belmain, S.R., Htwe, N.M., Kamal, N.Q., et al. (2015). Estimating rodent losses to stored rice as a means to assess efficacy of rodent management. *Wildl. Res.*, **42**, 132–142.

3 Puan, C.L., Goldizen, A.W., Zakaria, M., et al. (2011). Understanding of relationships between ground cover and rat abundances: An integrative approach for management of the oil palm agroecosystem. *Crop Prot.*, **30**, 1263–1268.

4 Kettunen, M., Genovesi, P., Gollasch, S., et al. (2008). *Technical support to EU strategy on invasive species (IAS) – Assessment of the impacts of IAS in Europe and the EU (final module report for the European Commission)*. Institute for European Environmental Policy (IEEP), Brüssel.

5 Pimental, D. (2007). Environmental and economic costs of vertebrate species invasions into the United States. *Manag. Vertebr. Invasive Species*, **38**, 1–8.

6 Haubrock, P.J., Turbelin, A.J., Cuthbert, R.N., et al. (2021). Economic costs of invasive alien species across europe. *NeoBiota*, **67**, 153–190.

7 Battersby, S.A. (2004). Public health policy – can there be an economic imperative? An examination of one such issue. *J. Environ. Heal. Res.*, **3**, 19–29.

8 Battersby, S., Hirschhorn, R.B. & Amman, B.R. (2022). Commensal rodents. In: Bonnefoy, X., Kampen, H., Sweeney, K. (eds.), *Public Health Significance or Urban Pests*, World Health Organization, Kopenhagen, S. 387–419.

9 Diagne, C., Ballesteros-Mejia, L., Cuthbert, R.N., et al. (2023). Economic costs of invasive rodents worldwide: the tip of the iceberg. *PeerJ*, **11**, 1–24.

10 Himsworth, C.G., Jardine, C.M., Parsons, K.L., et al. (2014). The characteristics of wild rat (*Rattus* spp.) populations from an inner-city neighborhood with a focus on factors critical to the understanding of rat-associated zoonoses. *PLoS One*, **9**, e91654.

11 Traweger, D., Travnitzky, R., Moser, C., et al. (2006). Habitat preferences and distribution of the brown rat (*Rattus norvegicus* Berk.) in the city of Salzburg (Austria): implications for an urban rat management. *J. Pest Sci.*, **79**, 113–125.

12 Garba, M., Dalecky, A., Kadaoure, I., et al. (2014). Spatial segregation between invasive and native commensal rodents in an urban environment: A case study in Niamey, Niger. *PLoS One*, **9**, e110666.

13 Channon, D., Channon, E., Roberts, T., et al. (2006). Hotspots: Are some areas of sewer network prone to re-infestation by rats *(Rattus norvegicus)* year after year? *Epidemiol. Infect.*, **134**, 41–48.

14 Pascual, J., Franco, S., Bueno-Marí, R., et al. (2020). Demography and ecology of Norway rats, *Rattus norvegicus*, in the sewer system of Barcelona (Catalonia, Spain). *J. Pest Sci.*, **93**, 711–722.

15 Heiberg, A.C., Sluydts, V. & Leirs, H. (2012). Uncovering the secret lives of sewer rats *(Rattus norvegicus)*: Movements, distribution and population dynamics revealed by a capture-mark-recapture study. *Wildl. Res.*, **39**, 202–219.

16 Easterbrook, J.D., Shields, T., Klein, S.L., et al. (2005). Norway rat population in Baltimore, Maryland, 2004. *Vector-Borne Zoonotic Dis.*, **5**, 296–300.

17 Auerbach, J. (2014). Does New York City really have as many rats as people? *Significance*, **11**, 22–27.

18 Richardson, J.L., McCoy, E.P., Parlavecchio, N., et al. (2025). Increasing rat numbers in cities are linked to climate warming, urbanization, and human population. *Sci. Adv.*, **11**, eads6782.

19 Lambert, M.S., Quy, R.J., Smith, R.H., et al. (2008). The effect of habitat management on home-range size and survival of rural Norway rat populations. *J. Appl. Ecol.*, **45**, 1753–1761.

20 Stroud, D.C. (1982). Population dynamics of *Rattus rattus* and *R. norvegicus* in a riparian habitat. *J. Mammal.*, **63**, 151–154.

21 Pimentel, D., Zuniga, R. & Morrison, D. (2005). Update on the environmental and economic costs associated with alien-invasive species in the United States. *Ecol. Econ.*, **52**, 273–288.

22 Yuyama, Y., Ikeda, Y. & Naganuma, K. (1975). A method for rough estimating density of Norway Rats in Poultry Farms. *Botyu-Kagaku*, **40**, 80–83.

23 Buckland, F.T. (1857). *Curiosities of Natural History* (9th edition). Richard Bentley, London.

24 Barnett, S.A. (1958). An analysis of social behaviour in wild rats. *Proc. Zool. Soc. London*, **130**, 107–152.

25 Calhoun, J.B. (1962). *The ecology and sociology of the Norway rat*. U.S. Department of Health, Education, and Welfare, Bethesda, Maryland.

26 Murray, M.H., Byers, K.A., Buckley, J., et al. (2021). «I don't feel safe sitting in my own yard»: Chicago resident experiences with urban rats during a COVID-19 stay-at-home order. *BMC Public Health*, **21**, 1–14.

— 18 Krieg der Ratte

1 Slabbert, M. (2004). Prosecuting animals in medieval Europe: Possible explanations. *Fundamina - A J. Leg. Hist.*, **10**, 159–179.

2 Engelken, K., Hünniger, D. & Windelen, S. (2007). *Beten, Impfen, Sammeln: Zur Viehseuchen-und Schädlingsbekämpfung in der Frühen Neuzeit Graduiertenkolleg Interdisziplinäre Umweltgeschichte.* Universitätsverlag Göttingen.

3 Lehmann, P. (2011). Ratten und Mäuse. *Historisches Lexikon der Schweiz (HLS), https://hls-dhs-dss.ch/de/articles/049109/2011-12-16/*

4 Sayer, K. (2017). The «modern» management of rats: British agricultural science in farm and field during the twentieth century. *BJHS Themes*, **2**, 235–263.

5 Herrmann, B. (2011). *«... mein Acker ist die Zeit»: Aufsätze zur Umweltgeschichte*. Universitätsverlag Göttingen

6 Schuurman, N. & Dirke, K. (2020). From pest to pet: Liminality, domestication and animal agency in the killing of rats and cats. *J. Human-Animal Stud.*, **6**, 2–25.

7 Sticher, H. (2015). Landwirtschaftliche Forschungsanstalten. *Historisches Lexikon der Schweiz (HLS), https://hls-dhs-dss.ch/de/articles/013852/2015-02-19/*

8 Shikov, A.E., Belousova, M.E., Belousov, M. V., et al. (2022). Salmonella-based biorodenticides: past applications and current contradictions. *Int. J. Mol. Sci.*, **23**, 14595.

9 Smith, A.E. & Secoy, D.M. (1975). Forerunners of pesticides in classical Greece and Rome. *J. Agric. Food Chem.*, **23**, 1050–1055.

10 Flint, M.-L. & van den Bosch, R. (2012). *Introduction to Integrated Pest Management*. Springer Science & Business Media, Berlin/Heidelberg, S. 51–81.

11 Capizzi, D., Bertolino, S. & Mortelliti, A. (2014). Rating the rat: Global patterns and research priorities in impacts and management of rodent pests. *Mamm. Rev.*, **44**, 148–162.

12 Berny, P., Esther, A., Jacob, J., et al. (2018). Development of resistance to anticoagulant rodenticides in rodents. In: van den Brink, N. W., Elliott, J. E., Shore, R. F., et al. (eds.), *Anticoagulant Rodenticides and Wildlife*, Springer International Publishing, S. 259–286.

13 Wardrop, D. & Keeling, D. (2008). The story of the discovery of heparin and warfarin. *Br. J. Haematol.*, **141**, 757–763.

14 Pirmohamed, M. (2006). Warfarin: Almost 60 years old and still causing problems. *Br. J. Clin. Pharmacol.*, **62**, 509–511.

15 Boyle, C.M. (1960). Case of apparent resistance of *Rattus*. *Nature*, **4749**, 517.

16 McGee, C.F., McGilloway, D.A. & Buckle, A.P. (2020). Anticoagulant rodenticides and resistance development in rodent pest species – A comprehensive review. *J. Stored Prod. Res.*, **88**, 101688.

17 Quy, R.J., Cown, D.P. & Morgan, C. (1996). Palatability of rodenticide baits in relation to their effectiveness against farm populations of the Norway rat. *Proceedings of the Vertebrate Pest Conference*, S. 133–138.

18 Zhelev, G.G., Koev, K.P., Dimitrov, V.D., et al. (2019). Anticoagulant resistance in synanthropic rodents in the Stara Zagora Region, Bulgaria. *Maced. Vet. Rev.*, **42**, 61–70.

19 Sran, S.P.K., Gartrell, B.G., Fisher, P., et al. (2023). Apparent resistance to brodifacoum in *Rattus rattus* in a New Zealand site with no history of anticoagulant-based rodent control. *Wildl. Res.*, **50**, 28–38.

20 Heiberg, A.C., Leirs, H. & Siegismund, H.R. (2006). Reproductive success of bromadiolone-resistant rats in absence of anticoagulant pressure. *Pest Manag. Sci.*, **62**, 862–871.

21 Carson, R. (1962). *Silent Spring*. Crest book, New York.

22 Mason, G. & Littin, K.E. (2003). The humaneness of rodent pest control. *Anim. Welf.*, **12**, 1–37.

23 Keating, M.P., Saldo, E.A., Frair, J.L., et al. (2024). Global review of anticoagulant rodenticide exposure in wild mammalian carnivores. *Anim. Conserv.*, **27**, 585–599.

24 Gomez, E.A., Hindmarch, S. & Smith, J.A. (2022). Conservation Letter: Raptors and anticoagulant rodenticides. *J. Raptor Res.*, **56**, 147–153.

25 Regnery, J., Rohner, S., Bachtin, J., et al. (2024). First evidence of widespread anticoagulant rodenticide exposure of the Eurasian otter (*Lutra lutra*) in Germany. *Sci. Total Environ.*, **907**, 167938.

26 Traweger, D., Travnitzky, R., Moser, C., et al. (2006). Habitat preferences and distribution of the brown rat (*Rattus norvegicus* Berk.) in the city of Salzburg (Austria): implications for an urban rat management. *J. Pest Sci.*, **79**, 113–125.

27 Davis, D.E. (1953). The characteristics of rat populations. *Q. Rev. Biol.*, **28**, 373–401.

28 Fusi, F., Saponara, S., Brimble, M.A., et al. (2024). The enigma of Norbormide, a *Rattus*-selective toxicant. *Cells*, **13**, 1–18.

29 Campbell, K.J., Saah, J.R., Brown, P.R., et al. (2019). A potential new tool for the toolbox: assessing gene drives for eradicating invasive rodent populations. USDA Wildlife Services – Staff Publications 2235.

30 Duron, Q., Shiels, A.B. & Vidal, E. (2017). Control of invasive rats on islands and priorities for future action. *Conserv. Biol.*, **31**, 761–771.

31 Howald, G., Donlan, C.J., Galván, J.P., et al. (2007). Invasive rodent eradication on islands. *Conserv. Biol.*, **21**, 1258–1268.

32 Pattemore, D.E. & Wilcove, D.S. (2012). Invasive rats and recent colonist birds partially compensate for the loss of endemic New Zealand pollinators. *Proc. R. Soc. B Biol. Sci.*, **279**, 1597–1605.

33 Shiels, A.B. & Drake, D.R. (2011). Are introduced rats *(Rattus rattus)* both seed predators and dispersers in Hawaii? *Biol. Invasions*, **13**, 883–894.

34 DIISE (2019). Database of Island Invasive Species Eradication, https://diise.islandconservation.org/

35 Skotnes-Brown, J. (2023). Scurrying seafarers: shipboard rats, plague, and the land/sea border. *J. Glob. Hist.*, **18**, 108–130.

36 Uhlmann, S., Fletcher, D. & Moller, H. (2005). Estimating incidental takes of shearwaters in driftnet fisheries: Lessons for the conservation of seabirds. *Biol. Conserv.*, **123**, 151–163.

37 Dias, M.P., Martin, R., Pearmain, E.J., et al. (2019). Threats to seabirds: A global assessment. *Biol. Conserv.*, **237**, 525–537.

— 19 Von der Gosse ins Wohnzimmer

1 d'Isa, R. (2024). The first rodent behavioral study (1822) and the diffusion of human-bred albino rats and mice in the 19th century. *Front. Psychol.*, **15**, 1–23.

2 Elliott, P. (2014). Dog days of rat catching. *Vet times*, https://www.vettimes.co.uk/app/uploads/wp-post-to-pdf-enhanced-cache/1/dog-days-of-rat-catching.pdf

3 Pemberton, N. (2014). The rat-catcher's prank: Interspecies cunningness and scavenging in Henry Mayhew's London. *J. Vic. Cult.*, **19**, 520–535.

4 Burt, J. (2006). *Rat*. Reaktion Books Ltd., London.

5 Rodwell, J. (1858). *The rat: Its history & destructive character*. G. Routledge & Company, London.

6 Buckland, F.T. (1857). *Curiosities of Natural History* (9th edition). Richard Bentley, London.

7 Suckow, M.A., Weisbroth, S.H. & Franklin, C.L. (2006). *The Laboratory Rat*. Elsevier Academic Press, London.

8 Potter, B. (1908). *The Tale of Samuel Whiskers*. Frederick Warne, London.

9 Grahame, K. (1908). *The wind in the willows*. Charles Scribner's Sons, London.

10 Cowdell, P. (2010). In London you're never more than 10 feet from a rat (Stencil): The rat and urban folklore. In: Oliver, J. & Tim Neal (eds.), *Wild Signs: Graffiti in Archaeology and History*. BAR Publishing, Oxford, S. 93–100.

11 Delahaye, P. (2021). Rats, mice and humans. *Linguist. Front.*, **4**, 44–52.

12 Hulme-Beaman, A., Orton, D. & Cucchi, T. (2021). The origins of the domesticate brown rat *(Rattus norvegicus)* and its pathways to domestication. *Anim. Front.*, **11**, 78–86.

13 Kuramoto, T. (2011). Yoso-tama-no-kakehashi; The first Japanese guidebook on raising rats. *Exp. Anim.*, **60**, 1–6.

14 Spalowsky, J.J.N. (1794). *Erster Beytrag zur Naturgeschichte der vierfüssigen Thiere*. Franz Anton Schrambl, Wien.

— 20 Forschungswunder

1 Schuurman, N. & Dirke, K. (2020). From pest to pet: Liminality, domestication and animal agency in the killing of rats and cats. *J. Human-Animal Stud.*, **6**, 2–25.

2 Bundesamt für Lebensmittelsicherheit und Veterinärwesen (2024). Bericht Tierversuchsstatistik 2023, https://www.blv.admin.ch/blv/de/home/tiere/tierversuche/bericht-tierversuchsstatist ik.html

3 Bundesamt für Lebensmittelsicherheit und Veterinärwesen (2024). Tierversuche 2023 in der Schweiz, https://www.tv-statistik.ch/de/statistik/index.php

4 Suckow, M.A., Weisbroth, S.H. & Franklin, C.L. (2006). *The Laboratory Rat*. Elsevier Academic Press, London.

5 Persson, K., Rodriguez Perez, C., Louis-Maerten, E., et al. (2025). «Killing in the Name of 3R?» The ethics of death in animal research. *J. Agric. Environ. Ethics*, **38**, 1–18.

6 d'Isa, R. (2024). The first rodent behavioral study (1822) and the diffusion of human-bred albino rats and mice in the 19th century. *Front. Psychol.*, **15**, 1–23.

7 Shimoyama, M., Smith, J.R., Bryda, E., et al. (2017). Rat genome and model resources. *ILAR J.*, **58**, 42–58.

8 Hulin, M.S. & Quinn, R. (2006). Wild and black rats. In: Suckow, M. A., Weisbroth, S. H., Franklin, C. L. (eds.), *The Laboratory Rat*. Elsevier Academic Press, London, S. 865–882.

9 Modlinska, K. & Pisula, W. (2020). The natural history of model organisms the Norway rat, from an obnoxious pest to a laboratory pet. *eLife*, **9**, e50651.

10 Stryjek, R., Modlińska, K. & Pisula, W. (2012). Species specific behavioural patterns (digging and swimming) and reaction to novel objects in wild type, Wistar, Sprague-Dawley and brown Norway rats. *PLoS One*, **7**, e40642.

11 Ferreira, V.H.B., Lansade, L., Calandreau, L., et al. (2023). Are domesticated animals dumber than their wild relatives? A comprehensive review on the domestication effects on animal cognitive performance. *Neurosci. Biobehav. Rev.*, **154**, 105407.

12 Goździewska-Harłajczuk, K., Klećkowska-Nawrot, J., Barszcz, K., et al. (2018). Biological aspects of the tongue morphology of wild-captive WWCPS rats: A histological, histochemical and ultrastructural study. *Anat. Sci. Int.*, **93**, 514–532.

13 Franco, N.H. (2013). Animal experiments in biomedical research: A historical perspective. *Animals*, **3**, 238–273.

14 Abbott, A. (2004). The Renaissance rat. *Nature*, **428**, 464–466.

15 Carter, C.S., Richardson, A., Huffman, D.M., et al. (2020). Bring back the rat! *Journals Gerontol. – Ser. A Biol. Sci. Med. Sci.*, **75**, 405–415.

16 Iannaccone, P.M. & Jacob, H.J. (2009). Rats! *Dis. Model. Mech.*, **2**, 206–210.

17 Jota Baptista, C. V., Faustino-Rocha, A.I. & Oliveira, P. A. (2021). Animal models in pharmacology: A brief history awarding the Nobel prizes for physiology or medicine. *Pharmacology*, **106**, 356–368.

— 21 Verehrt, gefürchtet und genutzt

1 Cowell, P. (2009). «If not, shall employ ‹Rough on rats›»: Identifying the common elements of rat charms. In: Roper, J. (ed.), *Charms, Charmers and Charming. International Research on Verbal Magic*. Springer.

2 Heirman, A. (2021). What about rats? Buddhist disciplinary guidelines on rats: Daoxuan's vinaya commentaries. *Religions*, **12**, 508.

3 Ashliman, D.L. (2021). The Pied Piper of Hameln and related legends from other towns. https://sites.pitt.edu/~dash/hameln.html

4 Jiang, G., Ameer, K., Kim, H., et al. (2020). Strategies for sustainable substitution of livestock meat. *Foods*, **9**, 1–20.

5 Hoffman, L.C. & Cawthorn, D.M. (2012). What is the role and contribution of meat from wildlife in providing high quality protein for consumption? *Anim. Front.*, **2**, 40–53.

6 Edwards, T.L., Cox, C., Weetjens, B., et al. (2015). Giant African pouched rats (*Cricetomys gambianus*) that work on tilled soil accurately detect land mines. *J. Appl. Behav. Anal.*, **48**, 696–700.

7 Apopo VWZ (2023). *Annual Report 2023*. Antwerpen.

8 Mwampashi, R., Cutright, E., Fast, C.D., et al. (2023). Scent detection of *Brucella abortus* by African giant pouched rats (*Cricetomys ansorgei*). *BMC Vet. Res.*, **19**, 1–14.

9 Szott, I.D., Webb, E.K., Mshana, S., et al. (2024). Ratting on wildlife crime: training African giant pouched rats to detect illegally trafficked wildlife. *Front. Conserv. Sci.*, **5**, 1–22.

Bildnachweis

2 Heinz-Hermann Dölvers
9 Foto Büscher – Felix Büscher
10 Rinderknecht, A. & Blanco, R. E. (2015). History, taxonomy and paleobiology of giant fossil rodents (Hystricognathi, Dinomyidae). In: Cox, P. G. & Hautier, L. (eds.), *Evolution of the rodents: Advances in Phylogeny, Functional morphology and Development*, Cambridge University Press, S. 168.
11 akg-images/De Agostini Picture Library
14 Wikimedia Commons/CC BY-SA 4.0/Petr Hamerník/Zoo Prag
15 Shutterstock/Erni
16 Carlos Bocos
17 Biosphoto/Denis Bringard
19 mauritius images/Minden Pictures/Michael Durham
20 Franz Müller; Abbildungen oben und Mitte aus: Jenrich, J., Löhr, P.-W. & Müller, F. (2010). *Kleinsäuger: Körper- und Schädelmerkmale. Ökologie*. Imhof Verlag. Abbildungen unten aus: Jenrich, J., Löhr, P. W., Müller, F. & Vierhaus, H. (2016): *Mittel- und Großsäuger: Bildbestimmungsschlüssel anhand von Schädelmerkmalen*. Imhof Verlag.
21 ol Wikimedia Commons/Public Domain/V. Leche: Nordisk familjebok (1908), Bd. 9, S. 1357.
21 or Fraunhofer UMSICHT
22 Angelika Nijhoff
23 Kevin Robson KHR Images
25 Stephan Frings
26 Flickr/CC BY 2.0/LiCheng Shih. Adaptiert nach: Caves, E. M., Nowicki, S., & Johnsen, S. (2019). Von Uexküll revisited: addressing human biases in the study of animal perception. *Integrative and Comparative Biology, 59* (6), 1451–1462, von Eva Wolf | Studio Eva Basil
28 Folkert Christoffers
29 Danja Voges
30 Blickwinkel/B. Ludwig
31 Alex Hannam | Alex Hannam Photography
33 Stuart Newson
35 apodemus OG
36 mauritius images/Jason Ondreicka/Alamy/Alamy Stock Photos
37 Susana G. Sotocinal
38 Shutterstock/Heying Hua
39 Steve Gupta
40 Andrew Arch
42 o Shutterstock/anitapol
42 u Anna Lopatina
43 Paul Marchesi; in: Marchesi, P., Blant, M. & Capt, S. (2008). *Säugetiere der Schweiz – Bestimmungsschlüssel*. Fauna Helvetica 22. CSCF & SGW, Neuchâtel, Schweiz, S. 217.
44 Paul Marchesi; in: Marchesi, P., Blant, M. & Capt, S. (2008). *Säugetiere der Schweiz – Bestimmungsschlüssel. Fauna Helvetica 22*. CSCF & SGW, Neuchâtel, Schweiz, S. 169.
45 Shutterstock/Wut_Moppie
46 Shutterstock/Abir Roy Barman
49 Shutterstock/Kichigin
51 Wikimedia Commons/Public Domain/Jan Jonston, Historiae naturalis de quadrupedibus libri: cum aeneis figuris, 1657, Tafel LXVI, Biodiversity Heritage Library (BHL40917227).
53 apodemus OG
55 o mauritius images/JAH/Alamy/Alamy Stock Photos
55 ul Shutterstock/Hengky Candra
55 ur mauritius images/Scenics & Science/Alamy/Alamy Stock Photos
56 Shutterstock/Aleksei Kochergin
57 Andrew Arch
58 Franz Müller; in: Jenrich, J., Löhr, P.-W. & Müller, F. (2010). *Kleinsäuger: Körper- und Schädelmerkmale. Ökologie*. Imhof Verlag, S. 145.
60 Luca Pagano
61 Paolo Taranto
64 o Shutterstock/Peter Cowles
64 u Shutterstock/BG Media
66 Mit freundlicher Genehmigung des Alameda County Vector Control Services District
67 Shutterstock/MagicPp
69 Stefano Baglioni
71 mauritius images/Agustín Orduña Castillo/Alamy/Alamy Stock Photos
72 Shutterstock/Tommy Daynjer
75 Andrei Miljutin
76 Paolo Taranto
77 Leopold Kanzler
78 Heinz Rothacher
80 Franz Müller; in: Jenrich, J., Löhr, P.-W. & Müller, F. (2010). *Kleinsäuger. Körper- und Schädelmerkmale. Ökologie*. Imhof Verlag, S. 141.
81 Foto Büscher – Felix Büscher
82 Biosphoto/J.-M. Labat & F. Rouquette
84 Stefan Wöhrmann
85 Stefan Wöhrmann
89 Marcel Zurreck
91 Okapia/imageBROKER/M. Delpho
93 ol Shutterstock/Beekeepx
93 or mauritius images/Nick Upton/Alamy/Alamy Stock Photos
93 u Michelle Gygax/www.michellegygaxillustration.ch
94 Okapia/imageBROKER/alimdi / Arterra/Johan De Meester
97 Rainer Althoff

98 Shutterstock/David OBrien
99 Shutterstock/seksit1958
101 o Paolo Taranto
101 u Shutterstock/Anton MirMar
103 Philippe Stephani
105 l Philippe Stephani
105 r Don Griffiths; mit freundlicher Genehmigung der Spencer Entomological Collection, Beaty Biodiversity Museum, UBC
106 Stephan Wöhrmann
107 Max Harvey
109 l Irene Weinberger
109 r Severin Nowacki/Nowacki Fotograf
111 Ariatna Villarreal
112 Michael H. Parsons/Fordham University
113 Michael H. Parsons/Fordham University
115 nature picture library/Matthew Maran
117 Shutterstock/sirtravelalot
117 Matthew T. Close
118 mauritius images/nature picture library/Jiri Lochman
119 David Mudge and Nga Manu Images
121 l Shutterstock/Paco Como
121 r Shutterstock/King Ropes Access
122 mauritius images/Minden Pictures/Tui De Roy
123 Irene Weinberger
124 AdobeStock/Lightning Strike Pro
126 Benjamin Gnep/Schutzstation Wattenmeer
127 Benjamin Gnep/Schutzstation Wattenmeer
129 Hiltrud Cordes/Turtle Foundation
131 David Mudge and Nga Manu Images
132 Philippe Stephani
134 Postage stamp design © Australia Post 2011
135 mauritius images/Mint Images Limited/Alamy/Alamy Stock Photos
136 Ernst-Wilhelm Eicker
137 Blickwinkel/D. Kjaer
139 Shutterstock/FarisFitrianto
141 Folkert Christoffers
143 mauritius images/FLPA/Terry Whittaker/imageBROKER
145 Georg Moritz
146 Shutterstock/Chanawat Jaiya
147 AdobeStock/Georgi
149 dreamstime/Skylkigai
151 li Yvette Endriss/ Swiss Tropical and Public Health Institute
151 re Joachim Pelikan/ Swiss Tropical and Public Health Institute
152 Don Griffiths; mit freundlicher Genehmigung der Spencer Entomological Collection, Beaty Biodiversity Museum, UBC.
153 Stenseth, N. C., Dean, K. R. and Bramanti, B. (2022). The End of Plague in Europe. *Centaurus*, **64**, S. 62. Nach: Ben Ari, M. T. et al. (2011). Plague and Climate: Scales Matter, *PLoS Pathog*, **7**(9), S. 2, CC0; und Vallès X. et al. (2020). Human Plague: An Old Scourge that Needs New Answers, *PLoS Neglected Tropical Diseases*, **14**(8), S. 3, CC-BY-4.0.
155 Mühlhausen/Landpixel
156 depositphotos/xxxenium7
157 Shutterstock/Dennis Jacobsen
159 Marcus Döhring
160 Joachim S. Müller
162 Benjamin Gnep/Schutzstation Wattenmeer
163 mauritius images/David Woodfall/Alamy/Alamy Stock Photos
164 Philippe Stephani
165 Topfoto/John Topham
167 mauritius images/Phil Bird/imageBROKER
168 Zentralbibliothek Zürich/Graphische Sammlung und Fotoarchiv
169 mauritius images/World Book
170 mauritius images/C. Hütter/imageBROKER
171 University of Wisconsin System. Board of Regents
172 Michael Lanz
173 AdobeStock/tomatito26
175 HOCHZWEI – Büro für visuelle Kommunikation GmbH & Co. KG
176 Benjamin Gnep/Schutzstation Wattenmeer
178 Shutterstock/sockagphoto
179 Irene Weinberger
180 li Shutterstock/Jagodka
180 re Shutterstock/AveCamera
182 Museum of London
184 Wikimedia Commons/Public Domain/Punch
185 Wikimedia Commons/Public Domain/Beatrix Potter
186 Stefan Eichholzer
187 Flicr/CC BY 2.0/Patrik Tschudin
188 iStock/fotografixx
190 The Wistar Institute
191 Shutterstock/Vasiliy Koval
193 Shutterstock/Paramonov Alexander
194 mauritius images/Science Source
195 Hermann Niehuis-Schwiertz
196 Okapia/imageBROKER/dad fotos
197 Public Domain/Rijksmuseum/https://id.rijksmuseum.nl/200230814
198 Shutterstock/Kylbabka
200 Wikimedia Commons/CC BY 4.0/Hanabusa Itchō
201 Wikimedia Commons/Public Domain/Koninklijke Bibliotheek/https://www.wikidata.org/wiki/Q72752553
202 Shutterstock/Maximillian cabinet
203 mauritius images/Zoonar GmbH/Alamy/Alamy Stock Photos
204 Foto Büscher – Felix Büscher
205 Folkert Christoffers
206 Harald Stelzer
208 Folkert Christoffers

Irene Weinberger ist promovierte Biologin und arbeitet im Natur- und Artenschutz mit Fokus auf kleine bis mittelgroße Säugetiere. Sie war Co-Autorin des im Haupt Verlag erschienenen Buchs «Der Fischotter – ein heimlicher Jäger kehrt zurück».

1. Auflage: 2025

ISBN 978-3-258-08315-5

Umschlag, Gestaltung und Satz: pooldesign, Zürich
Lektorat: Grit Zacharias, Leipzig
Illustration Aus- und Verbreitungskarten: Marc Siegenthaler/Les graphistes
Umschlagabbildungen: vorne: Nigel Harris/istock; hinten: mauritius images/Ed Brown Wildlife/Alamy/Alamy Stock Photos

Wir drucken mit mineralölfreien Farben und verwenden FSC®-zertifiziertes Papier. FSC® sichert die Nutzung der Wälder gemäß sozialen, ökonomischen und ökologischen Kriterien.

FSC
www.fsc.org
MIX
Papier | Fördert gute Waldnutzung
FSC® C106600

Gedruckt in Slowenien

Diese Publikation ist in der Deutschen Nationalbibliografie verzeichnet. Mehr Informationen dazu finden Sie unter http://dnb.dnb.de.

Der Haupt Verlag wird vom Bundesamt für Kultur für die Jahre 2021–2025 unterstützt.

Haupt Verlag AG
Falkenplatz 14
CH-3012 Bern
herstellung@haupt.ch
www.haupt.ch

Verantwortlich in der EU (GPSR):
Brockhaus Kommissionsgeschäft GmbH
Kreidlerstr. 9
DE-70806 Kornwestheim
haupt@brocom.de